REALIA

Collection
dirigée
par
Jean-Pierre Néraudau

LES ROMAINS
ET
L'EAU

Alain Malissard

LES ROMAINS ET L'EAU

Fontaines, salles de bains,

thermes, égouts, aqueducs...

LES BELLES LETTRES

1994

ISBN : 2-251-33814-4

Aux auditeurs de l'Université ouverte de Besançon
qui ont vu naître ce livre,
et à ceux de l'Université du temps libre d'Orléans
qui l'ont vu s'achever.

Des eaux, pleines de vie, viennent à la Ville par ses vieux aqueducs, dansent dans des vasques de pierre blanche sur ses places nombreuses, se répandent dans de vastes et profonds bassins : leur bruit du jour s'élève en un chant durant la nuit, qui est ici majestueuse et étoilée, et douce sous la caresse des vents. Il y a ici des jardins, d'inoubliables allées, des escaliers conçus par Michel-Ange, à l'image des eaux qui tombent, amples dans leur chute, chaque marche naissant d'une autre marche, comme un flot d'un autre flot.

Reiner Maria Rilke,
Lettres à un jeune poète.
Traduction de Philippe Jacottet.

Avant-propos

Avec les amphithéâtres, les aqueducs sont sans doute les monuments qui représentent le mieux la puissance et la permanence de Rome. Impressionnants par le nombre, la hauteur et l'apparente solidité des arches qu'ils dressent encore sous tous les cieux, ils ne sont pourtant que la partie la plus apparente et la plus spectaculaire d'un ensemble encore plus gigantesque.

L'eau des aqueducs, c'est, en effet, d'abord celle des usagers ; elle satisfait les besoins quotidiens, fournit les industries, nettoie les latrines et les égouts, protège du feu, se donne en spectacle, favorise le goût du luxe et rassemble chaque soir des milliers d'individus dans les thermes fastueux que leur offrent les empereurs. C'est ensuite celle des ingénieurs et des techniciens, capables de la conduire correctement sur un parcours souvent accidenté, de la distribuer dans les villes et de l'évacuer. C'est enfin celle d'un pouvoir dont la puissance et le rayonnement s'affirment, tout au long de l'histoire de Rome, par la construction d'installations nouvelles et le financement d'une administration chargée de gérer, d'entretenir et de contrôler les adductions pour le plaisir du peuple et la gloire de ses princes.

Sur l'utilisation de l'eau, ses techniques et sa gestion nous disposons d'une information diverse et abondante. Citernes, aqueducs, égouts, fontaines et bassins, thermes, etc., l'archéologie nous fournit d'abord d'importants vestiges et une foule d'objets qui vont du banal tuyau de plomb à l'aiguière d'argent niellé en passant par la vasque et par l'orgue hydraulique. Deux textes majeurs nous renseignent en outre sur les adductions ; ce sont le livre huit du *De Architectura*[1], qui fut rédigé au début du premier siècle de notre ère par l'ingénieur militaire Vitruve, et le *De Aquaeductu Urbis Romae*[1] que Frontin, alors préfet des eaux de Rome, écrivit vers 98 après J.-C. ; ce dernier ouvrage est particulièrement intéressant dans la mesure où il contient non seulement l'histoire et la nomenclature des aqueducs de Rome, mais aussi la description, souvent très critique, de l'administration des eaux à cette époque. A côté de ces textes érudits, auxquels on peut ajouter l'*Histoire naturelle*[1] que le savant Pline l'Ancien dédia en 77 à l'empereur Titus, beaucoup de renseignements nous sont encore donnés par les historiens, les philosophes ou les auteurs dramatiques ; plus que tous les autres cependant, ce sont les poètes qui savent le mieux parler de l'eau de tous les jours, celle des cuisines, des bains et des fontaines.

Un tel sujet, qui touche à la vie quotidienne, à la technique et à l'histoire, se suffit à lui-même. Il ne sera donc ici question ni des fleuves ou des lacs, ni de la mer, ni des sources et des eaux médicinales ou sacrées. Nous n'avons voulu que suivre les méandres et le destin d'une eau que les Romains surent, mieux que tous les autres peuples de l'Antiquité, soumettre à leurs plaisirs et à leur gloire, après l'avoir captée pour leurs besoins.

Les eaux libres ont une autre histoire.

Prologue

Le bain de Sénèque

Le premier janvier de chaque année, quel que fût le temps, Sénèque, célèbre philosophe et conseiller privé de l'empereur Néron, se jetait dans les eaux particulièrement fraîches de l'*aqua Virgo*[2], qui alimentaient alors les constructions et les bains du champ de Mars et coulent encore de nos jours à la fontaine de Trevi.

Si cette coutume, à laquelle le sage stoïcien dut pourtant renoncer avec l'âge[3], illustre bien le goût partagé par tous les Romains pour le spectaculaire, elle marque aussi chez ce peuple terrien, peu doué pour la pêche en mer et les navigations lointaines, un rapport privilégié avec l'eau, l'eau douce, celle des rivières, des lacs et des sources, l'eau qui surgit du sol et le fertilise, l'eau qui durcit le corps de l'homme en hiver et l'apaise en été, l'eau qui procure avec la vie le bien-être et la santé virile.

La nage de Sénèque en hiver montrait qu'il est toujours possible de vaincre les éléments naturels par la vigueur morale et l'entraînement discipliné du corps à des mouvements fonctionnels ; démonstration de courage et de stoïcisme, elle exprimait en outre le besoin propre au peuple historien de se retremper sans cesse aux sources mêmes des origines. L'austère sénateur qui sortait blême et demi-nu du courant limpide et froid, c'était toujours le héros sauvé des eaux dont Rome était née.

Un héros sauvé des eaux

On sait que Proca, roi d'Albe, eut deux enfants, et qu'Amulius, ayant détrôné son frère Numitor, fit jeter au Tibre les deux jumeaux que sa nièce Rhea Silvia venait de mettre au monde. Tite-Live[4] nous dit que, par un hasard voulu des dieux, le fleuve était alors en crue ; il s'étendait largement hors de ses rives et son cours se perdait dans une plaine aux contours indistincts. Ne pouvant approcher des berges, les esclaves déposèrent le berceau des enfants dans une eau stagnante qui se retira sans les emporter : elle les laissa près du figuier sous lequel on les avait d'abord abandonnés. Vint alors une louve, qui les nourrit avant que n'arrive en ces lieux déserts un berger qui les éleva. Devenus des hommes, Romulus et Remus tuèrent Amulius, rendirent le trône d'Albe à leur grand-père Numitor et voulurent établir une ville à l'endroit même où le fleuve les avait bercés plutôt que de les prendre.

Rome fut ainsi fondée par un héros, non pas sauvé des eaux, mais sauvé par les eaux. Elle prit plus tard la louve comme emblème et préféra toujours l'eau des lacs et des rivières, que la terre entoure et guide, à celle, imprévisible et dangereuse, des océans qui sont comme sans rives.

Entre Rome et l'eau douce un lien miraculeux s'était créé.

Un lieu pestilentiel

Le site qu'avait choisi Romulus ne connaissait pas les inconvénients des ports ouverts aux influences nocives qui viennent de la mer, mais c'était une zone inondable[5] ; il souffrait sans doute en permanence des émanations que produisent les eaux stagnantes, et le Vélabre tire peut-être son nom du voile[6] d'humidité qui s'étendait fréquemment sur une plaine où les joncs et les roseaux poussaient presque aussi bien que l'herbe. La Rome des premiers rois n'était en fait qu'un marécage au long d'un fleuve que dominaient sept collines, et les deux frères, grimpés l'un sur l'Aventin, l'autre sur le Palatin, avaient plutôt considéré l'intérêt stratégique des hauteurs que la salubrité des bas-fonds qu'elles dominaient.

Quand Rome se développa jusqu'au pied de ses collines, il fallut assainir la plaine où le Forum allait plus tard s'étendre et reconduire au fleuve l'eau qui la rendait inhabitable et insalubre. Tarquin l'Ancien s'y employa d'abord. Pour drainer Suburre ou le Vélabre, il ne s'agissait sans doute encore que de creuser des canaux à ciel ouvert[7] ; mais ces canaux, d'abord utiles, gênèrent à leur tour l'expansion de la cité : Tarquin le Superbe entreprit donc de les enterrer ; les premiers rapports politiques et architecturaux de Rome et de l'eau commençaient. Ils furent en quelque sorte souterrains.

La leçon des égouts

Pour mener à bien les grands travaux dont il avait vu la nécessité, Tarquin fit en effet appel aux bras et à l'ardeur plus ou moins convaincue de la plèbe, qui dut presque en même temps finir la construction du Capitole, établir les gradins du Grand Cirque et construire le grand égout souterrain : *Deux ouvrages*, dit Tite-Live, *que notre munificence moderne a eu de la peine à égaler*[8].

Pline l'Ancien[9] ajoute cependant que la plèbe jugea ces travaux plus épuisants que magnifiques ; il est vrai qu'ils traînaient en longueur et avaient sans doute aussi pour intention de la maintenir en esclavage. L'entreprise fut si longue et si pénible que beaucoup, désespérant d'en voir un jour la fin, se suicidaient. Tarquin fit mettre leurs cadavres en croix pour les livrer aux bêtes sauvages et aux regards de tous. Les autres tinrent jusqu'au bout. Le résultat fut un égout, la fameuse *Cloaca maxima*, dont les galeries permettaient le passage d'une charrette et qui ne fut profondément remaniée que cinq cents ans plus tard, à l'époque d'Auguste et d'Agrippa[10].

Ainsi complétée par Pline, l'histoire de la *Cloaca maxima* prend des allures d'épopée fabuleuse, et c'est sans doute à juste titre. Elle est en effet comme le point de départ d'une extraordinaire aventure. C'est en creusant des égouts, des canaux et ces *cuniculi*[11], dont ils allaient faire un tel usage en agronomie, que les Romains découvrirent l'art de conduire l'eau ; ce qui s'était fait dans un sens pouvait être fait dans l'autre ; l'eau, comme les peuples voisins, pouvait être soumise ; il suffisait de le vouloir et d'y engager au besoin sa force et sa vie.

Le guerrier du lac

En choisissant pour leur ville un terrain gorgé de sources et d'eau, Romulus avait permis à ses descendants de découvrir que l'honneur propre au nom de Rome se défendait aussi dans les égouts, c'est-à-dire dans l'art de les construire et d'arranger le monde à la forme qui convient le mieux à ceux qui le possèdent. Sur le sol assaini s'éleva lentement une ville de bois, de briques, puis de marbre. A l'époque d'Auguste, le figuier Ruminal, au pied duquel s'était joué le destin de Romulus, étalait ses branches au milieu des monuments, de la pierre et des stucs ; seuls quelques toponymes et le lac Curtius au centre du Forum rappelaient encore l'antique présence des eaux qui stagnent.

On racontait[12] que la terre en cet endroit s'était un

jour entrouverte et que rien ne pouvait la refermer ; les prêtres dirent qu'il fallait trouver pour combler le trou béant *ce qui faisait la force du peuple romain*. Un jeune et valeureux guerrier, nommé Curtius, *se dévoua* pour le salut de la Ville et se précipita, en armes et à cheval, dans le gouffre qui put alors être rempli de *présents et des produits de la terre* : la force principale du peuple de Rome était devenue celle des armes et pouvait aussi servir à l'aménagement miraculeux du sol. Marcus Curtius a plus de panache que les plébéiens qui se suicident ; leur rôle est pourtant presque semblable ; ils affirment avec leur vie la mainmise de Rome sur le sol qui l'entoure.

Aqua ducta

Si les vestiges étaient relativement rares, les souvenirs étaient cependant bien plus tenaces. Dans une lettre qu'il adresse en juin 60 à son ami Atticus, Cicéron parle un instant de *la Rome fangeuse de Romulus*[13], et le poète Ovide évoque dans les *Fastes* l'image d'une femme descendant pieds nus vers le forum, comme au temps où poussaient les joncs et les roseaux ; c'est qu'il y avait là, lui dit-on, *un marais impraticable au pied couvert*[14].

Ce ne sont sans doute que façons de parler. Cicéron ne mentionne la boue de Romulus que pour l'opposer à la cité abstraite de Platon, Ovide se plaît en fait à montrer la splendeur des forums, le détournement du Tibre et les autels dressés bien au sec à l'endroit où l'eau s'étalait jadis. Dès la fin de la République, et bien plus encore à l'époque impériale, l'eau qui stagne à Rome est en effet moins celle des marécages que celle des aqueducs en réparation.

L'eau divine et mystérieuse qui avait un jour sauvé Romulus coulait encore aux nymphées et aux lieux sacrés, mais les sources étaient devenues fontaines et les fleuves alimentaient d'énormes réservoirs. L'eau sauvage et libre obéissait depuis longtemps aux décisions du pouvoir, elle suivait le tracé des architectes et les canaux des ingénieurs, elle était partout soumise aux besoins et aux désirs d'un peuple devenu roi. Désormais conduite à Rome par neuf aqueducs à raison de 993 000 mètres cubes par jour[15], elle débordait jour et nuit des bassins publics, emplissait les piscines, alimentait les bacs des teinturiers et des foulons, jaillissait dans les jardins, coulait à profusion dans les thermes et les bains, purifiait les latrines et se déversait enfin dans les égouts par lesquels tout avait un jour commencé.

La conquête de l'espace n'avait d'abord été qu'une victoire sur les eaux hostiles et glauques ; fruit d'une intelligence organisatrice et dynamique, la maîtrise de l'eau allait devenir l'une des formes de l'empire sur le monde.

Première partie

L'eau des usagers

I

L'eau utile : maisons et industries

Vers la fin du IVe siècle avant J.-C., dans les premiers temps de la grande République romaine, les hommes au pouvoir entreprirent une tâche, qui, vingt-trois siècles plus tard, est encore à faire en beaucoup d'endroits du monde : ils voulurent que tous les citoyens d'une ville dont le destin devenait exceptionnel aient tous les jours de l'eau pure et ne restent plus dépendants des pluies, du Tibre et des sources. N'imaginant pas que l'eau pût devenir un luxe ou un plaisir, ils n'attribuèrent aux premières adductions que la mission d'être utiles à la vie des citoyens. Dans l'esprit des Romains, ce principe devait rester continuellement valable et, même au temps des jardins, des thermes et des nymphées décoratifs, les aqueducs desservirent toujours en priorité les fontaines publiques dont le nombre ne cessa jamais de s'accroître.

L'EAU DANS LA RUE

Lacus et salientes

Toujours plus ou moins semblables entre elles, ces fontaines ordinaires se réduisaient à un bassin, généralement rectangulaire, équipé d'une borne d'alimentation, qui était, à Rome, branchée depuis Frontin sur deux arrivées différentes[1]. A chaque fois présente, la décoration restait fort simple. Aménagées en pilastres quand le bassin s'adossait à un mur, les bornes étaient le plus souvent dressées sur le rebord même de la cuve et s'ornaient de motifs stéréotypés : c'étaient des mufles en rhyton, des dauphins, des masques et parfois des fleuves, des nymphes ou des tritons ; quand l'ensemble se voulait un peu plus riche, on trouvait des Silènes porteurs d'outres par où s'échappait le liquide, ou des crapauds et des gueules de panthères inspirés des gargouilles ornant les beaux *impluviums*[2] ; évocateurs et populaires, ces thèmes rappelaient inlassablement le caractère à la fois précieux, mystérieux et sacré de l'eau qu'on puisait chaque jour à cet endroit. A travers les siècles, et de fontaine en fontaine, ils sont parvenus jusqu'à nous : dans le hall de la gare de Lyon, par exemple, et sur le quai des T.G.V., une borne-fontaine en bronze est encore décorée d'un dieu barbu figurant un fleuve qui retient un dauphin dans ses bras puissants ; seule concession au modernisme, de la gueule ouverte du poisson surgit, au lieu d'un jet continu, la tête en acier d'un simple robinet.

Utilisant ici la partie pour désigner le tout, les Romains appelèrent toujours leurs fontaines des « bassins » (*labrum*) plutôt que des bornes (*salientes*) et Tite-Live emploie, par exemple, le mot *labrum*, qui signifie couramment vasque, pour désigner les deux fontaines que Cornelius Scipion fit installer sur le Capitole en 190 av. J.-C.[3]. Le plus souvent toutefois, le bassin reçut le nom de *lacus*, terme extrêmement général, qui s'applique à tout réservoir et, par extension, à tout objet en forme de réservoir, depuis le bassin, l'auge ou le pressoir jusqu'à la tombe chrétienne, en passant par le caisson de plafond et ces dépôts d'ordures que Caton le Censeur fit paver en 84 av. J.-C.[4].

Signe évident de la fréquence et de la banalité de ces points d'eau que l'on trouvait partout quand on flânait dans les rues animées des villes, cette diversité de sens aurait assez peu d'importance en elle-même, si elle ne contribuait à rendre incertaines des indications d'apparence pourtant précise. Pline déclare, par exemple, qu'Agrippa fit construire à Rome 700 *lacus* et 500 *salientes*, mais Frontin, qui évoque pourtant les *salientes* d'Agrippa[5], ne dénombre que 591 *lacus* auxquels il ajoute 39 *munera*[6], c'est-à-dire sans doute 39 fontaines monumentales et décoratives que Suétone pour sa part appelle des *lacus* magnifiques (*ornatissimos lacus*[7]).

Lacus et *insulae*

Quoi qu'il en soit, s'il y avait, au temps de Frontin, 591 fontaines publiques à Rome, on en trouvait, au début du IVe siècle, 1 352[8], soit près d'une centaine dans chacune des quatorze régions. Cette moyenne est cependant toute relative. Beaucoup plus étendu que les autres, le quartier du champ de Mars en comptait en effet 120, tandis que celui du port, du Vélabre et du Grand Cirque, où se trouvaient plus d'entrepôts que d'habitations, n'en possédait que 20.

L'importance du chiffre total ne doit donc pas faire illusion. S'il indique bien la présence continue d'une administration vigilante, il n'est pas pour autant synonyme de luxe et de progrès. L'augmentation considérable du nombre des fontaines publiques est, en effet, beaucoup moins liée au développement du confort qu'à celui des *insulae*, ces grands immeubles dépourvus d'évacuation, de chauffage et d'eau, dans lesquels s'entassait en hauteur une population toujours plus misérable. Le quartier central du Forum, où les espaces publics et les riches demeures côtoyaient partout les *insulae* misérables, disposait ainsi, pour une étendue très inférieure, d'autant de *lacus* que le champ de Mars, et c'est évidemment le quartier pauvre et populeux du Trastevere qui était, avec ses 180 fontaines, le mieux équipé de tous. Estimer, comme on le fait trop souvent, le luxe d'une ville à la fréquence de ses bassins publics revient sans doute à vouloir évaluer le confort d'un immeuble au nombre des points d'eau situés sur les paliers.

Les 1352 fontaines de Rome évoquent en fait autant la misère et la promiscuité que le luxe et la beauté : plus la ville s'emplissait d'une population de pauvres mal-logés, plus il fallait en effet dispenser d'eau dans les rues. Dans les cités contemporaines, à l'inverse, les puits et les fontaines ont disparu en même temps que s'accroissait le nombre des immeubles porteurs d'une plaque d'émail bleu sur laquelle on pouvait lire : « eau à tous les étages ».

Pour la plupart des habitants de Rome, l'eau potable n'était ainsi que celle des fontaines publiques. Modestes et familières, ces fontaines de tous les jours avaient souvent un nom qui les rendait plus vivantes encore et plus proches des hommes. Certaines le tiraient de leur emplacement, de leur décoration, de leur forme ou d'une particularité quelconque ; à Rome on trouvait ainsi la fontaine de l'Esquilin (*lacus Esquilinus*) et celle du lapin (*lacus cunicli*), la fontaine longue (*lacus longus*), la fontaine couverte (*lacus tectus*) ou la fontaine restaurée (*lacus restitutus*) ; d'autres, comme la fontaine de Servilius (*lacus Servilii*) ou celle de Pison (*lacus Pisonis*) portaient peut-être le patronyme d'un généreux donateur ; d'autres enfin, comme la fontaine de la poule (*lacus gallinae*) ou celle des bergers (*lacus pastorum*), en rappelant quelque légende à jamais sortie des mémoires, évoquaient aussi les temps perdus où la cité n'avait pas encore dévoré la campagne avoisinante.

Dans des villes grouillantes et surpeuplées, dont les rues étaient sans plaques et les maisons sans numéros, les *lacus* s'annonçaient de loin au bruit et aux traînées humides qu'avait laissées la roue des chars. Connus de tous et portant des noms, ils constituaient sans doute des points de repère plus modestes et plus précis que les grands monuments ; on se guidait aux fontaines, on s'y retrouvait, on s'y donnait des rendez-vous. Partout présentes, elles étaient chaque jour au cœur de la cité comme des milliers de centres vitaux.

Autour d'elles se rassemblaient à toute heure, et spécialement le matin dès l'aube ou le soir, toutes les femmes des immeubles les plus proches ; elles venaient, avec les *aquarii*[9] qui en faisaient commerce, y prendre l'eau nécessaire à la vie. On y commentait les événements de la veille et les incidents du jour ; on y colportait les ragots et les rumeurs ; on y riait et on s'y querellait parfois ; c'était le lieu de rencontre obligé des humbles et des déshérités. Plutôt que de hisser des seaux dans les étages, on y lavait du linge et des légumes ; des marchands s'installaient à l'entour ; en été, les enfants pataugeaient, en hiver on se hâtait, les doigts gourds et les mains rougies ; les chevaux et les mulets s'abreuvaient au seau dégoulinant qu'on leur tendait ; des étrangers et des promeneurs inconnus du quartier s'y arrêtaient souvent ; plus d'une fois sans doute on y parla du Christ.

La nuit, l'eau devenue lisse n'était plus troublée que par le passage des vigiles ou des voyous en maraude ; entraînant avec elle tous les débris du jour, elle coulait sans fin sur la pierre et murmurait dans l'ombre, animée d'une vie qui semblait éternelle.

Du *lacus* à l'*insula*

Si l'on pouvait trouver près des fontaines un instant de détente au cœur d'une journée difficile, il fallait pourtant toujours en repartir et porter l'eau jusqu'au lieu de sa consommation. Dès le début de la République, et spécialement dans les maisons riches ou dans les grands domaines, on fit accomplir ce pénible travail par des esclaves ou des professionnels qu'on louait à la demande : *Depuis l'aurore jusqu'à l'heure qu'il est*, dit Adelphasie dans le *Poenulus* de Plaute, *nous n'avons pas cessé un moment de nous laver, de nous frotter, de nous essuyer... ; et encore avait-on donné à chacune de nous deux servantes qui ont passé tout leur temps à nous laver, à nous relaver. Pour porter l'eau, nous avons mis sur le flanc deux hommes valides*[10]. La tâche était toujours monotone, ingrate et difficile, et c'est pourquoi, dans une autre comédie de Plaute, l'intendant Olympion promet à son rival Chalinus de le transformer en porteur d'eau : *On te donnera une amphore et un sentier à suivre, on t'indiquera une source, un chaudron et huit jarres ; s'ils ne sont pas constamment pleins, moi, je te remplirai le dos de coups de fouet. Je ferai en sorte que, à force de porter l'eau, tu aies le dos si courbé que l'on pourra te transformer en sous-ventrière pour les chevaux*[11].

Dans les villes, les porteurs d'eau ou *aquarii* travaillaient le plus souvent à leur compte et vivaient d'une manière moins inconfortable. Ils étaient cependant très mal considérés : revenant sans cesse aux lieux de rencontres et de rendez-vous que constituaient les fontaines et circulant toujours dans les rues, parlant aux uns et aux autres, entrant facilement dans les maisons, connus de tous et connaissant chacun, ils s'étaient fait très vite une solide et louche réputation d'entremetteurs aptes à toutes les besognes.

Sous l'Empire, leur présence devint moins nécessaire ; les *lacus* étaient plus nombreux, les pauvres n'avaient pas de quoi payer leur travail, et les riches, quand ils n'avaient pas l'eau chez eux, disposaient d'esclaves et de servantes qu'ils envoyaient à la fontaine.

Passés en quelque sorte au service des collectivités, les porteurs d'eau, qui se groupaient même en corporations dans les provinces, firent alors plutôt partie des petits personnels rattachés, avec les portiers et les balayeurs, à la garde et à l'entretien des *insulae*. Le plus souvent jeunes et forts, libres de leurs mouvements et d'un abord facile, ils maintinrent cependant intacte leur réputation d'hommes toujours prêts à se rendre utiles. *Point d'amants ? On s'attaque aux esclaves. Point d'esclaves ? On fait venir, à prix convenu, un porteur d'eau*[12].

Le décor d'une coquille d'argent[13], dite coquille d'Epona, qui servait de bassin d'ablution et ne pouvait recevoir que de l'eau, nous montre l'un d'entre eux au travail. Vêtu d'une courte tunique et le corps tendu, il porte à l'horizontale une grosse amphore sur l'épaule droite ; pour en assurer l'équilibre, il la serre contre son cou, jette le bras droit en arrière et tient de la main gauche le récipient par une anse. Sans doute est-ce ainsi que se présentent aux convives les deux esclaves qui font soudainement irruption dans le banquet de Trimalcion : *Soudain entrèrent deux esclaves qui semblaient s'être pris de querelle à la fontaine, du moins tenaient-ils encore les amphores contre leur cou*[14].

Cadus et amphore

Autour du porteur, l'orfèvre a gravé deux groupes de trois amphores semblables à celle qu'on lui voit sur l'épaule ; ventrues et dotées d'une pointe et d'un large col, elles appartiennent à la catégorie des *cadus*. Communément en argile, exceptionnellement en bronze, en argent, voire en ophite blanche ou en or, ces vases servaient à de multiples usages et aussi bien au transport de l'eau qu'au transport et même à la conservation du vin : c'est du vin que le bon Aceste a fait charger sur le bateau d'Énée qui va partir[15] et ce n'est pas de l'eau qu'ont bue les faux amis d'Horace quand ils ont vidé ses *cadus*[16].

Le flanc moins large et le col plus étroit et plus long, les amphores que transportaient les femmes étaient plus fines et plus légères. D'un geste gracieux du bras levé et plié, elles les tenaient à la verticale, la panse posée sur l'épaule et la pointe appuyée sur l'omoplate, et cette posture, illustrée tant de fois par les peintres et les sculpteurs, évoque plus l'immobilité que le mouvement. La flexion des jambes et la torsion du buste expriment, chez le porteur d'eau de la coquille d'Epona, l'effort et la tension de la marche ; sans plier sous la charge horizontale, il n'échappe à l'écrasement qu'en poussant sur les jambes et qu'en se jetant vers l'avant ; allongées par le bras qu'elles dressent sans le tendre et par l'amphore qu'elles élèvent au-dessus d'elles, les porteuses sont toujours comme figées dans une beauté de cariatides. Portant des amphores semblables ou des vases sur leur tête, les femmes d'Afrique ont encore cette altière beauté : elles semblent ne déplacer que l'immobilité de leur corps élancé.

Comme le *cadus*, l'amphore pouvait tout contenir. Quand elle ne recevait que de l'eau, les Grecs, plus précis, la nommaient « hydrie ». Inutilisable dans un puits, malcommode à la source et au bassin, elle était née des fontaines, et son étroite embouchure était faite pour s'adapter à leur jet ; la forme fine et longue du col empêchait aussi l'eau de jaillir quand on la déplaçait ; soulever l'amphore par les anses, la loger sur l'épaule et la transporter était en outre bien moins fatigant que de porter à bout de bras des seaux dont l'eau ne cessait jamais de se répandre. Outre leur élégance, les amphores étaient ergonomiques et fonctionnelles.

Les seaux

Les seaux qu'on a le plus souvent découverts sont en métal, plomb ordinaire et fruste à Pompéi, fer ou bronze ailleurs, et proviennent assez souvent des ateliers métallurgiques de Campanie. A l'époque romaine, ils sont tous hémisphériques et de ce fait munis d'un pied. Beaucoup sont décorés ; ce sont des seaux d'apparat, des situles[17], utilisés dans les sacrifices et les cérémonies officielles : le *sitularius* y recevait le sang des victimes, et certains rites, spécialement celui d'Isis, y recueillaient l'eau lustrale ; les magistrats y rassemblaient les votes, et de rares exemplaires d'argent, comme ceux qui figurent dans le trésor de Chaource actuellement visible au British Museum, ne servaient probablement qu'à mélanger le vin sur des tables de luxe.

Généralement en bois cerclé de fer, les seaux d'usage courant n'ont en revanche été que rarement conservés[18]. Présents partout et même dans les bagages des légionnaires, ils avaient des tâches moins nobles et plus quotidiennes : tirer l'eau du puits, la transporter, la stocker dans la pièce où elle allait être utilisée.

Hissée jusqu'aux étages des immeubles, l'eau pouvait être en effet laissée dans l'amphore ou le *cadus* qu'on avait utilisés pour le transport et qu'on posait alors sur des trépieds de fer. Pour qu'elle fût plus accessible, on préférait cependant la déverser dans des seaux ou des *doliums*[19] décapités qui servaient de réserve et ne quittaient jamais la demeure. Pour le malade incapable de descendre, pour l'enfant qui ne courait pas encore dans les rues, pour les petits lavages, la toilette, la cuisine et la sécurité des immeubles, il était en effet nécessaire d'avoir en permanence une certaine quantité d'eau sous la main, et c'est *un chaudron et huit jarres* que Chalinus devrait maintenir constamment pleins sous peine d'être fouetté. On y puisait au besoin avec des cruches ou des casseroles et l'on jetait les eaux usées dans un autre réservoir ou, le plus souvent, directement dans la rue[20]. A côté de la citerne alimentée par l'*impluvium*, ces réserves existaient aussi dans les villas qui ne bénéficiaient pas d'une concession[21] ; elles se présentaient généralement sous la forme de grands bacs maçonnés, placés dans les cuisines et semblables à ceux qu'on peut voir, par exemple, dans la villa du Ménandre à Pompéi.

L'eau dans la maison

A l'intérieur de la maison, l'usage de l'eau variait évidemment avec les quantités disponibles et le statut social des occupants. Dans la villa des Vettii on utilisait une partie des fournitures de l'aqueduc à l'arrosage des plantes du jardin[22] ; ailleurs on alimentait des fontaines luxueuses et même de petits cours d'eau[23] ; dans les *insulae* les moins sordides, on réservait pareillement quelques cruches aux fleurs qu'on entretenait sur les balcons.

Pour l'essentiel cependant, l'eau servait d'abord à l'hygiène et à la vie des hommes, et les hiérarchies sociales apparaissent ici plutôt dans les instruments que dans la nature des pratiques ordinaires.

Lavages

Les lavages étaient, par exemple, partout réduits au minimum et se limitaient au trempage et au rinçage de linges légers qu'on descendait à la fontaine s'ils étaient trop encombrants. Au sens où nous l'entendons de nos jours, le savon ne fit en effet son apparition qu'aux environs du IVe siècle, et le dégraissage des tissus n'était possible qu'avec des substances minérales et végétales, comme la saponaire, la cendre ou la terre à foulon, qui réclamaient de multiples rinçages. Pour ceux qui habitaient des étages sans eau ni évacuation, ces rinçages étaient évidemment impossibles ; pour les plus riches, qui pouvaient disposer de main-d'œuvre et de bassins bien alimentés, ils étaient complexes et malodorants ; il fallait donc, surtout pour les vêtements de laine, soit recourir aux services des foulons[24], soit se montrer moins exigeants que nous le sommes, et c'était sans doute le cas le plus fréquent. Même en famille, le linge sale ne se lavait ainsi jamais sans peine, et la courtoisie voulait qu'on n'allât pas dîner chez un ami sans apporter sa serviette.

Ménage

Réduite pour les lavages, la consommation d'eau l'était aussi pour le ménage. Dans les *insulae* le nettoyage se limitait à des balayages à sec ; les sols de bois, et a fortiori les murs, se couvraient ainsi d'une crasse qui favorisait le développement de toutes sortes d'insectes auxquels Giton doit se frotter quand il se cache sous le lit d'Encolpe : *Giton se recroquevillait pour éviter les coups, et, retenant son souffle par peur de se trahir, il était en tête à tête avec les punaises*[25].

Dans les maisons plus riches le ménage provoquait cependant chaque matin tout un branle-bas de torchons, d'échelles et de balais, d'éponges et de seaux. Sur le sol on jetait pourtant plutôt de la sciure : *Tu t'affoles, dans la crainte que ton atrium, sali des ordures d'un chien, n'offense la vue de l'ami qui arrive, que ton portique ne soit aspergé de boues ; et ce sont choses pourtant qu'un seul petit esclave fait disparaître avec un seul demi-boisseau de sciure*[26] *! Des balais communs, des* *torchons, de la sciure de bois*[27], les frais n'étaient pas grands, sauf si l'on désirait, comme Trimalcion, ne vivre que dans le faste : *Les esclaves... répandirent sur le plancher*, raconte Encolpe, *de la sciure avec du safran et du vermillon, et, ce que je n'avais jamais vu, de la pierre spéculaire*[28]. L'eau, coûteuse ou rare, n'était ainsi pas plus souvent répandue sur les mosaïques et les marbres que sur les planchers de bois.

Toilette

On en dépensait en revanche beaucoup pour la propreté du corps, mais on la consommait alors sous forme de bains, pris le soir et le plus souvent hors de la maison ; cette pratique connut même à Rome une telle extension[29] qu'elle ressemble plus à une cérémonie collective qu'à une véritable préoccupation d'hygiène individuelle.

En matière de toilette matinale en effet, les Romains se contentaient toujours de peu. A l'exception de la maison de Diomède, les villas pompéiennes qui ne sont pas équipées de bains ne possèdent ainsi jamais de cabinet de toilette *ad curam corporis*, et Properce donne comme seul conseil à Cynthie de *chasser le sommeil avec de l'eau pure*[30].

Aussi frugaux qu'expéditifs, riches et pauvres n'avaient en effet besoin le matin que d'un fond de cuvette dont ils s'aspergeaient le visage et que d'un verre d'eau qu'ils buvaient ; un tel petit déjeuner ne rendait pas le lavage des mains nécessaire, et c'est même la définition qu'en propose Sénèque : *Post quod non sunt lavandae manus*[31]. Ces quelques gestes accomplis, ils pouvaient aussitôt commencer une journée qu'ils finiraient très souvent en flânant dans leurs bains personnels, s'ils en avaient, ou, bien plus fréquemment, dans les thermes publics. A la maison l'hygiène se limitait de la sorte à la toilette intime des femmes et à celle des petits enfants ; s'agissant de la propreté du corps, l'eau se consommait plus en gros, si l'on peut dire, qu'en détail. *Esclave, allons, debout. Donne-moi mes souliers et mon manteau de mousseline. Apporte-moi l'amictus que tu m'as préparé, car je sors. Et verse moi de l'eau courante, que je lave mes mains, ma bouche et mes yeux*[32].

Bassins, aiguières et argenterie

Pour des besoins aussi réduits peu de chose pouvait suffire, et l'on utilisait ordinairement des pots, des vases et des cuvettes en terre cuite ; fragile et sans valeur, ce matériel banal a disparu très vite, et nos musées n'en gardent en fait que de rares exemplaires, à peine évocateurs d'une vie sans luxe et sans apparat.

Les Romains cependant aimèrent toujours la vaisselle somptueuse, et les plus nantis d'entre eux consacrèrent des sommes fabuleuses à l'achat de superbes pièces d'argenterie. Ces biens leur semblaient si nécessaires et si précieux qu'ils ne s'en séparaient pratiquement jamais, les emportant même à grands frais lors de leurs plus longs voyages. Après sa victoire à Pharsale, lorsque César, par exemple, entre dans le camp de Pompée qu'il vient de prendre, il y trouve, encore exposée devant la tente de son adversaire, une grande quantité d'argenterie[33] ; et Pline l'Ancien rapporte[34] que son ami Pompeius Paulinus, un Arlésien qui fut au Ier siècle gouverneur de Germanie inférieure, ne se déplaçait jamais sans emporter avec lui 12 000 livres, soit près de 4 tonnes, d'argenterie ! A la même époque sans doute, Quintus Domitius Tutus, qui n'est pas connu par ailleurs, offrit au sanctuaire de Mercure Canetonensis, en Gaule, un superbe ensemble de vaisselle précieuse, dans lequel figurent quelques-unes des plus belles pièces de la toreutique ancienne[35] ; comme Pompée et comme Paulinus, il avait quitté Rome en l'emportant dans ses bagages.

Signe de richesse évidente et même ostentatoire, qui plaisait de ce fait aux plus riches et aux plus puissants, la vaisselle d'argent était en outre un excellent mode de placement financier. Plus sûre que la monnaie qui n'échappait jamais aux crises, elle conservait toujours sa valeur ; plus commode que les propriétés foncières, elle pouvait se revendre au détail en cas de difficultés passagères, et il était même possible de briser certaines pièces en fonction des besoins du moment ; c'est, par exemple, un bassin d'argent qu'Antoine le père donne en cachette à l'un de ses amis qui demandait de l'aide[36].

Un bien si précieux, qui pouvait s'offrir aux morts, comme à Boscoréale, et aux dieux, comme à Berthouville, devait être aussi soigneusement protégé. A Pompéi, dans la maison du Ménandre, on cacha l'argenterie parce que des ouvriers travaillaient dans la demeure ; à Chaource, on l'enfouit avant l'arrivée de Barbares ; dans tous ces cas, le trésor ne fut retrouvé que des siècles plus tard à l'occasion de labours, de travaux ou de fouilles archéologiques. Il est maintenant pour longtemps sans doute à l'abri dans nos musées.

Cette vaisselle de luxe était évidemment destinée à la table. D'un point de vue rituel et hygiénique à la fois, les repas et la toilette furent cependant toujours très liés. A côté des pièces à boire, telles que les coupes et les patères, et des pièces à manger, telles que les plats et les couverts, on trouvait donc toujours des éléments de service essentiellement destinés à recevoir l'eau. C'était le plus souvent des aiguières en argent niellé, parfois rehaussé d'or, des phiales souvent très décorées et des bassins de dimensions diverses.

Certains d'entre eux étaient de forme circulaire, mais, en hommage à Vénus, beaucoup prenaient l'aspect d'une coquille et recevaient ainsi le nom, devenu courant pour les vasques, de *concha*. Toujours très travaillés, d'une largeur de 30 à 50 cm en moyenne, ils étaient fréquemment ornés de médaillons finement ciselés ; la coquille d'Epona porte, par exemple, à l'intérieur une représentation de la déesse gauloise et à l'extérieur celle d'un porteur d'eau[37], tandis que le bassin côtelé de Chatuzange[38] offre l'image élégante et raffinée des Trois Grâces.

Ablutions

La plupart de ces objets, près desquels on trouve assez souvent des miroirs, pouvaient servir à la toilette quotidienne des femmes et à celle des petits enfants. Même si les maisons les plus distinguées leur préféraient assez souvent le bronze ou le verre, ils étaient cependant fréquemment utilisés aussi pour les ablutions qui précédaient les repas de cérémonie.

Des esclaves circulaient alors devant les lits de table[39] et répandaient de l'eau sur les mains des convives ; versée avec une aiguière, cette eau était reçue dans une phiale qu'on tendait par en dessous, mais on pouvait aussi la proposer plus simplement dans un bassin. *Quand nous fûmes enfin à table*, raconte encore Encolpe, *des esclaves d'Alexandrie nous versèrent sur les mains de l'eau de neige*[40]. Ordinairement, on ne proposait qu'un seul service de ce genre ; il arrivait cependant qu'on le répétât après certains plats : l'absence de fourchettes obligeait en effet à se servir des doigts, et ces ablutions supplémentaires n'étaient pas toujours superflues.

Bien plus exceptionnel paraît être en revanche le lavage des pieds. Apportés au milieu du repas qu'offre Trimalcion, les bassins d'eau chaude et parfumée dans lesquels on l'invite à se tremper les pieds provoquent même l'indignation d'Encolpe : *J'ai honte à raconter ce qui suit. Par une mode inouïe dans nos mœurs, de jeunes esclaves aux longs cheveux apportèrent dans un bassin d'argent de l'huile parfumée dont ils oignirent les pieds des convives, après les avoir enguirlandés de fleurs de la cuisse au talon*[41]. Il est cependant malaisé de savoir si le narrateur est ici choqué par la nature des services qu'on lui propose ou par leur place dans le festin ; au début des agapes en effet, pendant que des esclaves versaient de l'eau sur ses mains, d'autres avaient délicatement pris soin de ses pieds : *... s'agenouillant à nos pieds, ils enlevèrent nos envies avec une adresse extrême*[42]. Moins en rapport avec le repas que le lavage des mains, le rite paraissait peut-être encore trop oriental à Rome. Dans l'Évangile en tout cas, tel du moins que Jean[43] le rapporte, il semble à la fois très lié au repas qui commence et très caractéristique d'une certaine forme exceptionnelle d'humilité et de dévouement.

Qu'ils habitent des *domus* ou des *insulae*, les Romains de la fin de la République et de l'Empire avaient en fait gardé des habitudes qui remontaient loin. Le débit des aqueducs, la profusion des fontaines publiques et même l'abondance des adductions privées ne les avaient pas vraiment rendus prodigues : qu'il s'agisse de ménage, de lavage ou de toilette ordinaire, ils consommaient peu d'eau. Certes la nécessité de transporter des *cadus* ou des amphores dans les rues et les étages incitait sans doute les plus démunis à se montrer économes, mais, dans la vie de chaque jour, tous se comportaient en gros de la même manière et semblaient inconsciemment se souvenir des temps pourtant lointains où Rome était frugale. En fait l'eau ne se dépensait à l'excès que dans le luxe des bains, des fontaines et des jardins d'apparat[44], c'est-à-dire dans des habitudes importées et récentes, qui s'étaient comme greffées sans les altérer sur des traditions ancestrales. Dans le quotidien, la plupart des Romains gardaient le comportement instinctif d'un peuple de paysans méditerranéens : bien vital et précieux entre tous, l'eau devait d'abord être bue.

L'eau dans les cuisines

Nécessaire à la vie, l'eau se trouvait d'abord dans les cuisines où elle servait à la cuisson des aliments qu'on faisait le plus souvent bouillir. Tirée des réserves ou prise au robinet[45], elle était versée dans des marmites dont la plus courante était le chytre, vase de terre allant au feu qui ne tenait droit que sur un trépied métallique et qu'on posait avec précaution directement sur le brasero. Très semblable en fait aux « caluns » provençaux, dans lesquels on met des pommes de terre à cuire, il était toujours fait d'une argile ordinaire et noircissait très vite au feu ; il n'était donc jamais peint ni décoré ; *peindre un chytre*, c'était ainsi, dans le langage populaire, effectuer un travail aussi vain qu'inutile.

A côté du chytre se trouvaient encore des cocottes, comme le *cacabus*, des marmites comme le *gaulus*, en forme de barque, et plus fréquemment l'*olla* dite encore *aula, aulula, aulularia*, vaste faitout dans lequel on pouvait même, comme l'avare de Plaute, enfermer tout un trésor ; sa grande capacité semblait pourtant promettre tous les partages d'une hospitalité généreuse, et le proverbe disait : *Ubi fervet olla vivit amicitia*[46].

Ordinaires et fonctionnels, ces ustensiles se trouvaient dans toutes les demeures y compris dans les plus riches ; dans la villa du Ménandre, on avait, par exemple, caché les pièces de bronze et d'argent, mais toute la vaisselle de terre était rangée dans une armoire du *tablinum*[47], et l'on peut voir encore, dans la cuisine de la villa des Mystères, les marmites noircies dans lesquelles l'eau faisait cuire les aliments de chaque jour.

L'eau et le vin

En tant que boisson, l'eau recevait d'abord et assez fréquemment l'ingrate mission de couper le vin, qui était toujours trop épais pour être bu tel quel. Dans les banquets, il était solennellement apporté, en même temps que les coupes, dans de vastes cratères décorés ou de superbes seaux d'argent. Parfois, et surtout dans la tradition grecque, le mélange avait été fait par l'hôte dans le cratère ; le plus souvent, il devait être fait par le buveur lui-même.

On versait alors le vin dans la coupe en le puisant au cratère avec une sorte de louche appelée cyathe et on l'étendait dans des proportions qui variaient avec le goût de chacun. On pouvait utiliser l'eau fraîche, on préférait cependant l'eau tiède, estimant qu'elle rendait le vin meilleur et plus digeste ; c'est le choix qu'ont fait ces Grécaillons que décrit Charençon et *que l'on peut voir toujours en train de boire dans les tavernes ; quand ils ont chipé quelque chose, ils boivent chaud, la tête couverte, puis s'en vont, sombres et un peu saouls*[48].

Dans les maisons bien tenues, le service de l'eau tiède ou fraîche était assuré par des esclaves spécialisés qui pouvaient aussi faire le mélange pour le buveur, et semblables, en plus discrets, à celui qui dans le banquet de Trimalcion se met soudainement à imiter le chant du rossignol[49]. Encore ne faut-il pas être attablé chez un hôte aussi mauvais que ce Virron, insolent et prétentieux, chez qui se trouve un soir Juvénal et qui se délecte à la fois des mets délicats qu'il déguste et du mauvais traitement qu'il inflige, même pour l'eau, à ses clients : *Devant Virron se tient un jeune esclave, la fleur de l'Asie... Quand tu auras soif, tourne les yeux, toi, vers ton Ganymède gétule. Un garçon qui vaut tant de milliers de sesterces ne sait pas faire le mélange pour de pauvres hères... Chargé de distribuer l'eau chaude et l'eau froide, répond-il seulement à tes appels ? Il considère comme au-dessous de lui d'obéir à un vieux client qui ose réclamer quelque chose et qui est couché quand, lui, il reste debout*[50].

Aqua mera (l'eau pure)

Dans les repas et dans la vie quotidienne, spécialement à l'instant du petit déjeuner, l'eau était évidemment le plus souvent consommée pure. Pratique pour nous très surprenante, les Romains préféraient cependant boire une eau tiède plutôt qu'une eau fraîche dont l'usage se limitait en général à calmer les excès de table ou à refroidir les boissons trop chaudes.

L'odieux Virron, dont *l'estomac... s'échauffe trop de vin et de bonne chère* se fait ainsi servir *de l'eau bouillie plus froide que les neiges gétiques*[51], et c'est dans l'eau fraîche, qu'aucun goûteur ne vérifiait, qu'est dissimulé le poison qui va tuer Britannicus : *Un breuvage, encore inoffensif, mais brûlant, goûté au préalable, est servi à Britannicus ; puis, comme il le repoussait à cause de la chaleur, on y verse, mêlé à de l'eau froide, le poison qui se répandit dans tous ses membres avec une telle rapidité que la parole et le souffle lui furent en même temps ravis*[52]. Néron lui-même aimait à boire une eau bouillie puis rafraîchie dans la neige, qu'il appelait *decocta* ; il n'accepte pourtant, quand il arrive, déchu et traqué, dans la villa de Phaon, que de l'eau tiède : *Là, tourmenté par la faim et repris par la soif, il dédaigna le pain grossier qu'on lui offrit, mais but une assez grande quantité d'eau tiède*[53].

Aqua calda (l'eau tiède)

Souvent présentée dans les repas avec une décoction d'herbes et d'aromates, l'eau tiède était en général très appréciée des tables fines et l'on y attachait même tellement d'importance que l'on disposait d'appareils parfois très complexes pour la chauffer ou la maintenir à bonne température. *Nous faisons communément*, dit Sénèque, *des serpentins, des chauffe-bains, des engins de forme variée dans lesquels des tuyaux de cuivre à minces parois sont disposés en spirales descendantes ; l'eau y circule plusieurs fois autour du même feu et coule sur un espace dont la longueur est suffisante pour la porter à une haute température ; entrée froide, elle sort chaude*[54].

On installait ainsi dans les cuisines, et parfois dans les salles à manger, de petits foyers spéciaux, dont les plus simples avaient la forme élevée d'une borne routière et qu'on appelait de ce fait des *miliarium*. Il s'agissait presque toujours d'une sorte de poêle entièrement fermé, comportant en bas une cavité de fer où l'on plaçait le charbon et, au-dessus, un réservoir en bronze que traversait la sortie d'air du feu et dans lequel on mettait l'eau. L'ensemble était généralement très décoré, avec notamment des pieds en torsade et des poignées d'ouverture en forme d'animaux.

Un autre appareil de ce genre présente la forme d'un camp militaire muni de tours carrées aux quatre angles. L'eau qu'on versait dans les tours se répandait dans la double paroi qui entourait l'ensemble et était chauffée par le feu qu'on entretenait dans le rectangle central ; on la soutirait par un petit robinet évidemment placé dans la partie inférieure.

Pour ne pas s'exposer à la mauvaise volonté d'esclaves aussi mal disposés que ceux de l'infâme Virron, ou, plus simplement, parce qu'on ne tenait pas à être incommodé par les mouvements continuels d'un incessant service, on pouvait placer aussi sur une table des réchauds qui, comme les samovars pour le thé, maintenaient toujours l'eau tiède à portée de main. Chauffée d'abord dans les marmites, les chaudrons ou les chauffe-eau des cuisines, l'eau était ensuite versée dans ces appareils portables et généralement luxueux, dont plusieurs sont visibles encore au musée de Naples. Le plus simple se présente sous la forme d'un vase en bronze équipé d'une cheminée centrale, dans laquelle on introduisait des braises par le haut ; la cendre s'évacuait par un tiroir mobile, dont le déplacement permettait l'aération ; disposée tout autour du foyer vertical, l'eau, qu'on avait introduite avec un entonnoir et qu'on récupérait par le bas, restait tiède à la disposition des convives.

Signe distinctif des repas moins tapageurs que ceux de Trimalcion, l'eau chaude et mêlée d'aromates était en fait prisée partout. Dans les *thermopolium*, où l'on n'affichait jamais *boissons fraîches*, c'était ainsi, même en été, l'une des ventes les moins chères et les plus courantes ; elle tenait certainement dans ces bars la place qu'ont maintenant prise nos thés et nos cafés plus ou moins sucrés.

Lorsque, dans le *Rudens*, Labrax sort de la mer après un naufrage, il se plaint que Neptune ne propose que des bains sans chauffage et n'ait pas prévu de bistrot où boire chaud : *Il ne sert*, dit-il, *que des boissons froides et salées*[55]. Pur produit de nos réfrigérateurs, notre goût pour les boissons froides est souvent contre nature ; en Égypte, au Maroc ou en Turquie, quand la visite a été brûlante, un petit verre de thé à la menthe bien chaud rafraîchit mieux qu'un grand coca glacé.

L'EAU DES INDUSTRIES

Si les maisons des particuliers dépensaient finalement assez peu d'eau, les industries en réclamaient évidemment bien davantage et spécialement les foulons qui étaient, et de loin, les plus grands consommateurs.

Les meuneries de Barbegal

La force motrice de l'eau conduite par un aqueduc ne fut en effet que très rarement utilisée ; ce n'est par exemple qu'à une époque tardive que l'évacuation des thermes de Caracalla[56] et, sur les pentes du Janicule, le courant de l'*aqua Traiana*[57] servirent à faire tourner des moulins. Les installations de Barbegal, dont les traces imposantes sont encore visibles près d'Arles, n'en sont que plus remarquables.

Sur une pente de 30°, large de 20 mètres et longue de 61 mètres, étaient installées deux files de huit moulins à roues verticales bordées par un escalier de service et disposées en batterie. Difficile à évaluer, mais certainement considérable, la production quotidienne de cette véritable usine était destinée à la nourriture des armées romaines, et la riche plaine d'Arles produisait probablement à elle seule toute la quantité de blé nécessaire.

L'énergie hydraulique était fournie par un aqueduc spécial, « l'aqueduc des Baux », qui collectait les sources du flanc sud des Alpilles ; d'abord destiné à l'alimentation d'Arles, il fut, au IIIe siècle, entièrement détourné vers les meuneries. Près de Fontvieille ses vestiges évocateurs et romantiques traversent encore le charmant vallon des Arcs à l'extrémité duquel les eaux s'engageaient, par une trouée directement pratiquée dans le rocher, sur la pente où tournaient les seize moulins.

Les foulons

Ainsi appelés parce que la partie la plus pénible et la plus spectaculaire de leur activité consistait à fouler aux pieds les étoffes, les foulons tenaient une place essentielle dans la vie économique romaine, et leurs ateliers sont encore très présents dans les rues de Pompéi et d'Ostie.

Leur travail consistait surtout à dégraisser les étoffes de laine fraîchement fabriquées, mais ils se chargeaient aussi du lavage et du nettoyage des tissus et des vêtements qu'on leur apportait. Le lavage de la laine brute et la teinture étaient cependant assurés par d'autres artisans, qui opéraient en étroite relation avec eux. Longue et complexe, leur tâche comportait une série de phases successives et toujours semblables qui exigeaient des locaux assez vastes et la présence continue d'un abondant personnel.

Encore chargée du suint des moutons, la laine brute avait été préalablement nettoyée à l'eau chaude avec de la saponaire, appelée de ce fait *radix lanaria* ; elle avait ensuite été séchée, battue, cardée, filée, puis tissée après avoir été teinte.

Arrivé chez les foulons, le tissu qu'on venait ainsi d'obtenir était d'abord lavé par des esclaves spécialisés qui le piétinaient dans de petites cuves aménagées directement dans le sol et contenant de l'eau qu'on mêlait de sel et d'urine, afin d'obtenir un réactif alcalin chargé d'ammoniaque. Cette opération essentielle achevée, il fallait encore traiter l'étoffe avec de la terre à foulon, une argile dégraissante qui la rendait plus moelleuse, la rincer plusieurs fois, la faire sécher, la suspendre à de longues tringles et la carder soigneusement de haut en bas, l'étendre, si elle était blanche, sur une cloche en osier dans laquelle on faisait brûler du soufre, puis l'apprêter en la frottant avec des terres de couleur ou de la craie, la brosser, la tondre et finalement la presser après avoir soigneusement étendu le tissu qu'un esclave, chargé de l'asperger doucement en soufflant l'eau qu'il prenait dans sa bouche, entourait parfois d'un halo de couleurs irisées. *Regarde... un foulon à l'ouvrage. Quand il a rempli d'eau sa bouche et qu'il en humecte légèrement les vêtements déployés au moyen de cordelettes, on voit apparaître dans l'air aspergé des couleurs variées, semblables à celles qui brillent ordinairement dans l'arc-en-ciel*[58].

Même si elle n'était pas présente à chacune des étapes du traitement, l'eau était cependant non seulement nécessaire à toutes, mais encore indispensable pour le rinçage et le nettoyage des cuves et des bassins. Les foulons en consommaient ainsi de telles quantités qu'ils disposaient en général d'adductions, voire d'évacuations particulières. Une enseigne de Forli, qui annonçait au passant l'existence d'un atelier, présente, par exemple, entre un métier à battre et une cage d'osier à soufrer, une conduite d'eau descendant de la montagne, et une *fullonica* de Canossa était équipée d'un système d'adduction spécial : sur le tuyau de plomb de 80 cm qui recevait les eaux salies se trouve une sphère à l'intérieur de laquelle un filtre mobile arrête au passage les fragments de laine et de tissu. Ainsi débarrassée des impuretés les plus grosses, l'eau se perdait ensuite dans une sorte de puisard ; comme la sphère de plomb porte l'inscription *rei publicae Canusinorum curante Publio Graecidonio*[59], il faut certainement en déduire que l'installation avait été décidée par une municipalité soucieuse d'éviter des inondations malsaines et des rejets polluants.

L'atelier de Stephanus

Pompéi nous a livré quatre établissements de *fullones*, et les peintures qu'on trouve dans le vaste atelier de L. Veranius Hypsaeus donnent une image qu'on peut facilement replacer dans la *fullonica Stephanica* qu'on découvre à l'entrée de la rue de l'Abondance.

Sur le côté droit du mur extérieur, des slogans électoraux indiquent déjà la présence et l'activité des foulons dans la ville et donnent aussi le nom probable du propriétaire de l'atelier : *fullones universi rog(ant)... Stephanus rog(at) (tous les foulons demandent... Stephanus demande*).

On entre dans la maison par une large porte ouvrant sur un atrium dont l'*impluvium*, entouré de hauts rebords et muni d'un trou de trop-plein, a été manifestement transformé en bassin ; on l'a en outre déplacé vers la droite, afin d'élargir le passage et de favoriser les entrées et les sorties de la clientèle. Au fond, dans le péristyle et derrière un petit jardin, se trouvent trois grands *lacus* étagés qu'entourent cinq petites cuves aménagées directement dans le sol.

Tout indique ainsi que la maison avait été naguère une simple demeure, avant que les effets du tremblement de terre et les difficultés du moment n'obligent les propriétaires à la vendre à un affranchi, qui transporta les logements à l'étage et fit du reste un atelier. Ordinairement en effet, les installations présentent un aspect plus systématique et plus fonctionnel. A Ostie, par exemple, la petite *fullonica* de la rue des Augustales montre, à côté du *dolium* dans lequel on rassemblait les urines[60], un bassin central assez rustique autour duquel se trouvent les petites cuves, et le grand atelier de la rue de la Fullonica est encore mieux disposé : au centre d'un vaste ensemble rectangulaire se trouvent trois grands bassins sur lesquels s'ouvrent, dans la longueur et d'un seul côté, quatre réduits comportant à chaque fois sept petites cuves, trois dans le fond, deux sur chacun des petits côtés.

A Pompéi comme à Ostie ces petites cuves ou *lacunae fullonicae* servaient au foulage des étoffes ; comme on le voit aux peintures de l'atelier d'Hypsaeus, certaines d'entre elles n'étaient destinées qu'au rinçage ; dans les autres les ouvriers piétinaient sans relâche un mélange acide et malodorant. S'appuyant sur des montants de bois ou un muret de séparation, que nous montrent également les fresques et une stèle funéraire du musée de Sens, ils levaient alternativement les deux pieds, et Sénèque recommande, à titre d'exercice physique, de s'entraîner à ce mouvement répétitif qui était comme une forme vulgaire de la danse étrange et lancinante des prêtres saliens : *Il y a des exercices faciles et courts qui procurent une saine fatigue au corps... : la course, le maniement des haltères, le saut en hauteur, en longueur, le pas des Saliens ou, en style irrévérencieux, le trémoussement des foulons*[61]. Le *saltus fullonicus* était sans aucun doute excellent pour le cœur, à condition toutefois de le pratiquer dans une atmosphère plus saine que celle des ateliers !

Dans les grands bassins alimentés en eau courante et, à Pompéi, probablement aussi dans l'ancien *impluvium* qu'on réservait peut-être aux tissus les plus délicats, on procédait au rinçage des étoffes et au lavage des vêtements qu'apportait une clientèle qui ne pouvait faire aussi bien chez elle. Pour qu'ils sèchent, Stephanus n'avait pas besoin de les étendre dans la rue, comme la loi le lui permettait : sur l'atrium et le péristyle étaient aménagées des terrasses à colonnes. En plein ciel et en plein vent, les tissus de laine devaient à la fois devenir rapidement secs et perdre une partie de l'odeur qu'y avaient inévitablement laissée les ingrédients étranges utilisés pendant le décrassage.

Comme de nos jours enfin, les étoffes étaient ensuite repassées dans le grand *pressorium*, dont on aperçoit encore en entrant le bandage de fer et que les passants pouvaient voir fonctionner de la rue.

L'entretien et l'achat des vêtements tissés de laine étaient certainement coûteux et représentaient sans doute une part importante du budget familial ; ils étaient pourtant indispensables, et c'est la raison pour laquelle à Pompéi les *fullonica* avaient été prioritairement restaurées après le tremblement de terre[62]. De ce fait aussi, les corporations de foulons étaient partout économiquement très importantes et financièrement très puissantes ; évidemment très liées au commerce de la laine, elles avaient, à Pompéi toujours, dédié à leur patronne Eumachia la belle statue qui nous permet de connaître son visage, et les redevances qu'elles versaient pour leur importante consommation d'eau contribuaient très largement à l'entretien des fontaines et des adductions publiques.

II

L'eau utile : hygiène et sécurité

La sécurité de la ville : les pompiers

Comme Frontin l'avait clairement rappelé[1], ces adductions devaient non seulement assurer la vie des particuliers, mais garantir aussi l'hygiène et la sécurité de la ville, en évacuant les immondices et en la protégeant contre le feu.

Utilisé pour le chauffage, l'éclairage et la préparation des repas, le feu était en effet, avec l'eau, l'un des éléments essentiels de la vie quotidienne, et la présence dans Rome d'une quantité de petits foyers qu'on surveillait parfois très mal explique en grande partie la fréquence des incendies. Un Crassus, qui rachetait ensuite les décombres et les terrains à vil prix, un Néron n'étaient pas toujours nécessaires : il suffisait plus simplement qu'une braise tombât d'un brasier pendant qu'on préparait le chytre ou qu'un soir une étincelle jaillît d'une torche agitée sans précaution pour que le feu se déclare, gagne les étages et se propage ensuite à grande vitesse dans une ville dont les rues étaient étroites et les maisons de bois. *En abordant la colline du Cispius*, raconte Aulu-Gelle, *nous apercevons un immeuble dont le feu s'était emparé ; il était fait de nombreux étages qui s'élevaient en hauteur, et déjà tout ce qui se trouvait auprès brûlait dans un immense incendie*[2].

Déjà Ucalégon réclame de l'eau, déjà il déménage sa camelote ; déjà le troisième étage est en feu, et toi, tu n'en sais rien[3], écrit Juvenal.

Leur création

Dans ces cas dramatiques les habitants intervenaient évidemment toujours, mais l'incendie était devenu pour tous une véritable obsession. L'importance et la permanence du péril exigèrent donc assez tôt la mise en place à Rome d'un service officiel et public de lutte contre le feu. Créé dès les débuts de la République, il dépendait des tribuns et des édiles et fut placé sous la responsabilité des *tresviri capitales*, qu'on appelait aussi *nocturni* à cause des rondes qu'ils devaient effectuer la nuit. Les pompiers de Rome n'étaient cependant alors qu'une troupe assez peu nombreuse d'esclaves installés près des portes et le long des remparts, afin de pouvoir accéder au plus vite en tous lieux de la ville.

Réformant à la fois la structure monumentale et l'administration d'une cité qui ne cessait de croître, Auguste mit en place, dès 22 avant J.-C., un corps de 600 esclaves publics dépendant des édiles curules et créa, en 6 après J.-C., une *militia vigilum* placée sous le commandement d'un *praefectus vigilum* auquel Trajan devait adjoindre un siècle plus tard un *subpraefectus vigilum*. Organisés sur un modèle militaire et commandés par un préfet spécial, les pompiers de Rome étaient nés.

Leur organisation

Chargés en fait de veiller sur la ville, d'où leur nom de vigiles, ils devaient d'une part assurer la protection contre le feu, d'autre part contribuer à la sécurité publique. Leur tâche de la sorte était double : pompiers, ils étaient aussi policiers municipaux. Travaillant sur ce dernier point en liaison avec la justice, ils avaient reçu des compétences à la fois multiples et limitées ; ils pouvaient, par exemple, punir les incendiaires et réprimer les négligences en matière de protection contre le feu ; ils intervenaient aussi dans les conflits relatifs à l'usage et à la propriété de l'eau ; ils assuraient la surveillance des bains publics et des thermes et pouvaient en outre arrêter les esclaves fugitifs et punir les voleurs, casseurs et pilleurs, toujours nombreux à Rome et spécialement en cas d'incendie ; ils ne pouvaient cependant jamais prononcer de peine capitale et déféraient tous les cas graves au préfet de la Ville.

Pour accomplir ces tâches multiples et complexes, le corps des vigiles disposait d'une importante structure administrative. Le préfet des vigiles, qui venait à Rome en troisième position derrière le préfet du prétoire et celui de l'annone, avait ses bureaux et son tribunal au champ de Mars, dans le portique de Minucius, qu'il partageait avec le curateur des eaux[4] ; sous son commandement se trouvaient, outre les hommes de troupe, le sous-préfet, plutôt chargé des questions juridiques et installé ailleurs, des tribuns, des centurions et des sous-officiers. Autour de chaque tribun, qui disposait comme les centurions d'un suppléant en cas d'indisponibilité ou de congé, se regroupaient en outre un grand nombre d'adjoints administratifs, appelés *beneficarii*, c'est-à-dire titulaires d'une charge ; c'étaient, par exemple, des intendants, des secrétaires, des greffiers, des courriers et même des bourreaux. Tous ces personnels dépendaient financièrement de l'*aerarium*[5], alimenté dans ce cas par une taxe spéciale de 4 % que le Sénat prélevait sur la vente des esclaves.

Au regard de la diversité des missions qui incombaient aux vigiles, une telle structure administrative n'était pas superflue ; il fallait en fait entretenir un matériel considérable, assurer la permanence absolue du service et gérer d'importants effectifs. Depuis sa création, la *militia vigilum* comptait en effet 7000 hommes.

Signe de l'attention qu'on portait désormais à la sécurité publique, les vigiles n'étaient plus recrutés parmi les esclaves, mais parmi les affranchis. Leur fidélité, le fait qu'ils ne se révoltèrent jamais, et sans doute la sympathie dont ils bénéficiaient, comme de nos jours, auprès de la population firent qu'en outre leur statut ne cessa jamais de s'améliorer ; dès 24 après J.-C., ils purent devenir citoyens romains passé six ans de service, et cette condition fut ramenée plus tard à trois ans ; à la fin du IIe siècle, on les recrutait directement parmi les citoyens.

Cohortes et centuries

Enrôlés pour 16 ans, les vigiles étaient répartis dans Rome en sept cohortes de 1 000 hommes, elles-mêmes divisées en sept centuries chacune. Outre les employés de bureau, chargés de l'administration, chaque centurie disposait d'un porte-enseigne, de plusieurs trompettistes et d'un victimaire chargé des sacrifices que les pompiers offraient à Vulcain et surtout à Vesta, dite en ce cas Stata Mater[6].

L'essentiel du corps était constitué par des hommes ayant chacun leur spécialité ; certains, tels que les *carcerarii*, les *horrearii* ou les *balnearii*, spécialement chargés de la sécurité publique, avaient pour mission de surveiller les prisons, les dépôts de vivres et les bains ; d'autres, plus nombreux, étaient attachés à la lutte contre le feu et spécifiquement entraînés soit pour l'éteindre, soit pour en limiter l'extension.

Les vigiles disposaient aussi d'un service médical permanent qui comportait des ambulances et quatre médecins par cohorte ; comme nos pompiers et comme police-secours, ils devaient en effet pouvoir venir en aide aux victimes d'accidents ou d'agressions de toutes sortes et à ceux qui étaient blessés pendant les incendies.

Une mention spéciale doit être faite encore pour le *sebaciarius*, dont le nom, évoquant la poix, se rattache probablement aux torches et à l'éclairage. N'effectuant son service que pendant un mois avant d'être remplacé par l'un de ses collègues, le *sebaciarius* devait être chargé soit d'éclairer les vigiles pendant leurs rondes nocturnes, soit de surveiller l'illumination des rues, qui fut instituée de 210 à 215 par Caracalla lorsqu'il décida d'ouvrir les thermes pendant la nuit[7] ; le mot se trouve en effet le plus clairement indiqué dans un graffiti daté de 215, et le support de torche en bronze qu'on a retrouvé dans le Trastevere remonte également à cette époque[8].

Stationes et *excubitoria* (casernes et postes de garde)

Ainsi organisés, les pompiers de Rome étaient répartis dans la ville à raison d'une cohorte pour deux régions[9]. Le point central, qui regroupait les bureaux administratifs et le gros matériel, se trouvait dans une caserne à laquelle correspondaient deux postes de garde, soit un par région ; pour deux régions, les pompiers-policiers disposaient donc de trois points fixes.

A Ostie

Une de ces casernes, toujours appelées *statio*, a été retrouvée à Ostie, ville dans laquelle la présence d'*insulae*, de dépôts, de magasins et de marins en tout genre avait rapidement rendu nécessaire l'installation d'un poste permanent de vigiles. Ils y furent mis en place par Claude, et la caserne, sans doute édifiée sous Domitien, fut reconstruite au temps d'Hadrien, restaurée par Septime Sévère et par Caracalla, puis abandonnée dans le courant du IIIe siècle.

Située parallèlement à l'ancien cours du Tibre, elle s'ouvre par un vestibule que flanquent, à l'extérieur, un petit débit de boisson, dont le sol est décoré d'une belle mosaïque, et, à l'intérieur, une latrine ornée d'un petit laraire.

Au centre du bâtiment se trouve une grande cour bordée de pilastres et munie, près de l'entrée, de deux grandes fontaines. Au fond, on aperçoit aussitôt une sorte d'autel dédié aux empereurs : une mosaïque y représente le sacrifice d'un taureau, tandis que sur un podium se dressaient les statues des princes auxquels on devait la construction et la restauration de la caserne ; marque évidente de respect, cet autel était aussi l'expression d'une fidélité et celle d'un dévouement sincère à une cause nationale.

Montrant encore de-ci de-là quelques traces de fresques et comportant un étage, les bureaux et les chambres ouvraient sur les longs côtés de la cour ; derrière l'autel se trouvaient des dépôts, des boutiques et d'autres latrines. Sept cents hommes vivaient là. Appartenant en fait aux centuries de Rome, ils n'étaient détachés à Ostie que pour quatre mois ; en avril, en août et en décembre, ils regagnaient leurs cohortes d'origine. Eux-mêmes entretenaient un poste de garde près du port où se trouvaient les entrepôts les plus importants.

Dans la grande cour, on pense aux levers matinaux, aux rassemblements hâtifs, aux cérémonies solennelles en l'honneur des dieux et des princes ; pourtant, malgré les fontaines aujourd'hui comblées, les boutiques et les latrines, on se représente mal l'activité des vigiles et l'on sent peu leur présence. Dominée par l'autel des empereurs, la *statio* d'Ostie ne semble faite que pour donner une image officielle et collective.

A Rome

Pour se sentir plus près des hommes et de leur vie quotidienne, sans doute vaut-il mieux descendre dans le poste de garde, ou *excubitorium*, de la septième cohorte, qui était installé dans une maison particulière, que l'administration avait achetée ou louée, et qu'on peut encore voir, dans le Trastevere, au n° 5 de la rue à laquelle elle a donné son nom.

On n'y trouve qu'une petite cour centrale, ornée d'une vasque en son centre et d'une mosaïque en noir et blanc[10] ; sur cette petite cour donne un laraire, qui abritait le génie protecteur de la cohorte, et des portes ouvrant sur un couloir qui conduit à des réserves, à des bains très modestes et à des chambres encore ornées de quelques fresques.

L'ensemble, malheureusement très dégradé depuis sa mise au jour en 1866, évoque pourtant bien l'ambiance de ces postes où les hommes bavardaient, riaient et jouaient en attendant de partir pour leurs rondes quotidiennes. On imagine les départs et les retours, les alertes et les relèves, une vie tout à la fois dangereuse et monotone que ressuscitait, d'une manière encore plus saisissante, une centaine de graffitis tracés sur les murs entre 210 et 215 après J.-C. ; tous ont malheureusement disparu, mais le texte et la forme nous en sont parvenus grâce aux relevés soigneux qu'on avait effectués lors des fouilles. Ils nous fournissent le nom de la cohorte et celui des empereurs, mais ils nous rapprochent surtout de ceux qui vivaient dans ces chambres et inscrivaient sur les murs qu'ils étaient revenus sains et saufs, que tout s'était bien passé pour eux, qu'ils avaient fait leur tour de *sebaciarius*, ou plus simplement qu'ils étaient fatigués et demandaient la relève : *Lassus sum successorem date*[11].

Le travail des pompiers

Surveiller : les rondes

Les vigiles en effet n'intervenaient pas seulement quand le feu s'était déclaré : à partir des points fixes qu'étaient les casernes et les postes de garde, ils effectuaient, aussi bien de jour que de nuit, des rondes continuelles. Pendant ces tournées de surveillance, auxquelles le préfet prenait part en personne, les pompiers ne transportaient que ce qui était nécessaire aux premiers secours ; ils devaient en effet théoriquement trouver de l'eau sur place et n'avaient en permanence avec eux que des haches et des seaux, qui permettraient une action immédiate en attendant que les casernes soient éventuellement alertées par la trompe des *bucinatores*. Tout tumulte et toute alerte pouvaient alors provoquer leur intervention, et c'est ainsi qu'ils viennent soudainement troubler le festin de Trimalcion qui n'avait pas besoin de cela pour être ridicule : *Les sonneurs entonnèrent une marche funèbre ; et, pour se distinguer, le valet de l'entrepreneur des pompes funèbres... souffla avec une telle force qu'il réveilla tout le voisinage. Aussi les veilleurs préposés à la surveillance du quartier, persuadés que la maison de Trimalcion brûlait, enfoncèrent brusquement la porte et, avec leurs seaux et leurs haches, ils menèrent grand vacarme au nom de leurs fonctions*[12].

Si le feu prenait malgré tout de l'importance, des renforts arrivaient de la caserne ou des *excubitoria* les plus proches ; en cas d'incendie de grande envergure, plusieurs casernes pouvaient se déplacer, et les *custodes castellorum*[13] détournaient toute l'eau disponible vers les lieux du sinistre que les pompiers combattaient en essayant de l'éteindre et en s'efforçant d'en limiter l'extension.

Éteindre le feu : en l'étouffant...

Pour l'éteindre, les vigiles étaient d'abord munis de *centones*, pièces de drap cousues ensemble, qu'ils jetaient sur les flammes afin de les étouffer. Pour rendre leur action plus efficace, on les avait auparavant imbibées de vinaigre, apporté spécialement dans des outres et plus « mouillant » que l'eau parce qu'il s'évapore beaucoup moins vite. Remontant à loin, ces techniques étaient inspirées des méthodes de protection des engins de siège qu'on défendait toujours contre les flèches incendiaires en les couvrant de peaux vinaigrées.

Pour mettre en place leurs *centones* en restant à distance, les *centonarii* se servaient de perches au bout desquelles on pouvait aussi placer des éponges également imbibées de vinaigre ; on tapait alors sur les flammes, ou l'on pressait les éponges sur les murs afin de les maintenir humides et de les rendre moins sensibles au feu.

De telles méthodes ne donnaient cependant que des résultats très relatifs. A côté du vinaigre et même du sable, on utilisait donc l'eau de façon prioritaire, et c'était la tâche des *aquarii* et des *siphonarii*.

... en faisant la chaîne...

En temps ordinaire, et avant que le feu ne se déclare, les *aquarii* devaient toujours parfaitement connaître les ressources en eau du quartier dans lequel ils étaient affectés ; dans ce but ils travaillaient en liaison constante avec leurs collègues chargés des aqueducs et spécialement avec tous ceux des *stationes aquarum*[14]. L'une de leurs missions de police était en outre de veiller à ce que les particuliers aient toujours des réserves d'eau chez eux, chaque habitant de Rome étant tenu, sous peine de graves sanctions, d'en garder toujours à portée.

Quand l'incendie faisait rage, l'une des actions les plus simples était évidemment de faire la chaîne et de jeter l'eau sur les flammes avec des seaux ; pour établir ces chaînes, on peut penser que tous les locataires, tous les voisins et tous les habitants du quartier, toujours menacés par l'extension des flammes, venaient à la rescousse. La chose n'est pourtant pas certaine ; à Nicomédie, la foule regarde sans agir[15] ; à Rome, l'empereur Claude distribue des pièces de monnaie pour stimuler l'ardeur des volontaires : *Durant un incendie qui faisait rage dans le quartier Émilien, il* [Claude] *passa deux nuits dans le diribitorium*[16], *et, comme les soldats et la foule de ses esclaves ne suffisaient pas à la besogne, il fit appeler à l'aide par les magistrats la plèbe de tous les quartiers, puis, plaçant devant lui des corbeilles pleines d'argent, il encouragea la foule à prêter secours et récompensa chacun suivant ses mérites*[17].

Le travail des *aquarii* consistait alors à maintenir les débits nécessaires, à pourvoir à l'alimentation en eau des sauveteurs, à leur fournir éventuellement du matériel, à organiser les chaînes et à les diriger vers les points les plus sensibles afin d'en augmenter l'efficacité.

... avec des pompes

A côté de ces chaînes, où l'on se passait de main en main des seaux qui se vidaient en cours de route et dont on ne pouvait jamais jeter très loin le contenu, fonctionnaient aussi des pompes, dont les *siphonarii* de la cohorte avaient la charge et l'entretien.

Probablement inventée par Ctesibios au IIIe siècle avant J.-C., décrite par Vitruve et par Héron[18], la pompe est présentée comme pompe à incendie par Héron lui-même et par Pline le Jeune[19] ; Hesychius la mentionne au IVe siècle, et Isidore de Séville en donne au VIIe siècle une définition qui en précise aussi la puissance : *On appelle siphon un instrument qui verse l'eau en soufflant ; les Orientaux s'en servent. Dès qu'ils apprennent qu'une maison est en feu, ils courent avec leurs siphons pleins d'eau et éteignent l'incendie ; en projetant l'eau vers les parties supérieures, ils nettoient aussi les voûtes*[20].

Les Grecs l'appellent *antlia*, mais le terme le plus courant est *sipho*, et quand Vitruve en parle il la nomme *machina ctesibia*, machine de Ctesibios. Telle qu'il la décrit, elle se compose de *deux cylindres jumeaux, munis de tuyaux qui, formant une fourche, leur sont adaptés symétriquement et qui convergent vers un vase intermédiaire* ; à l'intérieur des cylindres se trouvent des pistons *polis au tour et frottés d'huile*[21], qu'actionne un long levier. Quand un piston descend dans un des deux cylindres, l'eau est refoulée dans le vase intermédiaire et s'en échappe avec force par le haut ; comme les pistons montent et descendent alternativement dans les cylindres et que l'un se remplit pendant que l'autre se vide, il n'y a jamais d'interruption dans le jet qui peut sans doute porter jusqu'à 20 mètres.

Sinon exactement semblables, du moins très proches dans le détail, des pompes ont été plusieurs fois retrouvées. Les plus belles, découvertes à Bolsenna, figurent au British Museum ; une autre, en partie reconstituée, est à l'Antiquarium municipale de Rome ; une autre, venant de Belginum, est à Trèves, d'autres encore à Madrid et au Vatican. Toutes, à l'exception de celle de Silchester, qui était en métal et en bois, sont, comme le dit Vitruve, entièrement faites en bronze. Dans leur principe, elles ont d'ailleurs été fort longtemps en usage : dans la nuit du 5 au 6 juin 1944, quand les parachutistes américains eurent la malchance de descendre directement au-dessus de Sainte-Mère-l'Église, un incendie faisait rage et tous les habitants étaient dehors, occupés à remplir en faisant la chaîne une pompe assez semblable à celles qu'utilisaient déjà les vigiles de Rome.

Ces pompes ne pouvaient en effet fonctionner qu'à condition d'être immergées dans un bassin qu'il fallait constamment maintenir plein ; de ce fait, elles ne supprimaient pas les navettes de volontaires, mais permettaient seulement de jeter l'eau plus loin, plus haut et plus régulièrement. La complexité relative de la manœuvre et surtout l'effort qu'elle demandait exigeaient sans doute la présence de cinq ou six *siphonarii*, tandis que les *aquarii* s'occupaient d'alimenter sans trêve l'appareil.

Et les tuyaux ?

Ils auraient été grandement aidés dans leur travail s'ils avaient disposé, comme de nos jours, de tuyaux souples, solides et raccordables entre eux. Ce n'était certainement pas le cas. L'existence de tuyaux de cuir n'est en effet nullement probable, et le seul endroit où il en soit apparemment question ne repose en fait que sur une mauvaise lecture du texte[22]. Quant aux tuyaux de bois dont parle Pline[23], les pompiers auraient éventuellement pu s'en servir à condition de les brancher aux bouches horizontales des fontaines. Longs et lourds, ils semblent cependant bien difficiles à transporter ; raides et manquant de souplesse, ils supposent en outre soit d'invraisemblables séries de raccords, soit la présence d'un point d'eau situé dans l'axe exact du feu ;

toutes les manœuvres d'installation semblent enfin si longues et si difficiles qu'elles sont incompatibles avec l'urgence que réclament toujours de telles interventions.

Il fallait donc, dans tous les cas, transporter l'eau vers les foyers d'incendie ; les seaux restaient ainsi l'essentiel du matériel dont disposaient les pompiers pour éteindre le feu. C'est la raison pour laquelle ils sont souvent ironiquement surnommés *sparteoli*, parce que ces seaux, ou *hamae*, pour être plus légers, étaient fabriqués de sparte enrobée de poix : *En voyant la fumée du banquet de Sérapis, on donnera l'alarme aux « sparteoli*[24] ».

La machine de Ctesibios devait donc être elle aussi d'un usage assez limité : il fallait la faire venir, la mettre en place et l'amorcer ; si cette tâche pouvait sans doute être plus rapidement accomplie que la pause d'éventuels tuyaux de bois, elle devait quand même prendre souvent plus de temps que le feu qui courait toujours très vite dans les étages et d'un immeuble à l'autre. Ces siphons furent ainsi probablement moins efficaces dans les grands incendies que dans l'assèchement des cales et des fonds de citernes ou pour la réalisation de jets d'eau spectaculaires.

La mosaïque qui décorait la cour de l'*excubitorium* de la septième cohorte représentait deux tritons qui tenaient chacun dans la main droite un trident, dans la main gauche une torche symbolisant le feu, dont l'une était éteinte et l'autre allumée ; le triton qui tenait la torche allumée désignait aussi la mer, c'est-à-dire l'eau qui éteint le feu.

Si abondante dans les villes romaines, l'eau ne jouait pourtant qu'un rôle secondaire dans la lutte contre des incendies dont la violence était parfois telle qu'on ne pouvait jamais s'en approcher suffisamment pour installer à quelques mètres des flammes une pompe et son lourd bassin ; elle n'était efficace qu'au début de l'embrasement, quand tout restait encore possible ; dès que les flammes avaient pris trop d'ampleur, elle servait moins à les arrêter qu'à les contrôler. Les vigiles devaient alors recourir à d'autres moyens : pour empêcher l'incendie de s'étendre, *falcarii*, *uncarii* et *ballistarii* détruisaient des immeubles entiers dans une atmosphère d'apocalypse qu'on ne comprend qu'en essayant de la revivre.

Arrêter le feu

Avec les *siphonarii* et les *aquarii*, les autres corps de vigiles sont en effet également arrivés sur place ; pendant qu'on jette sur le brasier toute l'eau dont on dispose, ils observent la progression de l'incendie.

Nées d'une torche mal éteinte ou d'un brasero renversé, les flammes ont été sans succès combattues par les habitants de l'immeuble et par les voisins ; l'eau des seaux, le sable et le vinaigre, les éponges au bout des perches et les *centones* n'ont pu davantage en venir à bout. Des flammèches déjà volent et retombent sur les maisons voisines où des *aquarii* aident les locataires à maîtriser les premiers foyers secondaires. Soudain, les escaliers extérieurs s'embrasent et le feu prend sur toute la façade ; les *emitularii* étendent sur le sol d'épais matelas sur lesquels devraient sauter du haut des étages ceux qui restent encore prisonniers à l'intérieur ; mais, jaillissant des fenêtres, les flammes s'emparent d'un seul coup des balcons, si proches les uns des autres dans ces rues étroites que c'est toute la ruelle qui va maintenant s'embraser des deux côtés à la fois.

Déjà un vent de feu s'élève. Pour empêcher l'incendie de s'étendre, le préfet et son état-major décident d'abattre tout ce qui l'entoure.

Les chaînes s'interrompent, les *aquarii* prennent position plus en arrière, les *emitularii* transportent vers les ambulances et les médecins ceux qui ont osé sauter des étages. Dans les immeubles encore intacts, mais déjà menacés, les habitants prennent en hâte leurs biens les plus précieux ; par les escaliers étroits qu'entourent maintenant des étincelles, ils se précipitent au dehors. Dans la chaleur intense, au milieu des crépitements et des grondements du brasier tout proche, dans les cris, la panique et la fumée suffocante, plusieurs centaines de vigiles ont déjà commencé la destruction de toutes les maisons voisines.

Les *falcarii* cassent les balcons, défoncent les parois intérieures et sapent les poutres maîtresses. Les *uncarii* grimpent sur des échelles, installent en hauteur des crocs munis de câbles et tirent sur les façades qui s'abattent en entraînant dans leur chute les planchers et les toitures. Pour aller plus vite encore, les *ballistarii* approchent leurs pièces d'artillerie : servies comme au combat par une dizaine d'hommes, les ballistes lancent leurs projectiles sur les maisons qui s'effondrent par pans entiers. Sur ces entassements de bois et de pierre, les escarbilles et les brandons pleuvent, des foyers prennent naissance, et les *aquarii* s'efforcent aussitôt de les éteindre pendant que d'autres vigiles bloquent les voies pour arrêter les désespérés et les pillards.

Dans tous les quartiers, toutes les casernes, tous les postes de garde, tous les responsables des eaux sont en alerte ; les bains et les thermes sont évacués pour y faciliter l'entrée des *aquarii* ; les piscines et les bassins des riches particuliers peuvent à tout moment être également utilisés. Si la destruction ne l'arrête pas assez vite, le feu peut, comme en 54, en 64, en 80, détruire presque toute la ville, et ce souvenir effraie même ceux qui, loin du foyer, n'en sentent encore que l'odeur, mais en reçoivent déjà les cendres fines et grises.

Le sixième jour enfin, dit Tacite, *on stoppa l'incendie au bas des Esquilies, en abattant les édifices sur un immense espace, afin d'opposer à sa violence continue une plaine dénudée et, pour ainsi dire, le vide du ciel*[25].

Un instrument symbolique

Qu'il s'agisse d'éteindre ou de protéger, outre que la solidarité faisait parfois défaut, toutes les villes de l'Empire n'étaient cependant pas aussi bien équipées que Rome : *Pendant que je visitais une autre partie de la province*, écrit Pline à Trajan, *à Nicomédie un immense incendie a détruit beaucoup de maisons privées et deux édifices publics... Or il s'est étendu d'abord sous la violence du vent, ensuite grâce à l'inertie des habitants qui, cela est certain, sont restés spectateurs inactifs et passifs d'une si grande catastrophe. Et d'ailleurs aucun siphon public, aucun seau, enfin aucun matériel pour combattre les incendies*[26].

Dans ces cas extrêmes, l'essentiel du travail que devaient accomplir les pompiers était en fait d'arrêter le feu plutôt que de l'éteindre ; l'immensité du péril et la nécessité d'agir très vite expliquent le nombre des vigiles et le fait que, dans leurs cohortes, les hommes armés d'outils aient toujours été plus nombreux que ceux qui s'occupaient de l'eau. Le hasard des fouilles a permis de retrouver quelques-uns des instruments qui servaient à détruire les maisons pour assurer la survie de la ville. Ils sont rongés de rouille et privés de leurs parties en bois, mais la forme en subsiste, et l'on est surpris de voir comme elle s'est maintenue de siècle en siècle à travers des générations d'artisans qui en ont sans fin reproduit le modèle éprouvé ; les haches, les marteaux, les faux, les serpes, les crocs et les scies demeurent tout à fait semblables à ce que, depuis quelques années seulement, nous rangeons dans nos musées du folklore et, plus que la pompe ou le seau, la dolabre, pic d'un côté, tranchant de l'autre, est restée l'emblème symbolique de nos modernes sapeurs-pompiers, que nous appelons aussi soldats du feu.

L'HYGIÈNE DE LA VILLE : LES LATRINES

L'eau qui ruisselait sur le sol après les grands incendies rejoignait les égouts de la ville et contribuait à son hygiène après l'avoir défendue contre le feu. Pour assurer le confort public et la propreté, même relative, des rues, les autorités devaient cependant stimuler les bonnes volontés populaires en installant des dépôts d'ordures accessibles et des latrines assez nombreuses et assez agréables pour qu'on prît l'habitude de les fréquenter.

Latrines des *domus*

Dans les *domus* bien équipées, ces latrines existaient évidemment toujours sous une forme évoquant assez bien l'état des lieux que nous fréquentions encore il y a vingt ou trente ans. C'était le plus souvent une planche ou une plaque percée reposant sur deux montants maçonnés, parfois même un simple trou plus ou moins béant, généralement installés dans un réduit qu'on aménageait sous un escalier ou dans les communs sans toujours les munir d'une porte. Si l'endroit se trouvait malgré tout trop obscur, on accrochait au mur une petite lampe à huile, qui l'éclairait vaguement d'une lueur incertaine et fumeuse.

Quand la maison ne disposait pas d'eau, on creusait une fosse équipée d'un regard de vidange ; quand elle bénéficiait d'une adduction, l'évacuation se faisait avec celle des cuisines et des bains, près desquels le réduit était alors toujours placé, comme c'est le cas dans la plupart de nos appartements modernes. A Boscoreale, par exemple, les latrines se trouvaient près du *tepidarium*[27] ; dans la *fullonica Stephani*, la villa des Mystères ou celle de la Gemme à Herculanum, elles étaient près des cuisines. L'existence à Pompéi de tuyaux de terre cuite à fort calibre, installés à l'extérieur des murs, indique en outre que l'évacuation pouvait aussi, et naturellement, se faire à partir des étages.

Latrines publiques

Ne bénéficiant pas de ces équipements, les *insulae* ne pouvaient évidemment pas disposer de latrines, et ceux qui les habitaient devaient recourir soit aux vases de nuit, appelés *lasanum* ou *matella* et objets d'innombrables plaisanteries satiriques, soit aux latrines publiques, en général nommées *foricae*.

Publiques, c'est-à-dire ouvertes à tous ceux qui désiraient en user, ces latrines étaient également collectives : on ne pouvait, comme de nos jours, s'y installer seul et se placer à l'abri des regards en s'enfermant dans un local individuel. Presque toujours semblables à celle qu'on peut voir, par exemple, à Ostie près des thermes du Forum, la plupart se présentent comme des salles assez vastes ; le long des parois court une banquette de marbre, percée d'une série de trous ovoïdes prolongés en façade par une ouverture plus étroite en forme de goutte. Vingt à vingt-cinq personnes pouvaient en général y prendre place ensemble, et la seule précaution conforme à nos usages est qu'on y accédait, comme à Timgad, par un vestibule ou que la porte était agencée de manière à rendre l'intérieur invisible aux passants.

Cette promiscuité, qui nous surprend, n'était pas propre aux latrines publiques. A Pompéi, comme à Ostie, rares sont les sièges isolés ; le Palatin dispose d'une latrine impériale à trois places, et la grande villa de Piazza Armerina était pourvue de trois salles du même type, dont on attribue la plus petite aux enfants, la seconde aux hommes, et la dernière aux femmes parce qu'on y trouve un bassin qui pourrait être une sorte de bidet.

Pour compenser le manque de confort des immeubles et permettre aux plus humbles d'approcher, même en ces endroits, la richesse des demeures privées, les latrines établies sur la voie publique étaient toujours luxueuses. Taillés dans le marbre et parfois munis d'accoudoirs, les trous de la banquette étaient suffisamment distants les uns des autres pour qu'on pût disposer près de soi ses objets personnels ou n'être pas gêné par son voisin. Un système d'hypocaustes[28], qu'on voit encore à Rome près du Forum, réchauffait les salles en hiver ; le sol était dallé de marbre ou décoré de mosaïques ; au mur se trouvaient parfois des niches ornées de statues qui évoquaient les hasards, les plaisirs et les besoins de la vie quotidienne : la Fortune (Tuchè) à Ostie, Bacchus à Sabratha, Esculape à Lepcis Magna. Surtout, dans la fosse aménagée sous les sièges et dans une rigole qui passait devant eux, l'eau coulait sans cesse ; dressée au milieu de la pièce comme à Timgad, ou appuyée, comme à Ostie, contre un mur, une fontaine alimentait abondamment l'ensemble et, servant aux ablutions nécessaires, accompagnait d'un gazouillis la conversation des usagers.

Beaucoup sans doute, hommes ou femmes, soucieux de leur équilibre, y venaient chaque jour à heures fixes et retrouvaient avec plaisir d'autres habitués des lieux. On parlait de nourriture et de santé, on s'inquiétait d'une absence, on échangeait des recettes et des remèdes ; comme aux fontaines, on remarquait les étrangers et les promeneurs. Certains s'y donnaient rendez-vous, d'autres y rôdaient ou s'y attardaient complaisamment en quête de bavardages ou de rencontres et parfois de bonnes fortunes et d'invitations à dîner : *Vacerra passe des heures dans tous les lieux d'aisances et on l'y voit sur la selle toute la journée : Vacerra a envie de dîner, il n'a pas envie de chier*[29].

Avant d'entrer tous avaient dû cependant s'acquitter

d'une petite somme, et ce prélèvement, que nous connaissons toujours et jugeons très souvent scandaleux, rétribuait les services des *foricarum conductores*[30], sortes de fermiers fiscaux, auxquels étaient partout confiées la surveillance et la salubrité des latrines. Avec sans doute la fermeté des dames qu'on voit encore dans certains de nos établissements publics, ils entretenaient les lieux et spécialement l'éponge qui permettait de sortir propre et qu'on utilisait avec élégance en passant le bras et la main dans l'ouverture verticale aménagée dans le haut des banquettes.

Une ambiance aussi conviviale n'incitait évidemment pas à s'exprimer sur les murs. L'écriture est toujours solitaire, et c'est dans l'intimité d'un latrine privée, celle de la villa de la Gemme à Herculanum, qu'il faut aller chercher un graffiti ; respectueux des hiérarchies et des détails, commémoratif et solennel, il est, comme les plus belles dédicaces, tout imprégné de l'esprit romain : *Apollinaris, medicus Titi imperatoris, hic cacavit bene*[31].

Établies dans toutes les villes et plus denses dans les régions les plus peuplées, les latrines publiques étaient 144 à Rome au IVe siècle et offraient en permanence environ 4 000 places à tous ceux qui n'avaient pas la chance d'habiter des palais ou des *domus* et possédaient néanmoins quelques as. Deux seulement ont été retrouvées ; l'une, très visible à l'arrière des temples du Largo Argentina, est disposée tout en longueur et dotée d'une fosse très profonde ; l'autre, à l'intersection du forum Romanum et du forum Caesaris, était équipée d'un système de chauffage et certainement fréquentée par d'importants personnages que leurs activités politiques ou commerciales amenaient en cet endroit.

Quand la muraille d'Aurélien s'érigea vers la fin du IIIe siècle, on construisit à l'intérieur un ensemble de petites latrines, appelées désormais *necessaria* ; s'ajoutant aux précédentes et traçant comme une ceinture d'aisance autour de la ville, elles étaient environ 116, dont une seule est encore actuellement visible dans une courtine située près de la porta Salaria. Semblant conçues à l'image d'une ville qui se rétrécissait et perdait de sa splendeur, elles étaient austères et plus fonctionnelles que luxueuses ; comme dans les autres cependant, l'eau toute proche y coulait en permanence et jouait toujours son rôle purificateur en entraînant aux égouts puis au Tibre tous les rejets des hommes.

Rome, ville sale...

Disposant d'un vaste système de cloaques et de fontaines[32], Rome n'était pourtant pas exactement la ville salubre et propre qu'on pourrait trop rapidement imaginer.

Les canaux de la *Cloaca maxima* ne desservaient pas en effet toutes les rues et, quand ils longeaient de grands immeubles, ils n'étaient jamais reliés qu'à leur rez-de-chaussée. Pour se débarrasser des eaux sales, il fallait descendre les étages et les jeter dans la bouche d'égout la plus proche ou dans le caniveau ; le contenu des vases de nuit (*lasana*) devait être déposé dans des *doliums*[33] que les entreprises spécialisées installaient sous les escaliers dans le bas des immeubles et qu'elles relevaient régulièrement afin d'en vendre le contenu comme engrais ; des récipients semblables, uniquement destinés aux urines, étaient placés devant les *fullonica* qui les utilisaient pour leur ammoniaque[34] et devaient, depuis Vespasien, s'acquitter d'une taxe dont le produit, disait le prince, n'avait pas mauvaise odeur[35].

Si l'on était toujours contraint d'aller prendre l'eau dans les *lacus*[36], l'usage des *doliums*, des latrines publiques et des bouches d'égout supposait en revanche un esprit civique, un sens de la discipline et une rigueur qui n'étaient certainement pas le fait de la plupart des habitants. Les fenêtres servaient alors fréquemment d'exutoires aux marmites et aux vases, et le danger était toujours grand de recevoir, en marchant dans les rues étroites, sinon le récipient lui-même, au moins son malodorant contenu. Des lois, sans fin reprises, interdisaient évidemment de telles pratiques qui étaient pourtant monnaie courante : la nuit surtout, les rejets aériens et anonymes étaient, au temps de Juvénal, aussi dangereux que fréquents. *C'est s'exposer au reproche de négligence et de ne pas prévoir les incidents subits que de s'en aller souper sans avoir fait son testament. Tant il est vrai que le passant a autant de chances de mort qu'il rencontre la nuit de fenêtres ouvertes où l'on ne dort pas. Ne souhaitez qu'une chose, et puisse ce vœu modeste s'accomplir pour vous, c'est qu'on se contente de vous inonder du contenu de larges bassins*[37].

Ne pouvant supprimer les causes, on s'efforça plus tard de limiter au moins les conséquences, et l'on mit en place une législation qui prévoyait le versement d'indemnités aux victimes de telles négligences. Les textes, minutieux et précis, qui réglementaient les conditions dans lesquelles on pouvait en bénéficier ne reconnaissaient pourtant pas la notion de préjudice esthétique : d'une manière logique dans une société qui pratiquait la vente et l'achat des esclaves, le législateur estimait en effet que *le corps d'un homme libre n'a pas de prix*[38].

Avec leurs voies étroites et leurs immeubles en bois, les rues tortueuses des quartiers populaires de Rome n'avaient certainement ni l'éclat ni la propreté presque froide qu'on imaginerait à ne voir que le plan de l'Urbs au Musée de la civilisation romaine ou que des reconstitutions colorées et trompeuses ; toujours dangereuses, elles étaient probablement aussi sales que celles des plus bas quartiers de nos villes méditerranéennes. Malgré les édits de César, elles ne furent jamais toutes pavées, et le service de balayage, placé sous la responsabilité des édiles, ne fonctionna jamais correctement ; même Vespasien, qui se trouvait alors au début de sa carrière et qui devait montrer plus tard de grandes qualités d'administrateur, ne put en venir à bout : *Alors que Vespasien était édile, C. César* [Caligula], *furieux qu'il n'eût pas pris soin de balayer les rues, enjoignit à ses soldats de le couvrir de boue en en répandant un tas dans le pli de sa prétexte*[39]. Les immondices et les saletés s'accumulaient ainsi partout, les eaux salies ne s'écoulaient qu'imparfaitement ; l'été, l'odeur était forte, et l'hiver, la boue partout présente[40]. D'énormes dépôts d'immondices s'entassaient en outre aux carrefours, appelés *trivia* ; nous en avons tiré le mot trivial et, même si le sol de ces *lacus* était à peu près pavé depuis Caton[41], l'aspect et l'odeur devaient en être difficilement supportables ; on y jetait la nuit les enfants dont on voulait se défaire[42] et, parmi les prodiges annonçant à Vespasien qu'il allait accéder un jour à l'Empire, Suétone rapporte qu'*un jour, pendant qu'il déjeunait, un chien étranger lui apporta d'un carrefour une main d'homme et la déposa sous la table*[43].

A Paris, au XVIIIe siècle encore et même au début du XIXe, on jetait aussi par les fenêtres le contenu de tous les récipients. Dans une société plus gracieuse en apparence et plus galante, on prenait seulement la peine de crier d'abord « *gare l'eau* » : *C'était le cri traditionnel. Et ces immondices séjournaient dans la rue jusqu'à ce qu'une pluie d'orage les eût mises en mouvement et eût nettoyé les rues en pente. Quant aux autres, les plus nombreuses au cœur de la ville, elles recevaient de cette ondée un surcroît d'ordures dont personne d'ailleurs ne paraissait s'affliger. Paris était continuellement infecté. Un exemple : à l'époque de la Restauration, on entreprit de « purger » le petit égout de la rue Amelot engorgé depuis cinquante ans. Les sept premiers ouvriers qui essayèrent d'y descendre furent complètement asphyxiés. L'Académie des sciences délégua des savants chargés de présider néanmoins à l'opération. Le nettoyage dura sept mois, on retira 6 430 tombereaux de matières solides. L'odeur que dégageait cette vidange était si redoutable que les habitants du quartier émigrèrent en masse*[44]*...*

... mais bien drainée

Ce portrait du Paris de Louis XVIII ne vaut cependant qu'en partie pour la Rome de l'Empire. A Paris en effet le comportement des habitants, si relâché fût-il, n'était pas seul en cause, et la ville ne disposait pas des adductions nécessaires au bon fonctionnement d'évacuations par ailleurs insuffisantes. A Rome au contraire, la saleté des rues populaires n'était le plus souvent que celle qui provient de la négligence et de l'incurie : les milliers de mètres cubes que déversaient quotidiennement les aqueducs, et l'immensité des égouts dans lesquels ils produisaient sans cesse un fort courant d'entraînement préservaient, depuis Frontin surtout, des inconvénients du méphitisme : *Même les eaux d'écoulement ne restent pas oisives ; ... l'atmosphère [est] plus pure et cet air qui, du temps des anciens, donna toujours mauvaise réputation à la ville a été chassé*[45]. L'eau pure chassait ainsi partout l'eau sale et, si l'on fuyait parfois la ville, ce n'était pas à cause de ses puanteurs : *Quitte l'abondance et ses dégoûts et ces constructions voisines des hautes nuées ; renonce à admirer l'opulente Rome avec ses fumées, ses richesses et son bruit*[46].

Malgré ses *insulae* sordides et ses rues sales, Rome était en effet splendide et, non contents de l'assainir, les aqueducs en exprimaient aussi l'opulence. Depuis la fin de la République, l'eau avait en fait cessé de n'être qu'un élément indispensable à la vie pour devenir en outre un des facteurs essentiels du confort et l'expression presque obligée du luxe et de la richesse. D'abord conduite *ad usum, ad salubritatem et ad securitatem*, elle servait en plus *ad voluptates*[47].

III

L'eau des plaisirs

En cette eau des plaisirs se reflétait cependant l'esprit d'une société très sensible aux hiérarchies, mais néanmoins désireuse d'offrir au plus grand nombre ce que l'argent et le pouvoir procuraient spécialement à quelques-uns ; de même qu'on trouvait des œuvres d'art dans des collections particulières et d'autres dans les musées, il y avait de la sorte à Rome, et dans toutes les cités qui lui ressemblaient, des splendeurs publiques et des luxes privés.

L'eau comme décor

Signe de progrès et de civilisation, inutile et raffinée, l'eau contribuait d'abord à créer des ambiances ou à dresser des décors que la volonté des princes utilisait dans l'aménagement des palais ou des cités, et le désir des riches dans l'agencement complexe et presque voluptueux des villas.

Le décor de la maison

Décrivant dans le détail sa villa des Laurentes, près d'Ostie, Pline ajoute, par exemple, avec regret : *À ces avantages, à ces agréments, il manque malheureusement l'eau courante*[1] ; et Cicéron conseille ainsi son frère Quintus : *Tu auras une villa d'un merveilleux agrément, pour peu que tu y ajoutes une piscine et des jets d'eau, et que tu fasses verdoyer un bosquet autour de la palestre*[2].

Dans ces nouvelles villas, toutes conçues pour l'*otium*[3] et la douceur de vivre, l'*impluvium* ne subsiste plus, avec des *atriums du modèle d'autrefois*[4], qu'à titre de souvenir et de réserve ; on ne veut que l'eau courante, et les quantités qu'on juge indispensables sont bien supérieures à celles qu'exigerait la simple satisfaction des besoins quotidiens. Les aqueducs alimentent en effet non seulement la cuisine et les bains, mais encore, et pour le plaisir, des chambres et des salles à manger, des piscines et des jardins.

C'est ainsi que, dans la villa que Pline possédait, loin de la mer, en Toscane, on trouvait devant la colonnade une piscine alimentée par une cascade et, derrière elle, un bassin dont le trop-plein rafraîchissait une cour et ses platanes. Dans l'allée principale du grand jardin couraient des ruisseaux artificiels ; on y découvrait une grande fontaine, et d'autres, plus petites, étaient installées près des sièges de marbre qu'on avait disposés pour le repos du promeneur. Dans une chambre ornée de peintures, l'eau murmurait dans une vasque où elle tombait par de petits tuyaux, et l'on disposait, dans le balnéaire, en plus des baignoires habituelles, d'un puits, d'une autre piscine et d'un bassin d'eau fraîche[5].

Salles à manger d'été

Quant à la salle à manger de plein air, elle offrait des plaisirs qu'on n'aurait pas imaginés deux cents ans plus tôt : *Au bout, un lit de table en marbre blanc est ombragé par une treille ; cette treille est supportée par quatre petites colonnes en marbre de Caryste. Du lit de table, comme si le poids de celui qui y a pris place la faisait jaillir, des tuyaux versent de l'eau qui tombe sur une dalle creusée et que retient ensuite un bassin de marbre finement travaillé, qui, grâce à un invisible aménagement, reste plein sans déborder. Le plateau des entrées et les plats lourds se disposent sur le rebord, les plats légers flottent de-ci de-là sur des vases représentant de petits bateaux et des oiseaux. En face, une fontaine donne de l'eau et la recueille ensuite, car lancée en l'air cette eau retombe sur elle-même, puis un système d'ouvertures l'absorbe et la fait disparaître*[6].

Sans être vraiment rares, de tels raffinements restent quand même assez exceptionnels, et la minutie de leurs aménagements techniques les apparente plutôt à ces *deliciae*[7] que seuls les plus nantis pouvaient s'offrir. La plupart des riches demeures disposaient cependant d'installations qui, pour être plus modestes, n'en exprimaient pas moins la recherche d'un art de vivre délicat, subtil et discrètement ostentatoire. Bien des salles à manger d'intérieur étaient, par exemple, dotées de petites fontaines[8], et le *triclinium* d'été de la maison de l'Éphèbe à Pompéi ressemble beaucoup, en moins sophistiqué pourtant, à celui dont Pline est si fier. La treille est soutenue par quatre colonnes enduites de stuc et les lits de table ne sont pas en marbre, mais l'ensemble est rafraîchi par une fontaine aménagée dans une niche en forme de temple ; remplissant d'abord un petit bassin, puis conduite par un étroit canal, l'eau rejaillissait probablement de la coquille que tenait une belle statue de Pomone installée entre les tables ; tout près s'étendait en outre un *viridarium*[9] dont la verdure et l'ombre se mêlaient sans cesse au murmure des eaux.

Fontaines

A côté de ces fontaines uniquement destinées à l'agrément des repas entre amis, d'autres apportaient leur charme et leur fraîcheur aux péristyles, aux jardins et aux cours. A Pompéi, comme à Herculanum et dans toutes les zones résidentielles de l'Empire, elles répètent, avec d'infinies variations de matières et de couleurs, les mêmes formes et les mêmes types de décoration.

Évoquant à la fois le temple, la grotte et l'arc de triomphe, une niche en cul-de-four, et presque toujours surmontée d'un fronton triangulaire, est entièrement décorée de pâte de verre et de mosaïque aux couleurs vives ; au milieu des arabesques et des festons, des treilles et des canthares apparaissent de beaux motifs, souvent tracés dans un losange entouré de coquillages : un dieu marin barbu[10], Neptune et son trident[11], Vénus et la coquille, des poissons et des canards[12]. A droite et à gauche de la niche, les pilastres reprennent les jeux abstraits de la rocaille, du marbre et des coquilles[13] et portent aussi des masques[14] ou des Gorgones[15], surmontés d'amours ailés[16], d'hippocampes[17] ou de cygnes affrontés[18].

Quand la place fait défaut, comme dans le petit jardin de la maison de l'Ours, le jeu des ombres, des lumières et des couleurs donne une impression de profondeur ; quand l'espace est disponible, un bassin plus ou moins long s'appuie sur les pilastres et prolonge l'ensemble à l'horizontale.

Celui de la maison de la Grande Fontaine est tout entier de marbre ; au centre, un fin jet d'eau jaillissait du poisson convulsé que retient encore un petit amour ailé ; derrière lui, tout au fond plus obscur de la niche, dans l'ombre rouge et vert, on aperçoit la tête d'un dieu marin ; de sa barbe ébouriffée surgissait une coulée d'eau qui descendait en cascadant sur les six marches d'un escalier de marbre ; à droite et à gauche, au pied des pilastres, l'eau sortait à grands traits du sourire et du rictus de deux grands masques dionysiaques. Avec violence, avec grâce ou avec plénitude, l'eau vive animait ainsi de son mouvement et de son bruit les mosaïques et les motifs dont les couleurs se perdaient sans cesse en elle.

De toute cette fraîcheur, il ne reste plus maintenant que de la pierre ; les lignes ondulées et brisées des arabesques et des festons descendent pourtant toujours vers le creux glauque de la niche où la rocaille et les fonds verts tracent comme un bassin : l'immobile vibration de la lumière a remplacé l'agitation des eaux.

Jardins

Source de plaisir, l'eau redevenait en même temps source de vie quand on l'utilisait à l'entretien des *viridarium*, jardins, bosquets et même petits parcs, où l'art et la nature étaient toujours splendidement mêlés.

Comme l'*impluvium*, le petit potager, qui s'étendait autrefois derrière un sombre *atrium* et qu'on arrosait le soir avec parcimonie, n'était cependant plus qu'un souvenir, et les nouveaux jardins, s'ils héritaient d'une longue et ancienne tradition, portaient aussi les fruits de l'abondance et de l'excès. L'eau désormais ne devait plus seulement les nourrir, mais les organiser, les embellir et les rendre exubérants sous le soleil : c'étaient partout des bassins, des cascades ou des fontaines et toute une profusion que les jardiniers utilisaient comme des architectes. *Là encore une fontaine jaillit, puis se perd. En plusieurs endroits sont disposés des sièges de marbre... ; de petites fontaines sont auprès des sièges ; à travers tout l'hippodrome*[19] *gazouillent des ruisseaux amenés par des tuyaux et dociles à la main qui les dirige ; par leur moyen, on arrose tantôt une partie de la verdure, tantôt une autre, quelquefois toutes en même temps*[20].

Dans le petit *viridarium* de la maison des Vettii

rampent encore des tuyaux de plomb qui ne servaient qu'à fournir l'arrosage indispensable à la vie des plantes. Mais, aux quatre coins du péristyle qui l'enferme, on voit aussi des vasques rondes et, sur les longs côtés, des bassins rectangulaires ; dans chacun d'eux tombait le mince filet qui jaillissait avec art d'élégantes statues de marbre ou de bronze.

Au cœur des *domus*, ou tout autour d'elles, s'étendaient ainsi des jardins et des lieux de promenade aménagés, dans lesquels une nature abondante et soumise offrait un profond sentiment de paix et de civilisation. *Par endroits, une plate-bande de gazon, ailleurs le buis seul dessinant mille figures... Alternativement se dressent de petites bornes et sont plantés des arbres fruitiers, et au milieu du raffinement de la ville surgit devant nous subitement comme un aspect de la campagne*[21].

La luxuriance des massifs, la verdure et la fraîcheur des ombrages étaient en effet moins produits par la terre elle-même que par une volonté qui désirait en fait organiser la nature comme elle agençait les demeures et les villes, et l'eau qui faisait prospérer les arbres et les plantes domestiquées était celle d'une source ou d'une rivière qu'on avait su conduire jusque-là. Ce sont des *ruisseaux conduits par des tuyaux* (*inducti fistulis rivi*) qui nourrissent les jardins de Pline, et c'est un *flot canalisé* (*flumen ductile*) qui rafraîchit ceux de Martial[22] ; avec l'eau libre ainsi réduite en aqueducs, les riches arrangeaient leurs jardins comme les princes aménageaient le monde.

Palais impériaux

Paradoxalement, les raffinements des princes, et spécialement ceux du Palatin, ne furent jamais aussi complaisamment décrits que ceux de Pline, de Pollius

Felix[23] ou de Manilius Vopiscus, dans la villa duquel chaque chambre avait sa fontaine particulière alimentée par l'eau de la *Marcia*[24]. C'est qu'ici les choses allaient sans qu'on les dise, et que les poètes courtisans se devaient de célébrer les princes eux-mêmes et la puissance de leurs constructions, plutôt que des aménagements que d'autres pouvaient aussi réaliser.

Palatin

Du grand palais que Domitien se fit construire au sud-est du Palatin, Stace[25] et Martial ne chantent ainsi que la colossale façade : *Cette demeure, dont le fronton heurte les étoiles, est sans doute aussi haute que le ciel, mais elle est moins grande que son possesseur*[26]. De l'eau, qu'un aqueduc spécial élevait jusqu'à l'empereur, ils ne disent rien. Pour l'imaginer, nous n'avons plus maintenant que des bases et des infrastructures au milieu d'espaces immenses et presque vides.

Dans la *domus Flavia*, que Domitien fit édifier pour y donner des réceptions publiques, les hôtes privilégiés étaient reçus dans un vaste salon de plein air, entouré de colonnes, au milieu duquel se trouvait un superbe bassin de forme octogonale ; de la salle à manger, légèrement surélevée, qui donnait directement sur ce vaste péristyle, on pouvait à gauche et à droite apercevoir encore deux beaux bassins elliptiques agrémentés de superbes jets d'eau. Appelés *domus Augustana*, les appartements privés de l'empereur étaient, quant à eux, pourvus d'un véritable îlot de verdure et de fraîcheur qu'on avait aménagé autour d'un bassin à compartiments demi-circulaires et au centre d'un péristyle à étages ; au niveau inférieur, on était dans l'ombre et les fleurs ; du niveau supérieur, on pouvait jouir à la fois d'un superbe coup d'œil sur le Grand Cirque et d'un point de vue reposant sur les plantes et sur l'eau qui se trouvaient en contrebas.

Quand on les compare aux raffinements d'un Pline ou d'un Vopiscus, ces belles réalisations ne donnent pourtant l'impression que d'un confort de grand standing, officiel et presque bourgeois, classique, un peu froid sans doute et finalement moins subtilement recherché que celui dont s'entouraient des personnages moins importants et moins tenus par les obligations et les précautions qu'impose le pouvoir. Bien qu'il tranche nettement sur la relative simplicité des demeures augustéennes, le palais des Flaviens n'utilisait en fait l'abondance de l'eau que pour se construire un décor plus cossu que véritablement significatif et fastueux.

Sur le Palatin, l'eau ne jouait ainsi qu'un rôle assez peu différent de celui qu'on lui donnait dans les riches demeures pompéiennes, et les connotations symboliques et religieuses qu'on perçoit dans les grands nymphées des villes[27] y étaient presque moins sensibles que dans les fontaines à fronton, les rocailles et les statues de divinités porteuses de jets d'eau.

En fait le Palatin était trop étroit ; pour s'y installer à son tour, Septime Sévère dut plus tard en augmenter la surface et prendre sur la vallée du Grand Cirque en élevant ces gigantesques murs de soutènement dont la façade ornementale est connue sous le nom de *Septizodium*. Les grands palais véritablement impériaux devaient s'étendre ailleurs : avant Domitien, Néron avait fait construire sa Maison dorée entre l'Oppius et le Forum ; après Domitien, Hadrien s'établit à Tibur. Dans la vaste étendue de ces nouveaux palais qui ressemblaient aux « paradis » des rois d'Asie, l'eau, partout présente, était plus qu'un décor, elle exprimait aussi le pouvoir universel de ceux qui disposaient des lieux. L'eau de Néron liait symboliquement le monde à son monarque, celle d'Hadrien le nourrissait d'imaginaire et de mémoire.

Maison dorée

Longue de 300 mètres et large de 90, la résidence de Néron s'ouvrait largement sur un parc de 50 hectares, dont les plantes et la faune évoquaient à la fois la diversité du monde et le charme exotique des peintures hellénistiques et campaniennes. Palais doré du soleil, elle était conçue pour abriter le nouvel Apollon Cytharède et un dieu Cosmocrator ; mêlant partout le réel et la fiction, l'artifice et la nature, elle donnait à l'eau une présence privilégiée qui faisait de l'extérieur comme un reflet de l'intérieur. Dehors était un lac, *semblable à une mer*[28], un nymphée gigantesque, des jets d'eau ; dedans d'autres jets d'eau, qui jaillissaient dans chacune des pièces entourant la grande salle octogonale où le plafond tournait avec le ciel, des bassins, un autre nymphée qu'une cascade alimentait sans cesse et qui évoquait, dans une grotte de rocailles et de pierre ponce, l'artificieux Ulysse et le simple Polyphème.

Entre l'extérieur, qui ressemblait à ce que voient les peintres, et l'intérieur où se recomposait le lent mouvement des astres et du soleil, l'eau servait ainsi de lien ; élément naturel, conduit et arrangé par l'industrie des hommes, elle renforçait la valeur symbolique de l'ensemble en le plaçant dans une fluide et mouvante continuité.

Villa d'Hadrien

Dans sa Maison dorée, Néron régnait au cœur de Rome sur les forces cosmiques dont l'eau figurait le principe unificateur ; à Tibur et loin de la ville, Hadrien se voulait, plus simplement, le maître de l'univers des hommes, qu'il avait presque entièrement parcouru dans ses nombreux voyages et dont il reproduisait les endroits les plus prestigieux par la magie de ses constructions.

Dans les ruines grandioses et paisibles de la villa d'Hadrien, le promeneur marche ainsi du bassin du Poecile à celui du Cryptoportique ; il s'attarde au nymphée du théâtre grec, à celui de la salle des pilastres doriques et, près des thermes, à cet autre si vaste qu'on le prit longtemps pour un stade ; il s'asseoit près de l'île où le prince abritait sa solitude en s'enfermant dans l'anneau d'un canal ; il regarde tomber le jour dans cette vallée artificielle où l'on crut longtemps que l'empereur esthète avait voulu recréer l'image du temple de Sérapis à Canope et du long canal par lequel on y accédait.

Cet étrange édifice, aux allures de grotte et de nymphée, s'ouvre entièrement sur l'extérieur comme une scène de théâtre et n'est couvert que par une haute et audacieuse demi-coupole qui, dans un dessin de Piranèse, est dressée vers le ciel comme une coquille immense. Amenée par un aqueduc spécial et répartie par un petit *castellum*, l'eau y coulait de toutes parts ; au fond de l'hémicycle, elle tombait comme un rideau d'une hauteur de neuf mètres ; autour, elle jaillissait dans huit niches rectangulaires ; devant, elle emplissait sans trêve un grand bassin bordé d'une colonnade en cipolin. Les jets d'eau s'irisaient du scintillement des mosaïques jaune et rouge qui décoraient les murs et, derrière les marbres gris, la surface agitée du bassin reflétait les mille tesselles vertes et bleues dont la demi-voûte était entièrement tapissée.

Le prétendu Serapeum n'était pourtant sans doute qu'une extraordinaire salle à manger d'été. Baigné du bruit des cascades et de l'éclat mobile des couleurs, on y dînait en contemplant le long canal où l'animation des rives et le reflet brisé des œuvres d'art évoquaient dans les nuits chaudes les plaisirs et la vie du Canope égyptien. Un soir peut-être Hadrien solitaire y retrouva l'image engloutie d'Antinoüs, et le *triclinium* des eaux, délaissé par les fêtes et les dîneurs, prit l'allure d'un mystérieux sanctuaire où l'image du bel adolescent noyé devait secrètement s'unir à celle d'Osiris[29].

Les euripes

Qu'il s'agisse de puissance ou d'argent, l'abondance de l'eau restait toujours un signe de rayonnement sur les hommes et de pouvoir sur les éléments naturels, dont les Romains étaient si conscients que les termes courants ne leur parurent bientôt plus assez forts pour exprimer ce qu'ils ressentaient au fond d'eux-mêmes. C'est ainsi qu'ils appelèrent euripes les longs bassins en forme de canaux qu'ils installèrent, à partir de la fin du Iᵉʳ siècle avant J.-C., dans les villes et les maisons privées qui disposaient de l'espace et des moyens nécessaires.

La source, comme presque toujours, était grecque, et l'excès de vocabulaire, pour être typiquement romain, n'était pas dénué de signification profonde. Entre la Béotie continentale et l'île d'Eubée, l'Euripe est en effet un détroit dans lequel la mer semble s'emprisonner elle-même et dont le cours change de direction près de dix fois par jour. Ce flux et ce reflux frappèrent toujours les imaginations : Aristote, dit-on, s'y noya, désespéré de n'avoir pu comprendre pourquoi le courant s'inversait de la sorte, et Apollinaire devait en tirer l'un de ses plus beaux vers : *La vie est variable aussi bien que l'Euripe*[30]. A travers un symbolisme évident, le choix du terme exprimait donc une fierté sans nuance : dans les euripes que Rome construisait, même au milieu des terres, les eaux étaient domptées.

Quand dans les grandes villas les bassins purent devenir plus nombreux, on entreprit aussi de les relier par de petits canaux. A Pompéi, par exemple, un bel euripe se trouvait au centre du jardin des Praedia de Julia Felix ; il était bordé de niches rectangulaires ou demi-circulaires où les poissons trouvaient un abri, et trois petits ponts de marbre permettaient de le franchir. Dans la maison de D. Octavius Quartius, longtemps dite de Loreius Tiburtinus, l'euripe était de conception plus complexe. Il avait deux mètres de largeur et comportait deux branches disposées en T dans l'axe d'une terrasse ; un instant coupée par la vasque d'une fontaine et surmontée d'une pergola, la plus longue traversait le jardin ; la plus courte, que décoraient douze statuettes, longeait le portique et la terrasse de la maison ; à la jonction des deux canaux, l'eau vive sortait en cascade d'une grotte aménagée sous la terrasse ; à la base du T se trouvaient un gracieux *biclinium*[31] et un nymphée qu'entourent encore deux fresques représentant l'une Narcisse et l'autre Pyrame et Thisbée. Quand les habitants de ces belles demeures se promenaient au soir dans le décor et la savante harmonie de leurs jardins, sans doute pouvaient-ils un instant se sentir les successeurs accomplis de cette Grèce dont ils admiraient l'élégance et dont ils avaient comme conquis l'un des endroits les plus célèbres.

Le premier euripe public avait été creusé en 58 avant J.-C. par M. Aemilius Scaurus, qui désirait offrir le spectacle de ses crocodiles et prouver ainsi que Rome dominait à la fois les eaux les plus lointaines et ceux qui les habitaient[32]. Ce n'était là toutefois qu'une construction provisoire, un *euripus temporarius*, dont la forme en longueur n'avait sans doute été choisie que parce qu'elle permettait de mieux voir les animaux qui s'y trouvaient.

Le plus grand et le plus beau des euripes fut sans doute celui qu'Agrippa, responsable des eaux de Rome, fit construire dans ses jardins en même temps que ses thermes[33]. A l'ouest de la *via Lata*, au centre d'un vaste ensemble ombragé de platanes et planté de bosquets dans lesquels on avait placé des statues d'animaux, miroitait un vaste bassin continuellement alimenté par l'eau pure de l'*aqua Virgo* ; l'euripe en recevait le trop-plein qu'il conduisait jusqu'au Tibre en traversant tout le champ de Mars. Quand Agrippa mourut, ses jardins furent ouverts au public et l'on vint en été se baigner dans la piscine et flâner sur les bords du canal où courait une eau soumise.

Entre l'île et le continent grec, l'Euripe était cependant aussi comme une frontière que ses courants irréguliers rendaient difficile à franchir. En 53 avant J.-C., des éléphants qu'on avait donnés en spectacle et combattus sur la piste du Grand Cirque avaient soudainement chargé les spectateurs et presque rompu les grilles de fer qui les protégeaient ; pour les grands jeux qu'il offrit six ans plus tard, César voulut éviter des incidents semblables et *fit entourer l'arène de fossés pleins d'eau*[34] qu'on creusa devant les grilles et qu'on appela aussi des euripes ; larges et profondes de trois mètres, ces tranchées méritaient bien leur nom : comme un *limes*, elles séparaient deux mondes. Néron plus tard les fit pourtant combler pour les remplacer par un mur haut de quatre mètres ; l'espace ainsi repris sur l'arène fut utilisé pour élargir le terre-plein central, au milieu duquel on mit en place un nouvel euripe alimenté, à chaque extrémité, par des fontaines en forme de dauphins ; enfermé entre ces bornes qui figuraient l'Orient et l'Occident, l'euripe n'était plus un simple détroit, mais l'océan lui-même : *Ces deux points symétriques* [les bornes] *indiquent le lever et le coucher du soleil. Entre eux s'étend l'euripe, telle la vaste étendue des mers*[35]. Au cœur du Grand Cirque où elle faisait tourner ses chars et rassemblait son peuple, Rome semblait avoir enfermé la mer.

Il ne s'agit cependant là que d'un beau symbole, et ce

n'est que par l'effet d'une mise en scène architecturale que l'eau resserrée dans un canal pouvait évoquer ainsi tout l'océan. Les esprits réalistes ne se laissaient d'ailleurs pas prendre à l'apparence des mots trompeurs et remettaient les choses à leur vraie place : *Peut-on ne pas trouver ridicules ces canaux artificiels qu'on appelle des « Nils » et des « Euripes » ?* dit par exemple Atticus lorsque, dans la villa que Cicéron possède à Tusculum, il s'installe avec lui pour discuter en paix dans l'île, *au milieu du Fibrène*[36].

L'eau et le spectacle

Rassemblée par l'habileté des hommes et contrôlée par eux, l'eau des canaux et des bassins restait pourtant riche d'un pouvoir évocateur, et Lollius pouvait, par exemple, jouer dans le jardin de son père à la bataille d'Actium : *Deux armées mettent des bateaux sur deux lignes ; sous ton commandement, tes esclaves représentent, comme entre ennemis, la bataille d'Actium ; ton frère est le chef du parti contraire ; votre pièce d'eau est l'Adriatique, et cela dure jusqu'au moment où la Victoire rapide couronne l'un ou l'autre de son feuillage*[37].

Les naumachies

Ce qui stimulait l'imagination des poètes et des jeunes gens pouvait exciter aussi celle des foules et de leurs chefs, et ce qui n'était que jeu d'enfants dans un jardin pouvait alors devenir une reconstitution spectaculaire et historique, au cours de laquelle on ferait vraiment couler le sang des hommes : il suffisait pour cela de réduire la mer en lac et de la faire revivre au gré des volontés humaines en y recréant non pas des vagues ou des tempêtes, mais les plus grandes batailles navales. Variante coûteuse et grandiose des *munera* de l'amphithéâtre, ces reconstitutions s'appelèrent des naumachies, et l'on donna le même nom aux bassins qui devaient les recevoir en tenant lieu de Méditerranée. L'eau cessait d'être un simple élément du décor et devenait le moyen même du spectacle.

Ces manifestations ne pouvaient évidemment pas se dérouler sur de vrais flots, et celle qui fut organisée, juste avant la bataille de Philippes, en 40 avant J.-C., par Sextus Pompée dans le détroit de Regium est à cet égard tout à fait exceptionnelle ; elle se rattache plus en fait aux triomphes qu'aux naumachies proprement dites, et elle fut organisée par un homme qui ne disposait pour exprimer sa puissance d'aucun autre endroit que la mer elle-même. La naumachie suppose en effet toujours, outre son rapport au spectacle et aux *munera*, que l'organisateur ait le pouvoir d'accomplir l'exploit technique et financier qui consiste à conduire suffisamment d'eau quelque part pour y simuler l'étendue marine.

Pour y parvenir, on dut ainsi presque toujours construire à grands frais des bassins spéciaux. En 46 avant J.-C., pour les premières naumachies de l'histoire, César fit creuser, *dans la petite Codète*, c'est-à-dire probablement au-delà du Tibre, un bassin provisoire avec l'intention symbolique de construire ensuite à cette place *un temple de Mars, le plus vaste qui fût au monde*[38]. Héritier d'une victoire navale et désireux d'en entretenir le souvenir, Auguste installa plus tard près du Tibre, à l'occasion de la dédicace du temple de Mars Ultor, un emplacement destiné à durer. Le bassin, qui devait, cette année-là, représenter la baie de Salamine, avait 552 mètres de long et 355 mètres de large ; pour le remplir il fallut construire un aqueduc spécial[39] ; autour de la naumachie fut planté le bois qui devait devenir le *nemus Caesarum* et l'on jeta par-dessus elle un pont justement nommé *Pons naumachiarius*. En 59 Néron allait y célébrer ses *Juvenalia*, et Titus y offrir en 80 l'un des plus formidables spectacles du genre.

Triomphe de l'homme sur l'histoire et sur la mer, les naumachies se devaient en effet d'être toujours extraordinaires. Pour les premières de toutes, César avait fait combattre *des vaisseaux à deux, trois et quatre rangs de rames, figurant deux flottes, l'une tyrienne, l'autre égyptienne, et portant*[40] 4 000 rameurs et 2 000 combattants. *J'ai donné au peuple*, dit Auguste[41], *le spectacle d'un combat naval, au-delà du Tibre, là où se trouve aujourd'hui le bois sacré des Césars, dans un bassin long de 1 800 pieds et large de 1 200. Trente trirèmes ou birèmes garnies de rostres, et un plus grand nombre de navires plus petits, y furent mis aux prises ; sur ces flottes combattaient, outre les rameurs, environ 3 000 hommes.* L'affluence à ces spectacles était si grande que l'empereur avait dû faire *placer des gardes dans la ville, pour qu'elle ne devînt pas la proie des voleurs, vu qu'il n'y restait presque plus personne*[42].

En 52 l'empereur Claude avait déjà doté Rome de ses deux plus beaux aqueducs. Pour l'inauguration du long émissaire souterrain, dont on venait, au prix d'immenses travaux, d'équiper le lac Fucin[43], il voulut encore exprimer avec éclat sa toute-puissance sur les eaux et fit se combattre *une flotte sicilienne et une flotte de Rhodes, comprenant douze trirèmes chacune*[44]. Émaillée d'incidents tragi-comiques, la soirée n'en fut pas moins hautement symbolique : le triton d'argent, soudainement surgi des profondeurs pour donner le signal du combat, n'obéit en effet qu'aux ordres de l'empereur, revêtu ce soir-là du manteau de guerre, et sembla soumettre à sa toute-puissance les eaux d'un lac qu'on transformait en mer avant de l'assécher.

Contrairement à une opinion répandue, la mer ne fut

toutefois que rarement reconstituée dans des amphithéâtres inondables, et les traces d'adductions qu'on croit avoir ici et là retrouvées ne sont en général que des tuyaux de drainage et d'écoulement ; outre l'importance des problèmes techniques qu'on devait alors résoudre, ces monuments n'offraient généralement en effet ni la profondeur ni la surface nécessaires à des évolutions de cette importance. Pour faire revivre, en 57, la bataille de Salamine dans le cercle d'une arène, Néron dut ainsi faire spécialement construire au champ de Mars un grand amphithéâtre en bois, et le Colisée, qu'on avait équipé dans ce but, ne fut noyé que deux fois, par Titus d'abord, par Domitien plus tard.

C'est pourtant dans l'amphithéâtre que furent toujours données les naumachies les plus étonnantes, parce qu'on pouvait y faire apparaître ou disparaître la mer comme on faisait en d'autres occasions surgir des bois et des forêts : *Qui que tu sois, tardif spectateur accouru de lointains rivages, qui pour la première fois assistes en ce jour aux jeux sacrés, ne te laisse pas abuser par les navires de la Bellone*[45] *navale et par des flots pareils à ceux des mers : ici tout à l'heure était la terre. Tu ne veux pas me croire ? Attends que Mars soit lassé de ce combat maritime : dans quelques instants, tu diras : « Ici tout à l'heure était la mer*[46]. »

En 57, l'amphithéâtre du champ du Mars fut soudainement rempli d'une véritable eau de mer peuplée de poissons et de monstres marins. En 80, pour les jeux dédicatoires de l'amphithéâtre flavien et des thermes, Titus fit plus encore ; il couvrit d'abord d'un plancher le bassin d'Auguste et y produisit des gladiateurs ; le lendemain, il le vida pour y lancer des chars ; il le remplit le surlendemain pour y montrer l'affrontement des flottes athéniennes et corinthiennes ; vainqueurs sur les eaux, les Athéniens débarquèrent et prirent possession d'une île et de son sol en massacrant les prisonniers.

S'il devait son pouvoir à une victoire navale acquise sur des Romains et ne pouvait ainsi raconter que des batailles grecques, l'empereur de Rome était bien devenu le maître incontesté de la terre et des eaux : non content d'organiser le matin sur l'arène de gigantesques et cruelles scènes de chasse ou de conduire les fleuves et les rivières où bon lui semblait, il se montrait aussi capable de réduire la mer et d'installer son peuple sur des gradins comme sur un rivage.

La mode des naumachies disparut pourtant avec les Flaviens ; elle était sans doute l'expression de la jeunesse et de la richesse d'un Empire qui était né d'une victoire en mer, admirait de plus en plus la Grèce et pouvait encore dilapider ses nouvelles ressources. Pour régner comme Neptune sur la mer, il existait d'autres moyens que les *naumachiarii*[47].

Les clepsydres

Support privilégié des manifestations les plus grandioses, l'eau pouvait d'ailleurs donner aussi des satisfactions plus subtiles et moins violentes. Depuis le temps des Grecs, son écoulement contrôlé dans un récipient placé près des orateurs servait, par exemple, à mesurer la longueur des discours, et cet usage était devenu si habituel qu'on entendait parfois les avocats se plaindre que leur adversaire, en outrepassant ses limites, ait « parlé dans leur eau ».

Le système des clepsydres, qui fonctionnaient en fait comme des sabliers, restait cependant assez rudimentaire et ne donnait jamais l'assurance d'un écoulement régulier de l'eau ; entre autres facteurs de perturbation, la réduction du volume contenu dans le récipient provoquait toujours une baisse de pression qui ralentissait inexorablement le débit. Pour obtenir plus de précision dans l'évaluation des durées, Ctesibios et les physiciens grecs, estimant que la montée de l'eau se contrôlait plus facilement que sa descente, imaginèrent une autre méthode qui consistait non plus à vider des vases, mais à les remplir, et leurs travaux aboutirent à la construction de véritables horloges à eau qui devinrent, dès le IIe siècle avant J.-C., l'ornement spectaculaire des plus riches demeures. Trimalcion, *un homme tout à fait chic*, a, par exemple, *une horloge dans sa salle à manger et un sonneur de cor engagé tout exprès, pour savoir à toute heure quelle portion il a perdu de sa vie*[48].

Dans l'appareil que décrit Vitruve[49], l'eau s'écoule par un orifice taillé *dans un morceau d'or ou dans une gemme perforée ; car ces matières ne s'usent pas au frottement de l'eau qui coule, et des saletés capables de boucher le trou ne peuvent s'y déposer* ; remplissant progressivement un réservoir, elle provoque l'élévation d'un flotteur auquel *est fixée une tige en contact avec un disque tournant, tige et disque étant munis de dents égales* ; la montée de la tige fait tourner le disque dont la rotation produit *des déplacements mesurés*. Le mouvement pouvait aussi se transmettre à une aiguille qui parcourait un cadran portant des chiffres et désignait les heures d'une manière assez semblable à celle de nos horloges.

L'application du même principe à des ensembles à la fois plus complexes et plus importants permettait d'obtenir toutes sortes d'appareils spectaculaires et animés dont la contemplation procurait à leurs propriétaires autant de plaisir que celle des euripes et des jets d'eau qui décoraient leurs jardins.

On pouvait, par exemple, remplacer la tige adaptée au flotteur par une figurine ; en s'élevant avec le niveau, elle montrait *avec une baguette* et *pour toute la durée du jour* les heures qu'on avait tracées *soit sur une colonne, soit sur un pilastre contigu. Si d'autres tiges et d'autres roues dentées de la même façon et mues par une même impulsion*[50] entraînaient un treuil portant un récipient muni d'un sifflet, la chute régulière et brutale du récipient dans l'eau produisait un son strident qui signalait les heures. Les horloges à eau des Romains avaient ainsi la possibilité de siffler les heures et même parfois de les sonner en projetant de petites pierres qui tombaient sur des cymbales. Plus n'était dans ce cas besoin d'entretenir, comme Trimalcion, un esclave uniquement commis à cet office.

A côté de ces horloges à sonneries et automates, il existait aussi des horloges dites anaphoriques qui indiquaient les levers et couchers du soleil et reproduisaient le mouvement du zodiaque ; Vitruve en décrit confusément le principe[51], et les archéologues en ont trouvé des fragments près de Salzbourg et de Grand. De tels perfectionnements apportaient toutefois plus de plaisir que d'exactitude, et les systèmes les plus ingénieux ne purent jamais prendre absolument en compte les variations saisonnières en durée des heures grecques et romaines[52].

L'habileté des ingénieurs et la précision de leur travail furent cependant si fortement admirées que leur technique et leurs réalisations durèrent aussi longtemps que les aqueducs. En 507 encore, Cassiodore fait construire pour Gundibald, roi des Burgondes, une horloge à eau dans laquelle, chose plus merveilleuse pour un barbare que pour un Romain, des serpents sifflaient et des oiseaux pépiaient près d'un Diomède[53] qui sonnait régulièrement de la trompette.

L'orgue hydraulique

Ces étonnantes machines, dans lesquelles on utilisait l'écoulement de l'eau pour rendre celui du temps plus spectaculaire, ne servaient cependant toujours qu'à l'agrément des plus puissants ; les orgues hydrauliques en revanche, dont Ctesibios est probablement aussi l'inventeur, contribuèrent vite au plaisir de tous.

Connu des modernes par une trouvaille faite à Aquincum[54] et par de très nombreuses représentations figurées, dont les plus belles et les plus célèbres sont la terre cuite de Carthage et la mosaïque de Nennig près de Trèves, l'hydraule des Romains nous est en outre décrit par Vitruve qui s'est *efforcé, dans toute la mesure du possible, d'exposer clairement... un sujet obscur*[55]. Le système de fonctionnement des orgues hydrauliques n'est en effet ni simple *ni communément et facilement intelligible sinon pour ceux qui ont quelque pratique de ce genre de choses* ; le principe général en est cependant assez clair.

Placés à droite et à gauche d'une caisse d'airain pleine d'eau, deux pistons, qu'on manœuvre alternativement pour obtenir un flux continu, font pénétrer de l'air dans un réservoir en forme d'entonnoir renversé, totalement immergé dans la cuve et ne communiquant avec elle que par le bas. Introduit par les côtés dans ce réservoir nommé pnigée, l'air ne peut en ressortir que par le haut en traversant 4, 6 ou 8 tuyaux disposés verticalement qu'un jeu de touches permet d'ouvrir et de clore à volonté ; il produit alors *des sons émis suivant les lois de la musique et avec une diversité extrême de timbres.* L'orgue hydraulique n'est ainsi qu'un orgue pneumatique où l'eau n'est présente qu'au titre de régulateur de pression : conformément au principe d'Archimède, elle monte dans la cuve quand le pnigée se remplit d'air et revient dans le pnigée quand l'air s'en échappe par les tuyaux ; la pression nécessaire à l'émission des sons demeure ainsi toujours constante.

L'hydraule connut très vite un prodigieux succès. Introduit, dès 90 avant J.-C., dans les jeux musicaux de Delphes, il devint rapidement et partout indispensable aux manifestations publiques et aux fêtes privées. Dans le monde romain, l'engouement est général ; l'orgue accompagne aussi bien le cortège des mariés que le défilé des troupes et le jeu des acteurs que la mort des gladiateurs ; les riches veulent en acquérir les plus récents modèles et les pauvres se pressent pour l'entendre. Quelques jours avant sa chute, Néron s'attarde encore à faire voir *des orgues hydrauliques d'un modèle entièrement nouveau, dont* il montre *tous les détails* en expliquant *le mécanisme de chacun et la difficulté qu'il y avait à en jouer*[56] ; l'intraitable Tertullien perd en le contemplant son âpreté de polémiste : *Tant de pièces, tant de parties, tant de chemins pour les voix, tant de raccourcis pour les sons, tant d'échanges de tons, tant de rangées de tuyaux d'anches ; et tout cela est un seul ensemble*[57] ; à Aquincum, au IVe siècle encore, on assiste aux concerts que donne Aelia Sabina, qui peut répéter en famille puisque son mari est *organiste salarié de la seconde légion Adjutrix*[58].

Autant que l'habileté de l'artiste et que l'éclat des sonorités, ce qu'on admire alors, c'est la complexité des mécanismes et la perfection de leur fonctionnement. Fait exceptionnel dans une civilisation qui ne confie le plus souvent à l'art que le soin d'embellir les chefs-d'œuvre de la technique, l'orgue, instrument coûteux d'agrément et de luxe, inversait les rôles en mettant l'habileté pratique au service de la beauté.

L'EAU SPECTACLE

Même si les horloges à eau pouvaient au moins servir à donner une idée de l'heure quand les cadrans solaires ne fonctionnaient pas, les inventions de Ctésibios répondaient *non pas à une nécessité, mais à une recherche d'amusement* ; comme *les merles... que le mouvement de l'eau fait chanter, les ludions, les figurines qui à la fois boivent et se déplacent*[59], elles n'étaient que des *trucs amusants*, des *deliciae, dont la fonction est de plaire à nos sens en charmant nos yeux et nos oreilles*[60].

Fontaines décoratives

Ces plaisirs devenaient cependant à la fois plus grandioses et plus communs quand l'eau, jaillissant vers le ciel ou ruisselant de toute part au milieu des marbres qu'elle animait, devenait un spectacle à elle seule. Construites ou seulement remaniées par les Romains, toutes les grandes cités de l'Empire s'ornaient en effet de fontaines qui n'avaient d'autre utilité que d'être belles et d'offrir avec leur fraîcheur à tous ceux qui passaient le plaisir de les entendre et de les voir.

Dans la quatrième région de Rome, l'une des plus célèbres se dressait au bord de la voie Sacrée, non loin du Grand Cirque et près du Colisée, dans l'espace où Constantin fit plus tard ériger son grand arc. On lui avait donné la forme d'une de ces bornes autour desquelles tournaient les chars, et l'eau, qu'une canalisation intérieure faisait d'abord monter jusqu'au sommet, redescendait en cascade autour d'elle et tombait dans le bassin qui l'entourait ; on l'appelait la Borne qui sue, *Meta sudans*. Point fixe et pittoresque au milieu d'un quartier qui se construisait et se transformait sans cesse, elle attirait les badauds et les marchands, parmi lesquels se distinguait ce *tubarius* qui, sans pitié pour les oreilles de Sénèque, essayait continuellement ses trompettes et ses flûtes[61].

Non loin de là, sur le flanc du Palatin qui dominait le Grand Cirque, Septime Sévère fit construire au début du IIIe siècle le *Septizodium*, superbe et théâtrale façade orientée vers le sud, où jets d'eau et cascades animaient sans cesse la fixité des colonnes, et des balcons somptueusement superposés que nous révèle encore un dessin anonyme du XVIe siècle.

Moins connues que la *Meta sudans* et moins grandioses que le *Septizodium*, des centaines de fontaines agrémentaient ainsi les rues de Rome. Près du *portique de Pompée, aux colonnes ombreuses*, Properce n'aimait pas *toutes ces rangées bien égales de platanes et tous ces flots que laisse tomber un Maron assoupi, et par la ville entière le doux glouglou de l'onde, quand soudain le Triton aspire l'eau de sa bouche*[62] ; mais, dans le quartier de *l'éloquent Pline*, Martial admire la fontaine où l'on voit l'aigle de Ganymède et tous les animaux qu'un Orphée tout *aspergé de gouttes* charme de sa lyre au milieu d'*un théâtre ruisselant*[63].

Les nymphées

Si dans la plupart de ces *lacus* ornementaux l'eau des aqueducs animait ainsi des scènes évoquant les dieux et leur pouvoir, c'est qu'à l'abondante beauté des fontaines on reconnaissait toujours plus ou moins confusément la présence des déesses fécondes et favorables qu'on appelait Naïades, Lymphes ou Nymphes ; d'une manière ou d'une autre, les grands *lacus* qu'installait partout Rome devenaient toujours des nymphées[64].

D'abord simples lieux naturels alimentés par une source dont le jaillissement généreux manifestait la bienveillance divine, les nymphées primitifs avaient été progressivement embellis par la reconnaissance des hommes devenus riches et puissants ; sur le Forum, la source de la nymphe Juturne, où Castor et Pollux avaient jadis abreuvé leurs chevaux, reçut ainsi très vite, avec la statue des Dioscures, un beau bassin de marbre et des murs à revêtement réticulé. Quand l'eau primitive exprimait encore mieux son mystère en jaillissant au cœur d'une caverne, on s'empressait aussi de cacher la pierre sauvage sous un décor plus luxueux ; près de Rome encore, au cœur de la vallée d'Égérie, la source des Camènes avait été remaniée de la sorte et, comme nous déplorons de nos jours l'excessif aménagement de certains sites naturels, Juvénal regrettait que dans *cette forêt dont on a chassé les Muses*, dans ces *grottes si différentes des grottes naturelles*, la proximité des dieux fût devenue moins sensible : *Comme l'on sentirait mieux la présence de la divinité dans ces eaux si le gazon les ceignait de sa bordure verdoyante et si des marbres n'y déshonoraient point le tuf natif*[65].

Dans les villes

Dans les villes en revanche, et même si l'eau provenait d'un aqueduc, on voulut très souvent rappeler son origine mystérieuse en évoquant, par l'architecture et par l'art, l'image de la source et celle de la grotte obscure où surgissait l'eau bienfaisante.

Les grandes fontaines décoratives urbaines s'élevèrent ainsi fréquemment en demi-coupoles ou s'établirent sur des plans demi-circulaires en absides et en exèdres. Les mosaïques, les peintures et les marbres polychromes éclairaient l'eau de leurs reflets multiples, et les statues des dieux de l'élément liquide étaient installées dans l'ombre de l'hémicycle ou près des bassins miroitants ; c'étaient des Cyclopes ou des dauphins, des nymphes et des Naïades, Aphrodite ou l'Océan, des dieux marins et des fleuves, et même des divinités plus spécifiques, Icovellauna pour Metz ou Nemausus pour Nîmes. Comme au miroir des eaux tout se métamorphose et change sans cesse, les nymphées étaient ainsi des monuments ambigus : lieux de luxe et de fraîcheur, de rêve et de contemplation, sans être encore des temples ils n'étaient plus seulement des fontaines et ne servaient qu'à montrer la beauté, l'abondance et le mystère des eaux. Avec son hémicycle et ses bassins dans une orchestra, la grotte primitive devenait en fait semblable à un théâtre sans mur de scène où la réalité s'inversait comme un reflet : installés à la place des acteurs, les spectateurs regardaient, à travers un rideau de cascades et de jets, leurs légendes et leurs dieux s'animer dans les gradins.

Offrant le champ le plus large à l'imagination des architectes et des sculpteurs, les nymphées se distinguaient toujours par leur richesse et souvent par leurs dimensions. Celui qui, dans la Maison dorée, s'étendait devant le soubassement du temple de Claude atteignait 170 mètres de longueur ; ceux de Milet et de Lepcis Magna s'élevaient sur trois étages, et Libanios décrit ainsi le nymphée d'Antioche : *Le sanctuaire des nymphes s'élève jusqu'au ciel et accroche tous les regards par le resplendissement de ses marbres, la polychromie de ses colonnes, l'éclat de ses peintures et la richesse de ses cascades.*

Signes évidents de raffinement et de culture, ils étaient généralement construits le long des artères importantes ou dans les quartiers de loisir auxquels ils apportaient un supplément de calme et d'agrément. On les trouvait à Pouzzoles devant l'amphithéâtre, à Ostie derrière le théâtre et sur le *decumanus*, à Trèves ou à Metz près des thermes. Leur caractère confusément sacré pouvait aussi les rapprocher d'autres divinités. En Grèce, on entretenait avec soin tous ceux qu'avaient fait naître les légendes les plus anciennes, et l'antique fontaine de Pirène à Corinthe fut, par exemple, entièrement remaniée par Hérode Atticus qui la dota, vers 150, de ces arcades équilibrées derrière lesquelles on découvre encore les premiers aménagements grecs. A Glanum, le nymphée complétait le temple de Valetudo ;

à Nîmes, celui dont la structure est toujours visible sous les constructions de 1745 était installé sur l'emplacement d'un sanctuaire de Nemausus.

A Rome

D'après les *Régionnaires*[66], il y avait quinze nymphées dans Rome au IVe siècle, et ce qu'on peut encore en voir aux alentours de la gare de Termini donne bien peu l'idée de leur splendeur passée.

Avec ses hautes fenêtres ouvertes sur le ciel et sa coupole effondrée, le pseudo-temple de la Minerve guérisseuse est, après la pyramide de Cestius et la porte Majeure, le premier monument qui s'offre au voyageur arrivant par le train ; les statues qui peuplaient les neuf absides ont disparu ; des stucs, des marbres et des porphyres qui décoraient l'intérieur plus rien ne subsiste, et les murs de briques noircies, qu'une lourde grille sépare du trafic intense de la rue, n'enferment plus que des pierres sèches et des papiers gras. Non loin de là se dressent encore, au milieu de la place Victor-Emmanuel-II, les vestiges érodés du nymphée qu'Alexandre Sévère avait fait, en 226, établir au point d'aboutissement de l'*aqua Julia* ; de forme trapézoïdale, élevé comme un trophée, le monument comportait une vaste et haute abside d'où l'eau s'écoulait dans deux bassins de marbre étagés ; l'ensemble était rehaussé de colonnes décoratives et, dans les deux niches placées de part et d'autre, on voyait de belles figures sculptées qui, s'associant à la structure élancée du monument, lui valurent d'être durablement appelé « Trophée de Marius ». Sixte Quint les fit transporter sur le Capitole en 1590 ; avec les statues de Castor et Pollux, elles en décorent toujours la balustrade, et le beau monument où les eaux célébraient des triomphes n'est plus aujourd'hui qu'une carcasse de briques et de ciment.

Ces grands nymphées, dont nous ne pouvons plus imaginer le charme et la splendeur qu'en pensant aux belles fontaines qui en sont partout les héritières, rendaient hommage à l'eau vitale en la faisant surgir pour le plaisir et la beauté. A Rome et dans ces villes antiques, où, comme dans nos grandes métropoles, le faste était voisin de la misère, ils créaient des espaces de luxe ; les plus démunis y côtoyaient l'abondance et découvraient, avec le vague sentiment du divin, la permanence d'un pouvoir bienveillant et la certitude que l'eau coulerait sans trêve aux humbles *lacus* où ils la mesuraient au poids de leurs amphores. La splendide inutilité des fontaines décoratives leur donnait l'eau en spectacle ; pour en user sans limite, on leur offrait les thermes.

IV

L'utile et le plaisir : les bains et les thermes

Dans les premiers temps de la République, les Romains ne disposaient pour se laver que des moyens sommaires qui resteront toujours ceux des *insulae* ; une cuvette, une aiguière, un seau leur suffisaient pour des ablutions rapides. *On se lavait chaque jour les bras et les jambes,... on ne prenait un bain complet que les jours de marché*, dit Sénèque[1] ; et il ajoute, afin de fustiger les mœurs trop propres et trop raffinées de son temps, que l'odeur des hommes était alors celle de la guerre et de l'effort et qu'on se décrassait de la sueur plutôt que des parfums.

Salles de bains et *balnea*

Des salles de bains sans confort

Les premières maisons qui purent disposer à la fois d'une citerne et d'une évacuation s'équipèrent d'abord d'installations rudimentaires, que la médiocrité des systèmes de chauffage obligeait à construire étroites et sans trop d'ouvertures. Ces salles de bains rustiques servaient aussi parfois de latrines, et le mot *lavatrina* qui les désigne finit par prendre en se contractant le sens plus restreint qu'on donne à *latrina*. Au Ier ou au IIe siècle après J.-C., c'est encore le cas, par exemple, à

Embonne (Agde), où l'on peut voir, à côté du réservoir et directement reliée à l'égout collecteur, une pièce de 2,50 m sur 1,40 m, munie d'un orifice unique d'écoulement : comme de nos jours dans beaucoup de salles de bains italiennes, l'eau pouvait tomber directement sur le sol et être utilisée soit pour le nettoyage du local, soit pour d'abondantes ablutions. Dans la villa de Trebius Valens, pourtant munie d'eau courante, un des plus anciens balnéaires de Pompéi se présente comme un ensemble de deux petites pièces d'à peine quatre mètres carrés chacune ; la première servait probablement de vestiaire, et la baignoire se trouvait dans la seconde, près de laquelle était aussi le foyer ; pour conserver la chaleur, les deux salles n'étaient l'une et l'autre éclairées que par une petite lucarne donnant sur le portique, et les portes d'entrée n'avaient que cinquante centimètres de largeur. *Il fallait*, dit encore Sénèque, *l'obscurité à nos ancêtres pour qu'ils se sentissent bien au chaud*[2].

Dans de telles installations, l'eau pouvait parfois descendre de réservoirs installés sur le toit, mais n'était alors utilisable qu'en douches froides ou attiédies l'été par le soleil ; on devait donc le plus souvent la prendre dans une citerne et la faire chauffer avant de la verser dans la baignoire.

Quand les villas devinrent plus luxueuses et plus vastes, ces modestes équipements disparurent. Très tôt cependant, dès l'apparition, au début du IIe siècle avant J.-C., des premiers bains publics, ils n'avaient sans doute plus fonctionné qu'à titre de secours. Malgré leurs imperfections du début, les établissements collectifs offrirent en effet tout de suite aux Romains ce que même les plus riches ne pouvaient pas toujours trouver chez eux : le plaisir d'un bain chaud dans une ambiance de détente et de loisir.

Les premiers bains publics

Portés par la vague de l'hellénisme triomphant, les bains reçurent un nom transposé du grec : on les appela *balinea*, ou, par contraction, *balnea*, et ce terme qui désignait, au singulier *balneum*, une installation privée, désigna toujours, au pluriel, un ensemble dans lequel on pouvait prendre des bains à l'exclusion de toute autre activité sportive ou culturelle.

Il ne s'agissait cependant au début que de petits établissements sans luxe, ouverts et gérés par des entrepreneurs privés qui comptaient en tirer bénéfice et, comme les équipements des maisons particulières, ils restèrent longtemps limités dans leur confort et dans leurs dimensions par les problèmes que posèrent, jusqu'au Ier siècle avant J.-C., le chauffage et l'alimentation en eau. A Pompéi, par exemple, l'établissement qui allait devenir les thermes de Stabies ne disposa longtemps que de l'eau d'un puits profond qu'une roue hydraulique[3] élevait jusqu'à un réservoir installé sur les terrasses, et l'on peut encore voir, dans le secteur nord, des salles étroites, obscures et ténébreuses que les contemporains de Sénèque appelaient *des trous à mites*[4].

Non loin de là, dans les thermes du Forum, le chauffage de la salle tiède était encore assuré, lors de l'éruption de 79, par un superbe brasero de bronze qu'avait offert un certain Vaccula. En hommage au donateur, dont la générosité est rappelée sur les bords, il est décoré de vachettes[5] qu'évoquent aussi les pieds des fauteuils de bronze qui le complètent. Malgré son luxe, ce foyer manquait certainement d'efficacité ; quand il était rougi par le feu des braises qu'on y versait, son rayonnement ne devait guère excéder celui de nos grands barbecues ; en dégageant dans la pièce de grandes quantités de gaz carbonique, il produisait une chaleur à peine suffisante pour qu'on n'éprouve aucune sensation de froid en sortant d'un bain chaud, mais insuffisante pour véritablement provoquer la transpiration.

Les progrès

Le chauffage des balnea

La situation s'améliora déjà lorsqu'au début du Ier siècle avant J.-C. le génial homme d'affaires campanien C. Sergius Orata, auquel on doit aussi la technique de l'élevage des huîtres en parc, importa d'Asie Mineure le système de chauffage par le sol.

En suspendant le « plancher », qui reçoit de ce fait le nom de *suspensura*, sur des pilettes de briques érigées régulièrement, on crée sous la pièce à chauffer un sous-sol d'environ 60 cm de hauteur, qui servira de chambre de chaleur et qu'on appelle hypocauste. Dans la paroi extérieure, et au niveau de l'hypocauste, on installe ensuite un ensemble à feu, dont la dimension varie avec la surface des pièces à desservir. Nommé hypocause, il se compose essentiellement d'un four voûté, souvent fait de lave poreuse et dallé de briques ; d'un côté, le four donne sur une chambre ou un couloir de service où se trouve une aire destinée à recevoir les cendres et à ranger le combustible ; de l'autre, son arc de cercle ouvre sur l'hypocauste, et la chaleur, en rayonnant autour des pilettes, est transmise à toute la pièce à travers le sol qu'elles soutiennent. Le tirage et l'évacuation des fumées se font le long du mur intérieur sur lequel on a placé des briques spéciales : munies de tétons saillants, d'où leur nom de *tegulae mammatae*, elles ménagent un espace de quelques centimètres entre la paroi principale et la cloison qu'elles constituent. Reposant sur une assise de briques larges et constituée pour l'essentiel par une couche de tuileau que recouvre en surface un parement de mosaïque ou de marbre, la *suspensura*, dont l'épaisseur atteint le plus souvent 80 cm, s'échauffe avec lenteur et se refroidit moins vite encore : elle maintient donc la température de la salle, même quand les fours sont éteints ou ralentis.

Le système des briques à tétons saillants présentait cependant l'inconvénient de favoriser fréquemment les refoulements de la fumée vers le four et de laisser perdre une partie de la chaleur qu'on aurait pu mieux utiliser. Plus d'un siècle après l'introduction des hypocaustes, on imagina donc de remplacer les *tegulae mammatae* par des *tubuli*, c'est-à-dire par des tuyaux de poterie dans lesquels chaleur et fumée circulaient plus commodément ; au lieu de les installer d'un seul côté, on en tapissa tous les murs, et les salles se trouvèrent ainsi placées comme au cœur d'une vaste chambre de chaleur. La température put dès lors s'élever dans certains cas jusqu'à 40 ou 50 degrés centigrades, et l'on eut du coup les moyens de construire des pièces à la fois plus chaudes et plus vastes. En les orientant vers le sud et en utilisant le verre à vitre qu'on venait aussi de découvrir, il devint en outre possible de les rendre plus claires : les *trous à mites* d'autrefois devinrent de grandes et belles salles que dominaient *d'immenses fenêtres et de larges châssis vitrés*[6] par lesquels le soleil entrait toute la journée.

Les salles de bains des villas

L'invention de Sergius Orata servit d'abord aux villas des plus riches citoyens. Les salles d'eau posées sur hypocaustes et chauffées par un foyer généralement placé près des cuisines se multiplièrent : au lieu de deux petites pièces étroites et sombres, on vit rapidement s'installer des ensembles à quatre salles ouvrant parfois, comme dans la villa des Mystères, sur un petit atrium réservé qui les aérait et les rendait encore plus agréables.

Ces premiers vrais raffinements furent cependant bientôt dépassés. Avec les jardins, les fontaines et les salles à manger d'été, les balnéaires devinrent en effet l'un des luxes les plus précieux et les plus recherchés. Sur le cap de Sorrente fument les *bains à deux coupoles*[7] de Pollius Felix ; dans sa villa des Laurentes, pourtant privée d'eau courante[8], Pline possède *une piscine d'eau chaude merveilleuse dans laquelle on peut nager en regardant la mer*[9] ; en Toscane, il dispose d'une grande piscine alimentée par une cascade et chauffée quand le temps est frais, d'un grand vestiaire et d'un bain froid muni de deux autres bassins, d'un bain tiède et d'un bain chaud, dans lequel on trouve *trois baignoires creusées dans le sol, deux au soleil, la troisième un peu à l'écart de ses rayons directs, mais non de la lumière*[10].

A la complexité de ces équipements s'ajouta fréquemment chez certains la richesse d'une décoration souvent ostentatoire ; déjà célébrée par Martial[11], la somptueuse installation de l'affranchi Claudius Etruscus inspire par exemple à Stace l'un de ses plus pompeux développements[12], et Sénèque ne manque pas de fustiger le luxe insolent des nouveaux riches : *Que de statues, que de colonnes qui ne portent rien, et que l'on a plantées là par besoin de dépense, pour le décor ! Toute cette eau qui ruisselle en assourdissante cascade*[13] *!*

Sur l'espace de deux siècles furent ainsi réalisés des progrès qui apparaissent nettement dans les trois établissements qu'on peut encore voir à Pompéi. Aux thermes du Forum, alors que la pièce tiède ne dispose que du brasero de Vaccula, la pièce chaude est munie d'hypocaustes et de *tegulae mammatae*, qui équipent aussi le bain des femmes et l'ensemble des thermes de Stabies. Aux thermes du Centre en revanche, dont la construction ne fut commencée qu'après le séisme de

62, les briques à tétons sont remplacées par des tuyaux de poterie ; complétée par une petite salle encore plus chaude, la pièce chaude est lumineuse et vaste : d'un côté elle est éclairée par le soleil venu de la palestre, de l'autre cinq fenêtres donnent sur un jardin.

L'eau chaude

En même temps que les salles devenaient plus confortables, il était aussi plus facile de les fournir en eau. Dès le début du Ier siècle après J.-C., tous les bains de Pompéi furent alimentés par l'aqueduc de Serino[14] ; la machine élévatrice des thermes de Stabies cessa d'être en usage et, si l'on avait eu le temps de les achever, les thermes du Centre auraient été pourvus d'une vaste piscine en plein air un peu semblable, en plus grand, à celle qu'on venait de mettre en service aux thermes de Stabies.

Reçue d'abord dans une citerne centrale, l'eau était dirigée par tout un réseau de tuyaux de plomb ou de poterie, soit directement vers les fontaines et les bassins des salles froides, soit dans des réserves secondaires d'où elle passait dans les chaudières. Installées juste au-dessus des fours dans des chambres maçonnées qui en assuraient l'équilibre et l'isolation, ces chaudières étaient hautes et étroites ; leur partie inférieure, exposée à la flamme, était en bronze, et leur partie supérieure en plomb ; l'eau y entrait par le haut et en ressortait par le bas.

Détail important, que nos chauffagistes modernes ont adopté depuis quelque temps, on s'était vite aperçu qu'en substituant à une certaine quantité d'eau chaude une égale quantité d'eau froide on accélérait notablement le refroidissement de l'ensemble ; pour maintenir la régularité de la production d'eau chaude en économisant l'énergie, on prenait donc soin de n'introduire que de l'eau qu'on avait préalablement attiédie en la faisant passer d'abord dans des chaudières intermédiaires, installées en batterie non loin du foyer dont elles utilisaient le rayonnement indirect ; un système très ingénieux, qui fonctionnait dans les thermes de Stabies et que décrit Vitruve[15], consistait même à recevoir d'abord l'eau froide à l'intérieur d'un réservoir installé juste au-dessus de la chaudière principale et qui récupérait l'essentiel de la chaleur non utilisée.

Certains fours avaient de la sorte une triple fonction : verticalement, ils chauffaient l'eau ; horizontalement, ils entretenaient d'abord la température des baignoires et rayonnaient ensuite à l'intérieur des hypocaustes et des *parietes tubulati*. Il n'y avait donc aucun gaspillage et, pour encore mieux maîtriser la consommation d'énergie, on mettait peut-être parfois en place un curieux échangeur de chaleur qu'on a cru reconnaître dans la salle chaude des femmes aux thermes de Stabies[16]. Il s'agit en fait d'avancer sur le four une sorte de réservoir de bronze en forme de demi-cylindre qui communique directement avec la partie inférieure de la baignoire et dont la convexité est tournée vers le haut. Quand l'eau du bain se refroidit, elle descend et entre dans la cuve à l'intérieur de laquelle elle est rapidement réchauffée ; plus chaude, elle tend alors à regagner la surface et est réintroduite dans la baignoire par la forme spéciale du réservoir. A condition qu'il ait vraiment existé, un tel dispositif supposait cependant que les baigneurs restassent très calmes dans leur eau ! En fait, il n'agissait vraiment que lorsqu'on n'utilisait pas la baignoire et n'en était que plus valable : c'est en effet quand on chauffait l'eau pour rien qu'il fallait en chauffer le moins possible.

Le succès des *balnea*

Gérés par des entrepreneurs qui se faisaient concurrence, les bains publics étaient ainsi progressivement devenus plus confortables et plus vastes ; ils s'étaient ouverts aux femmes, avaient enrichi leur décor, perfectionné leurs services, amélioré leurs agencements intérieurs, et même les riches ne répugnaient pas à les fréquenter. Quand il décrit sa superbe villa des Laurentes, Pline indique par exemple avec satisfaction qu'elle se trouve placée non loin *de trois bains publics, ressource précieuse si par hasard le chauffage d'un bain à la maison est déconseillé par le fait d'une arrivée imprévue ou du manque de temps*[17].

Les *balnea* connurent ainsi toujours un succès considérable et, même au temps des grands thermes, à Rome comme en province, on ne cessa jamais d'en construire. Dans la capitale, il y en avait déjà 160 à la fin de la République et ils étaient plus de 1 000 au milieu du IVe siècle. Financés par des particuliers qui les exploitaient ensuite ou par des évergètes[18] locaux qui les offraient à leur ville, ils étaient plus ou moins riches et plus ou moins bien conçus. Comme le *bain colossal* que les Claudiopolitains *creusent plus qu'ils ne bâtissent* dans une vallée sans le secours d'un bon architecte[19], ils pouvaient poser de réels problèmes aux administrateurs des provinces, et leur confort laissait parfois beaucoup à désirer ; à Rome, par exemple, les bains de Grylus, trop sombres, ou ceux de Lupus, pleins de courants d'air, ne pouvaient être fréquentés, selon Martial[20], que par les pique-assiette les plus affamés.

Méthode grecque et pratique romaine

Si les progrès techniques favorisèrent indéniablement la prolifération des bains, ils ne firent cependant qu'amplifier une tendance qu'ils n'avaient pas créée ;

venus de Grèce où ils ne jouaient qu'un rôle secondaire, les *balnea* avaient en fait offert dès le début aux Romains le type de plaisir qui répondait le mieux à leurs désirs et à leurs traditions.

Nager dans l'eau froide

Comme César qui *franchissait les fleuves à la nage* et qui, dans Alexandrie, *nagea sur une longueur de 200 pieds jusqu'au navire le plus proche, tenant la main gauche levée afin de ne pas mouiller les écrits qu'il portait, et serrant entre ses dents son manteau de général*[21], les Romains furent toujours en effet d'excellents nageurs. Craignant la mer et ses incertitudes, ils préféraient se plonger dans l'eau des rivières, et Martial décrit ainsi les plaisirs que son ami Licinianus doit trouver en Espagne : *Tu te baigneras dans les flots tranquilles du tiède Congedus et dans les eaux paisibles des lacs, demeure des nymphes ; et si tes membres en sortent alanguis, tu les retremperas dans le lit peu profond du Salo qui glace le fer*[22]. L'eau du Salo, plus froide, était certainement préférable, car beaucoup des contemporains de Martial étaient des *psychroluta*[23] : à l'eau tiède ils préféraient l'eau froide, et Sénèque, par exemple, constate avec un peu de regret que, en passant de l'*aqua Virgo*, si fraîche, où il se jetait le premier janvier, au Tibre et à sa baignoire, il s'éloigne en vieillissant des bains glacés qu'il pratiquait dans sa jeunesse : *Encore un pas, et je suis au régime des bains à étuve*[24].

Remontant certainement à des origines lointaines, qu'il faut peut-être mettre en rapport avec la fraîcheur des eaux vives qui descendaient des montagnes proches de Rome, ce goût pour l'eau froide avait été fortifié, vers la fin du Ier siècle avant J.-C., par les succès d'Antonius Musa. Médecin personnel d'Auguste, il avait, en 23, prescrit à l'empereur malade une cure de bains froids qui avait parfaitement réussi[25] ; ses théories s'étaient aussitôt répandues dans toute la société intellectuelle de Rome ; reprises au temps de Néron par Charmis de Marseille, elles ne rencontrèrent que de rares détracteurs, parmi lesquels on trouve Pline : *Même au cœur de l'hiver, il plongea les malades dans les bassins. Nous vîmes alors des vieillards consulaires s'enorgueillir d'être raidis de froid*[26].

Pour mieux apprécier l'effet stimulant de l'eau froide, il valait mieux cependant s'échauffer d'abord par l'exercice physique ou en se trempant dans un bain chaud. Pour un peuple soucieux d'hygiène, il devenait alors d'autant plus conseillé de combiner la propreté du corps avec sa mise en forme qu'un autre médecin, Asclepias de Pruse, avait déjà, quarante ans plus tôt, présenté la pratique régulière des bains comme un moyen privilégié de chasser les humeurs malignes et de lutter contre les maladies.

Un parcours rituel

Ainsi se trouvait à la fois scientifiquement expliquée et médicalement justifiée l'attirance naturelle des Romains pour ce qui était le principe même des *balnea* qu'ils avaient découverts chez les Grecs, l'alternance du chaud et du froid. Dès la fin du Iᵉʳ siècle avant J.-C., on allait de la sorte autant aux bains pour se laver que pour entretenir son équilibre physique en se procurant en outre un plaisir qu'on appréciait depuis toujours ; la gymnastique et la fréquentation de la palestre, si essentielles à la vie chez les Grecs, ne furent du coup jamais considérées que comme des exercices préparatoires à un parcours rituel dont il fallait respecter les étapes.

Se mettre nu

Le plus difficile fut au début le passage dans l'*apodyterium*, ou vestiaire, où l'on devait se dévêtir. Rigides et de mœurs austères, les Romains du IIe siècle avant notre ère étaient en effet très pudiques, et la bienséance interdisait par exemple au père de se montrer nu devant son gendre ou son fils ; à plus forte raison empêchait-elle qu'on prît son bain en public. Pour se jeter dans les rivières on gardait au moins sur soi le *subligamentum*, une sorte de caleçon qu'on nouait autour de la taille, et, si l'on préférait s'en débarrasser, on se précipitait dans l'eau sans s'attarder sur la rive et sans s'exposer à tous les regards. Chez les Grecs au contraire, la pratique de l'exercice physique supposait une nudité presque complaisante, étalée quand on lançait le javelot, ramassée quand on prenait de l'élan pour sauter, déployée quand on courait sur le stade, et, si le mot tenait son origine du latin *nudus* plutôt que du grec *gymnos*, nous dirions « nudistique » au lieu de gymnastique. Dans le gymnase précisément ou la palestre, les beaux corps des jeunes athlètes étaient donc offerts sans limites au regard des spectateurs, et l'envie d'être beau, de plaire et d'être désiré tenait dans l'entraînement physique une place aussi grande que le noble besoin de gagner. Sans vraiment s'abandonner à cette pratique subtile et sensuelle, les mœurs romaines s'hellénisèrent pourtant en ce domaine aussi vite que dans les autres : on ne fut plus gêné de confier dans l'*apodyterium* ses vêtements à l'esclave qui devait les surveiller, ni d'entrer nu dans les salles tièdes où commençaient les bains.

Hommes et femmes

Bientôt même les réserves qu'avait suscitées la nudité entre hommes devinrent si désuètes que c'est la nudité elle-même qui cessa de faire problème et que les femmes furent admises à se baigner en même temps que les hommes. De façon générale cependant, quand la conception des établissements le permettait, les femmes étaient plutôt reçues dans des salles symétriques à celles des hommes et parfois chauffées, comme aux thermes de Stabies, par un seul four commun qui répartissait sa chaleur des deux côtés à la fois ; c'est d'ailleurs ce que Vitruve recommande[27]. Dans la plupart des cas toutefois, les *balnea* ne comportaient qu'une seule série de salles. On peut évidemment penser que certains d'entre eux n'accueillirent qu'une clientèle exclusivement féminine ou qu'ils ouvrirent à des heures différentes, en réservant, par exemple, la matinée pour les femmes et l'après-midi pour les hommes ; la mixité fut cependant presque toujours de règle, aussi bien dans les petits établissements que dans les très grands, dont la structure était double[28], mais qui ne disposaient de toute manière que d'une seule et vaste salle froide équipée d'une piscine à l'air libre : *Lecania*, dit Martial, *c'est tout nus que se baignent avec toi les jeunes gens et les vieillards*[29].

La pénombre des salles chaudes et la promiscuité des bassins alimentèrent évidemment tous les fantasmes de la rumeur publique, et les femmes qui fréquentaient les bains mixtes eurent très vite mauvaise réputation : *Si Fabricius voyait cela ! S'il voyait... les femmes se baignant avec les hommes*[30] ; et l'austère Quintilien d'ajouter : *Pour une femme, c'est un indice d'adultère que de se baigner avec des hommes*[31]. Aux plaintes fréquemment répétées de Martial, on voit pourtant que les choses n'étaient probablement pas aussi tranchées : *Tu veux bien que je te besogne, mais tu te refuses, Saufeia, à te baigner avec moi... Tu es bégueule*[32] *!*

Il y eut probablement d'inévitables excès, quelques scandales et la pression continue de tous ceux que choquait cet abandon flagrant des mœurs antiques.

Hadrien s'efforça le premier de réglementer le système en imposant des horaires différents ; il y parvint si peu qu'après lui Marc-Aurèle dut répéter des décisions semblables ; Elagabal les abrogea, Alexandre Sévère les remit aussitôt en vigueur sans obtenir de meilleurs résultats, puisqu'on voit encore les chrétiens fulminer contre les thermes et obtenir en 320, lors du concile de Laodicée, que les femmes en soient totalement exclues !

Du tepidarium *au* frigidarium

Quoi qu'il en soit, et quelles que fussent les règles et les conditions d'ouverture, on allait d'abord s'asseoir sur les bancs de la salle tiède, appelée *tepidarium*, où régnait ordinairement une température de 25 à 30° pour une hygrométrie de 20 à 40 %. Une fois la transpiration bien commencée, le baigneur passait, si l'établissement en était pourvu, dans une salle plus chaude, *laconicum* à chaleur sèche ou *sudatorium* à chaleur humide, avant d'entrer dans le *caldarium*, une pièce en général rectangulaire où la température atteignait 55° pour une hygrométrie de 80 %.

Là se trouvait, dans un renfoncement arrondi, la grande baignoire, large d'environ deux mètres, où l'on pouvait prendre place à dix ou douze et dont l'eau était constamment maintenue à 40° ; on l'appelait *alveus* à cause de sa forme creuse, *descensio* parce qu'il fallait y descendre après en avoir enjambé le rebord, *solium* parce qu'on s'y asseyait sur l'avant-dernière marche, ou *baptisterium* comme les Grecs. On ne s'y baignait pas vraiment, se contentant plutôt d'aspersions répétées. C'est là qu'en l'absence de savon véritable[33] on se débarrassait de la crasse en se frottant le corps avec le strigile, une sorte de cuiller en métal, fortement incurvée, dans le creux de laquelle se déposaient, avec la sueur, les huiles et les onguents dont on s'était souvent enduit.

Quand la sensation de chaleur devenait trop forte, on se rapprochait, à l'autre extrémité de la pièce, du *labrum*, une vasque également placée dans une abside, où coulait sans cesse de l'eau froide et autour de laquelle on se pressait parfois : *Cette vasque doit être éclairée par le haut pour que la lumière ne soit pas obscurcie par ceux qui se tiennent au pourtour. Il faut que les absides des vasques soient assez vastes pour que, quand les premiers arrivants ont pris leur place tout autour, les autres qui regardent* [= attendent] *puissent tenir à l'aise*[34]. Ces ablutions terminées, les plus prudents préféraient retourner quelques instants dans le *tepidarium* afin de se ménager une transition, les plus hardis pénétraient sans attendre dans le *frigidarium* pour se jeter aussitôt dans l'eau fraîche et nager dans la piscine. Quelles que fussent les variantes possibles, le principe restait pourtant toujours le même : on s'échauffait au tiède, on se lavait au chaud, on se baignait au froid.

Le miracle des thermes

A un parcours aussi simple, on pouvait évidemment ajouter beaucoup : des salles (*sphaeristerium*) où l'on jouerait surtout à la balle, et d'autres (*unctorium*) où l'on s'abandonnerait aux mains expertes du masseur où à celles, plus redoutables, de l'épilateur ; des marbres, des mosaïques, des œuvres d'art et des jets d'eau ; de grandes piscines pour nager en plein air et de vastes espaces où pratiquer les sports ; des promenades et des portiques, des salons pour la détente ; et des bars, des bibliothèques, des théâtres et des jardins ; la présence d'une administration discrète et bienveillante ; la gratuité d'accès, le luxe et la beauté ; autour de ce parcours, qui alliait la santé, l'hygiène et le plaisir, on pouvait en fait organiser des « paradis » semblables à ceux des princes ou des rois de Perse et bâtir d'immenses « villas du peuple » qui offriraient au plus grand nombre le luxe et la splendeur qu'on ne trouvait que dans les plus riches résidences privées.

Ainsi naquirent les thermes, qui furent aux *balnea* ce que Rome était à une ville de province, et leur parfaite réussite, un peu semblable au miracle grec, tint à la conjonction de plusieurs facteurs, dont aucun ne pouvait exister sans les autres : le peuple entier désira des établissements toujours plus grandioses, le pouvoir décida de les construire et en eut les moyens financiers, la technique permit d'alimenter en chauffage et en eau des salles toujours plus vastes, et les architectes, en utilisant le béton, en perfectionnant au coup par coup l'art des voûtes et des ogives, en apprenant à ouvrir des baies hautes et larges, eurent la capacité de les édifier. A Athènes, au Ve siècle, les besoins de la reconstruction, la richesse de la cité, la volonté de Périclès et le génie de Phidias avaient produit le miracle de l'Acropole ; à Rome, à partir d'Auguste, le goût des Romains, les progrès de la technique et la volonté du pouvoir produisirent celui des thermes.

D'Agrippa...

Comme beaucoup d'autres, l'idée venait d'Agrippa, qui ne fit cependant que reprendre à Rome en plus grand ce qui existait déjà depuis près d'un demi-siècle en Italie du Sud et, par exemple, à Pompéi, rue de Stabies. Entre 25 et 19 avant notre ère, il construisit en effet sur le champ de Mars un établissement dont les proportions, la richesse et la disposition marquèrent l'apparition dans la ville d'une nouvelle race de *balnea* : pour la première fois, l'alimentation en eau était assurée par un aqueduc spécial[35], toutes les salles étaient distribuées autour d'une vaste rotonde de vingt-cinq mètres de diamètre, à l'extérieur s'étendait un parc équipé d'un euripe et d'un lac artificiel où l'on pouvait nager. Ces remarquables innovations rendaient les bains d'Agrippa si différents des autres que le mot *balnea* ne parut plus suffire ; on les appela des *thermes*, et le mot désigna désormais de très grandes installations qui associaient à l'utilité des salles tièdes ou chaudes le luxe et l'agrément des jardins et des palestres.

Les deux mots étaient grecs, mais, plus que les bains, les thermes évoquaient la chaleur, chaleur des fours toujours plus nombreux, chaleur des salles bientôt gainées de tubulures, chaleur de l'eau dans les baignoires — *Bain d'eau bouillante, bain d'eau chaude*, dit Sénèque, *je ne vois plus la différence*[36] —, chaleur de l'ambiance et du décor, chaleur des plaisirs en tout genre qui s'offraient à l'intérieur.

... à Néron...

Un tel programme était fait pour Néron. Vers 60 ou 64, il construisit à son tour des thermes qui s'étendaient tout près de ceux d'Agrippa sur une superficie de 3000 m^2 ; au IIIe siècle, Alexandre Sévère les restaura complètement[37], et nous n'en connaissons les vestiges que par les beaux dessins que Palladio et Sangallo signèrent au XVIe siècle. Tout permet cependant de penser que les thermes de Néron furent les premiers à utiliser le schéma qui allait rapidement devenir celui de tous les établissements du même genre.

Ceinturant les bâtiments, toutes les installations de service, bassins de réception des eaux, chaudières et chaufferies, réserves de bois, logement des personnels, etc. ; au centre, et se commandant les uns les autres, un *caldarium*, un *tepidarium* et un vaste *frigidarium* appelé plus tard *aula* ou *basilica* ; à droite et à gauche de cet axe central, deux ensembles symétriques et rigoureusement identiques, avec, à chaque fois, une palestre, un vestiaire, des salles parfois très chaudes et des pièces à destinations diverses utilisées, par exemple, pour les jeux, les massages ou le repos. Les grandes salles du centre étant communes, ce dédoublement n'avait évidemment pas pour fonction de séparer les hommes et les femmes ; il augmentait seulement la capacité de l'ensemble et rendait la circulation plus facile à l'intérieur. Au lieu de rejoindre les vestiaires en retournant sur ses pas et en croisant tous ceux qui progressaient en sens inverse, on effectuait maintenant à sens unique un parcours qui commençait à une palestre et s'achevait au *caldarium* ; qu'ils aient choisi la droite ou la gauche, tous les baigneurs se retrouvaient ainsi finalement dans la grande *aula* centrale, d'où ils pouvaient regagner directement le vestiaire par lequel ils étaient entrés.

En réunissant pour la première fois dans un ensemble cohérent la palestre grecque et la pratique romaine du bain, les thermes de Néron perfectionnaient le modèle imaginé par Agrippa. Ils en modifiaient aussi l'esprit ; le gendre d'Auguste avait offert des thermes à titre individuel[38], Néron fit clairement entrer leur construction dans un plan d'État concerté qui faisait des plaisirs du peuple un moyen de gouverner. *Qu'y a-t-il de pire que Néron ? Qu'y a-t-il pourtant de meilleur que les thermes de Néron ?* demandera Martial[39].

... et Trajan

L'idée eut en effet plus de succès que l'empereur. Les thermes que Titus fit symboliquement installer en 80 sur l'emplacement de la Maison dorée reprirent les plans du tyran déchu, et ceux que Trajan, conseillé par le grand architecte Apollodore de Damas, inaugura le 22 juin 109 au même endroit affirmaient plus nettement encore le principe de l'évergétisme impérial[40]. Construits au cœur d'un ensemble de jardins, de portiques et de palestres qui s'étendait sur 110 000 m^2, les bâtiments étaient maintenant enfermés dans une vaste enceinte à quatre portes qui les rendaient en quelque sorte autonomes. Érigés par la volonté du prince dont ils portaient le nom, le balnéaire et son immense *basilica* centrale se dressaient désormais au milieu d'un enclos qui les distinguait du monde ordinaire et les plaçait dans la même position que les temples au milieu des nouveaux forums ; protégés par un véritable *limes* et capables d'accueillir des milliers de personnes, ils devenaient un immense et féerique monde à part.

Un modèle canonique

Ainsi tracé, le modèle allait se répandre, et les thermes devinrent, avec les Capitoles, une des marques privilégiées de la présence romaine. La différence était pourtant considérable. Les Capitoles, archaïques dans leur détail, républicains dans leur esprit, altiers dans leur structure, élevés et dominateurs, étaient consacrés aux dieux protecteurs ; les thermes, étalés sur des surfaces toujours plus grandes, animés de foules hétérogènes, luxueux et regorgeant de richesses qu'il fallait toujours défendre, étaient offerts à des hommes soumis par un empereur-dieu bienveillant ; les Capitoles, au cœur des villes, étaient le symbole de Rome, les thermes en furent l'image. Plus l'Empire fut menacé, plus on le défendit, semble-t-il, en le reconstituant de façon fantasmatique à l'intérieur de leurs murs, et plus il se réduisit, plus ils devinrent grands.

Sans parler des beaux établissements de Bath (Aquae

Sulis) en Angleterre ou de Baïes en Campanie, qui n'étaient alimentés que par les eaux naturellement jaillies du sol[41], on vit, en province, les thermes apparaître à Paris, Vienne et Arles, à Lepcis Magna, à Timgad ou à Djemila, à Trèves ou à Carthage. A Rome, après ceux de Néron, de Titus et de Trajan, que Martial[42] appelait les *triplices thermae*, on en construisit encore huit autres en deux siècles. Toujours conçus d'après le modèle trajanien, devenu canonique, c'est-à-dire enclos et symétriques, ils se ressemblaient les uns les autres et donnaient ainsi partout les mêmes garanties officielles de luxe et de confort.

Produits des angoisses et des besoins de l'Empire, ils s'élevèrent presque tous assez tard : à Djemila, les grands thermes du Sud, à Carthage, ceux d'Antonin, ne datent que de la fin du IIᵉ siècle ; ceux d'Arles, érigés par Constantin, furent construits dans la première moitié du IVᵉ, et ceux de Trèves, entrepris en même temps, ne furent même jamais achevés.

Porteurs d'un message impérial toujours plus insistant, bénéficiant en outre, comme les basiliques, de l'expérience acquise et de l'audace novatrice des architectes, ils dressèrent leurs voûtes à des hauteurs telles que le visiteur, errant dans les ruines grandioses et sombres des thermes de Caracalla, se sent encore écrasé par leurs vestiges à demi-détruits. Toujours plus élevés, ils devinrent aussi toujours plus vastes : en 109, ceux de Trajan s'étendaient sur 110 000 m², vers 217 ceux de Caracalla atteignaient 140 000 m², vers 300 ceux de Dioclétien, les plus grands de tous, pouvaient recevoir 3 000 baigneurs par jour sur une surface de 150 000 m² qu'avaient aménagée la peine et le sang de 40 000 esclaves chrétiens. Immenses, ils occupaient alors tout l'espace qu'on découvre, une fois franchi la place du Cinquecento, quand on arrive à Rome par la gare des Thermes (stazione Termini) : à gauche, les colonnades et la place de la République, où tournent tant de voitures, ont gardé la forme en exèdre des murs du sud-ouest ; à droite le musée des Thermes a recouvert l'entrée, l'un des deux vestiaires et des jardins ; au centre, la sublime église Sainte-Marie-des-Anges, arrangée par Michel-Ange au XVIe siècle, est installée dans le *tepidarium* et dans la grande *basilica* centrale dont elle évoque encore le luxe et la splendeur.

Un autre monde

Comparables pour l'étendue à des provinces[43], les thermes c'était d'abord une odeur, celle des fumées et du bois qu'on y brûlait sans cesse. Elle se rabattait les jours de vent sur la ville et lui donnait cette atmosphère spéciale et presque parfumée qu'on ne retrouvait nulle part ailleurs ; depuis longtemps en effet, pour éviter que l'air et le ciel ne fussent pollués par des émanations trop grasses ou trop salissantes, on n'utilisait que du sapin. C'étaient ainsi des forêts entières qui se consumaient dans les foyers continus de tous les bains, de tous les thermes, et l'incessant charroi des arbres ajoutait chaque jour aux embarras de Rome ; sans cesse, et en toutes saisons, il fallait faire place à ces lourds chariots chargés de bois coupé dans toute l'Italie que tiraient des bœufs poussifs et qu'entouraient des esclaves publics aux allures nonchalantes. On le stockait dans des entrepôts particuliers qui devaient toujours légalement contenir un bon mois de réserve ; une administration nombreuse et spécialisée le distribuait ensuite aux divers établissements de la ville ; près des entrées de service, on le rangeait en longs tas qui s'étalaient sur des centaines de mètres et que parcourait un continuel mouvement d'esclaves occupés à le décharger, à l'empiler, à le transporter vers les fours.

Non loin de là se dressaient les dernières arcades des nouvelles dérivations d'aqueducs ou des aqueducs spéciaux[44] qui fournissaient l'eau ; elles aboutissaient à des réserves d'autant plus colossales que les besoins devenaient plus grands. Pour les thermes de Trajan, la citerne des *Sette Sale*[45] contenait 7 500 m^3 ; pour ceux de Caracalla, on avait construit le long du mur d'enceinte un bâtiment de deux étages qui comportait 64 salles parallèles et pouvait recevoir 80 000 m^3 ; divisé en nefs de longueurs inégales, le réservoir trapézoïdal des thermes de Dioclétien s'étendait sur une longueur de 90 mètres, et ses ruines, appelées *Botte de Termini*, étaient encore visibles à la fin du XIXe siècle.

Passée des citernes aux piscines et aux bassins, l'eau était ensuite utilisée pendant la nuit pour le nettoyage en grand des salles, puis évacuée vers les latrines et les égouts qu'elle purgeait en permanence ; le courant d'évacuation était si fort qu'on put, à une époque plus tardive, faire tourner un moulin dans une des salles situées sous les exèdres extérieurs des thermes de Caracalla.

Autour des bâtiments, et dès avant que l'enceinte ne fût franchie, c'était le désordre et la vie de tous les petits métiers qui clamaient leur présence et leur supériorité : marchands de peignes et de parfums, vendeurs de boissons, de saucisses ou de petits gâteaux, *avec chacun pour crier leur marchandise une modulation caractéristique*[46], loueurs de serviettes et de sandales, de drogues, de pommades et d'onguents, diseurs de récits et de bonne aventure, philosophes, astrologues et comédiens qu'on retrouvait ensuite installés dans les portiques ou dans les hypogées des grandes salles de lecture ou de conversation.

Au milieu d'eux circulait toute une foule hétéroclite d'esclaves et de prostituées, de sportifs portant leur strigile ou leurs balles, de vigiles et d'étrangers étonnés, de jeunes gens désœuvrés, de voleurs et de parasites à la recherche d'une invitation à dîner. *Échapper, aux thermes et dans les alentours des bains publics, à Ménogénès est chose impossible, même en y employant tous les moyens*[47].

On s'attendait, on flânait, on se rencontrait par hasard. Les moins nombreux n'étaient venus que pour une conférence, un récital poétique ou un concert, d'autres cherchaient à voir quelqu'un d'influent, certains s'asseyaient seulement dans les exèdres avec un livre ; un Lateranus allait *droit aux coupes et aux enseignes peintes sur toile*[48] qui signalaient les tavernes, un Syriscus dépensait des millions *dans les estaminets où l'on mange assis autour des quatre bains*[49], un Pline l'Ancien se mêlait à la foule en dictant ses réflexions à des scribes. Souvent un affranchi cousu d'or, entouré d'une troupe de masseurs, d'entraîneurs et de flatteurs s'attardait complaisamment à la palestre ou repartait en grand équipage. *Déjà Trimalcion, tout inondé de parfum, se faisait essuyer non avec de la toile ordinaire, mais avec des serviettes de la plus douce laine... Puis on l'enroula dans une couverture écarlate pour le placer ensuite sur une litière que précédaient quatre coureurs tout chamarrés*[50]. Parfois, dans un grand déploiement de Germains et d'officiers, c'était l'empereur lui-même qui traversait l'enceinte en remerciant d'un geste ou d'un regard tous ceux qui l'acclamaient ; dans cette foule hétérogène, un instant unie pour crier sa reconnaissance, et dans les bâtiments somptueux qu'il lui avait offerts, il retrouvait à chaque fois tout son empire.

Près de l'entrée, c'était une autre odeur, une odeur de vapeur et de feu, de sueur et de parfum, de chaleur et d'eau, mais, le seuil franchi, c'était une fantasmagorie de marbres et de stucs, une impression de basilique et de palais dont on serait devenu tout d'un coup propriétaire.

Dans les vestiaires, on s'asseyait sur des bancs aux pieds souvent sculptés que recouvraient des couvertures et des étoffes aux teintes multicolores. De jeunes esclaves passaient, attentifs et chargés de vêtements qu'ils protégeaient des pertes et des voleurs en les rangeant précautionneusement à l'intérieur de niches aménagées dans les murs et séparées les unes des autres par des colonnettes ou des télamons de terre cuite.

Dans les salles chaudes, avec d'infinies variations de richesse et d'inspiration, c'étaient partout des vasques et des sièges décorés, des fontaines ornées, des corniches, des modénatures et des ciselés dont les lignes suivaient les voûtes et soulignaient les formes diversifiées des architectures intérieures. Dans les *caldarium* s'élevaient des absides et des coupoles à caissons, dans les *tepidarium* de hautes voûtes où brillaient des milliers de tessères évoquant des formes vivantes. La lumière et le soleil descendaient par de grandes ouvertures arrondies, pénétraient par de hautes fenêtres ou traversaient de larges baies munies de verres colorés. Les parois étaient rehaussées de stucs et de filets d'émail dont les couleurs évoquaient, comme des peintures, les arbres, les prairies et l'abondance d'une végétation luxuriante. L'eau jaillissait partout en cascade ou sortait de robinets d'argent. Dans les entrées plus fraîches, les vestibules et les couloirs, le sol était recouvert de marbre blanc ; dans les grandes salles, de mosaïques où jouaient des tritons et des dauphins, des pieuvres, des poissons, des nymphes, des Naïades et toutes les divinités de la mer et des fleuves ; au fond même des vasques, des baignoires et des piscines, des fleurs, des plantes aquatiques et des motifs géométriques, animés du perpétuel mouvement des eaux, semblaient dotés de vie.

Au terme du parcours, dans l'immense basilique centrale, aussi vaste et aussi haute que les palais de réception des empereurs, c'était, au pied des lourdes colonnes de granit et de porphyre, un immense forum des loisirs au centre duquel étaient exposées de splendides œuvres d'art : le « Laocoon du Vatican » aux thermes de Trajan, le « Taureau Farnèse » aux thermes de Caracalla, les « Dioscures du Quirinal » aux thermes de Constantin. Venant de la piscine ou sortant du *tepidarium*, une immense foule d'hommes et de femmes, vêtus et demi-nus, flânait après l'exercice ou déambulait pour le plaisir dans la nef principale et sur les bas-côtés ; épilés et parfumés, assouplis par les massages, ils regardaient, souvent sans les voir, toutes les splendeurs qui les entouraient, mais en ressentaient profondément la paix et la beauté. Au fond, tout entourée de portiques à étages et comme enchâssée dans la lumière du grand jour, scintillait la piscine agitée sans cesse et bruyante où le luxe et l'artifice des hommes permettaient de nager comme dans une eau naturelle, à l'air libre, au milieu d'une végétation qu'entretenaient sans cesse les jardiniers de l'empereur.

Tout autour des salles resplendissant de mosaïques et d'eau serpentaient en contrebas de longs couloirs étroits et souterrains sur lesquels s'ouvraient les unes près des autres les gueules rougeoyantes des fours. Près d'elles, c'était une chaleur d'Afrique, un ronflement incessant, un va-et-vient d'hommes nus et en sueur ; ils rallumaient les fours à l'aube dans la nuit noire, en activaient sans cesse la flamme, y lançaient du bois tout le jour. Au coucher du soleil, une fois les feux assoupis, ils rassemblaient les cendres et les entassaient dans les chariots qui partiraient chez les foulons[51] ; parfois, mais plus rarement, un ruisseau coulait près d'eux ; ils pouvaient au besoin s'y rafraîchir et y jetaient les déchets que l'eau portait au-dehors. C'étaient des Gaulois, des Bretons, des Germains puissants et durs, mais inaptes à la gladiature ou trop lâches pour tenter d'y trouver une issue ; ils finissaient leur vie sous les thermes, ne se baignaient jamais et dormaient dans les dépendances qu'on leur attribuait en commun avec ceux qui s'occupaient des eaux, des conduites ou de l'entretien des sols et des baignoires. Pour les plus grands thermes, ils étaient des centaines, beaucoup d'hommes, et quelques femmes jetées là pour travailler comme eux et servir en outre à leur plaisir.

En bas, dans le rougeoiement des fournaises et dans la boue des citernes où décantait l'eau des aqueducs, régnait l'implacable hiérarchie de Rome ; en haut, c'était un autre monde, dans lequel la foule et la nudité distribuaient différemment les jeux. Même s'ils étaient escortés d'esclaves personnels qui les massaient, les épilaient ou les aidaient à se frotter avec le strigile, même s'ils avaient les moyens de s'offrir sans compter les soins raffinés des esthéticiennes et des parfumeurs, les hommes s'étaient dépouillés des faisceaux, des insignes et des toges à bandes pourpres ; ils n'étaient plus étagés suivant leurs charges et leur argent comme sur les gradins des théâtres ; au lieu d'affirmer leur réussite et leur puissance, ils livraient les formes vécues de leur corps et les désirs cachés qui les agitaient parfois. Dans les thermes, c'était tous les jours Saturnales[52], tous les jours on inversait les rôles et l'on jouait des scènes où le corps l'emportait sur le pouvoir et l'esprit sur l'argent.

Pour un temps et dans un espace déterminés, l'ordre social ordinaire était partout aboli ; partout on pouvait un instant se donner le plaisir d'être un autre et ce qu'on était vraiment ; partout on pouvait prendre conscience d'une nouvelle richesse, celle de la beauté qu'un regard fugace, un sourire, un geste ébauché révélaient soudain, celle de l'esprit que détaillait le charme d'une conversation qui se prolongeait, celle de la force physique affrontée sur la palestre, celle, plus simple et toujours à portée, du corps épanoui dans la caresse d'une eau chaude ou raffermi dans la brève violence de l'eau fraîche. Aux thermes, il n'y avait que des empereurs et des rois, chacun pouvait y régner sur quelque chose ; on y retournait à chaque fois pour s'en convaincre et renouveler l'extase d'une vie inimitable et presque aventureuse.

Le plaisir était si grand qu'on était souvent tenté d'en abuser. L'hygiène ne suffisait plus ; à défaut de pouvoir, comme de nos jours, ne plus rien sentir en se « déodorant », on voulait sentir bon ; on s'enduisait après le bain de crèmes et de pommades et l'on retournait se laver de ses parfums. La propreté devenait maladive.

La plupart se baignaient longuement chaque jour, après le grand repas de la *cena* pour digérer, avant lui pour se mettre en appétit. Mais Trimalcion va d'abord aux thermes et conduit plus tard ses hôtes à ses bains personnels ; l'empereur Commode trouve à l'eau tant d'agrément qu'il fait jusqu'à huit parcours quotidiens et gouverne, si l'on peut dire, du fond de sa baignoire ; Caracalla décide d'ouvrir ses thermes vingt-quatre heures sur vingt-quatre et d'éclairer la nuit toutes les rues par lesquelles on y accède.

Indépendamment de ces excès purement balnéaires, d'autres passions s'exprimaient au sortir des salles ; beaucoup, loin de rentrer paisiblement chez eux, se précipitaient dans les tavernes et récupéraient en vin toute l'eau qu'ils avaient perdue dans le *sudatorium* ; d'autres cherchaient qui des garçons, qui des filles, ou venaient s'offrir aux amours vénales et de rencontre. Dans les grands thermes se trouvaient ainsi fatalement réunis les trois grands plaisirs qui faisaient à cette époque à la fois le charme et la brièveté de la vie, le vin, l'amour et les bains : *Balnea, vina, Venus corrumpunt corpora nostra, sed vitam faciunt*[53].

Les médecins sages et compétents comme Galien

pouvaient bien prodiguer leurs conseils d'équilibre et de modération, les bains produisaient sur l'esprit et le corps un tel effet libérateur qu'on aimait à prolonger l'euphorie des repas bien arrosés par le plaisir provocateur de la transgression des règles : *En pleine digestion et tout gonflés, allons nous baigner, oubliant ce qui convient, ce qui ne convient pas... et, comme le coupable équipage d'Ulysse, roi d'Ithaque, préférant à la patrie un plaisir défendu*[54]. A ce compte, les accidents n'étaient pas rares ; d'hydrocution, de crise cardiaque ou d'asphyxie, dans l'éclatement délicieux de l'eau froide ou l'extase incandescente du *caldarium*, on quittait brutalement les plaisirs de la vie. Les vigiles emportaient les corps, l'onde un instant troublée retrouvait sa limpidité... *Le châtiment te guette, quand, bourré de mangeaille, tu déposes ton manteau et portes au bain un paon mal digéré*[55].

Ils étaient venus vers la huitième heure de Rome[56], après leur travail, au moment déjà plus calme où le jour s'apaise sans décliner vraiment : en été juste après les plus fortes chaleurs, en hiver aux instants encore clairs, quand la température de l'eau chauffée depuis l'aube atteint son maximum et s'étale dans une plénitude à peine ralentie. Homme ou femme, ils étaient entrés pour un quart d'as, une pièce de monnaie si petite que même les plus démunis pouvaient toujours en posséder plusieurs. Les plus jeunes et les plus beaux s'étaient mis nus comme les Grecs. Ils s'étaient soigneusement enduits d'une huile épaisse, avaient un instant couru près des portiques et s'étaient encore échauffés en jouant à la balle à trois sur la palestre ou en prenant sur la terrasse-solarium un long bain de soleil. Dans la clarté diffuse et comme alourdie d'humidité des salles chaudes, ils avaient retrouvé la caresse brûlante et l'impression de fondre à l'extérieur d'eux-mêmes, un sentiment de libération que venait délicieusement contrarier la nécessité d'un parcours toujours semblable et toujours initiatique. Ils s'étaient rafraîchis aux vasques de granit où l'eau de Rome coule encore aujourd'hui devant le palais Farnèse ; ils s'étaient débarrassés de l'huile et de la sueur près du grand *labrum* monolithique en porphyre qui orne désormais la salle ronde du musée Pio-Clementino. Au détour des couloirs suintants et ruisselants, dans le silence épais des petites pièces brûlantes, où le sol de marbre était si chaud qu'on ne pouvait le traverser qu'en y faisant claquer des sandales à semelles de bois, des sourires et des regards les avaient un instant poursuivis, porteurs d'une infinie possibilité d'échanges et de rencontres aux tonalités ambiguës.

Le périple terminé, les uns se promenaient parmi les œuvres d'art installées dans les jardins et les portiques, d'autres s'arrêtaient aux représentations et aux concerts qu'on donnait à l'auditorium, quelques-uns se dirigeaient vers l'immense et calme bibliothèque dont les coffrets pleins de livres étaient soigneusement rangés dans ces niches rectangulaires qu'on peut encore voir aux murs des thermes de Caracalla. Les plus nombreux s'installaient près des nymphées bouillonnants, dans les exèdres ouverts sur la verdure et les jets d'eau, sous les arbres dont l'ombre s'allongeait déjà ; le corps détendu, l'esprit libre, ils prolongeraient jusqu'à la nuit la conversation qu'ils avaient engagée dans les rumeurs de la grande basilique où le silence et l'ombre allaient bientôt descendre.

Dans le monde pourtant si vaste et si diversifié que les Romains contrôlaient encore au IIIe siècle après J.-C., le passage aux thermes était progressivement devenu comme une exigence quotidienne et la plus fréquente occupation du soir. À la fin de la journée, toutes les classes de la société faisaient ainsi partout pratiquement la même chose à peu près au même instant : elles se rassemblaient, éblouies, dans la splendeur des salles chaudes.

Depuis qu'Agrippa avait rendu gratuits tous les établissements qui ne dépendaient que de lui[57], les thermes fonctionnaient en effet comme un véritable service public. Sous la République, les édiles[58] avaient les bains collectifs en charge et se contentaient d'en surveiller avec économie la propreté, la température et le bon ordre[59] ; sous l'Empire, toute l'administration des thermes était assurée par des curateurs qui géraient les personnels et s'occupaient de l'approvisionnement, de l'entretien, de la morale et de l'hygiène. Les sommes annuellement engagées pour la construction, la maintenance et le fonctionnement dépassaient de beaucoup les possibilités des particuliers les plus riches ; elles étaient même si considérables qu'on voyait souvent dans les provinces le pouvoir central rechercher l'appui des capitaux privés que fournissaient les évergètes[60]. A côté de cet important secteur public, il existait pourtant une grande quantité de petites entreprises privées ; ces *balnea*, de dimensions parfois très modestes, attiraient les originaux qui fuyaient la foule ou ceux qui désiraient ne rencontrer, pour de multiples raisons d'orgueil ou de plaisir, que des gens semblables à eux.

Accessibles à tous moyennant une faible redevance, les thermes avaient pourtant leurs détracteurs. Si la plupart vantaient les bienfaits d'une civilisation toujours en progrès qui développait l'hygiène avec la culture et l'agrément, certains dénonçaient les dangers d'un système abrutissant et coûteux pour l'État, qui ne cherchait qu'à plaire au plus grand nombre, entretenait la paresse et faisait perdre un temps précieux qu'on aurait pu mieux occuper.

Quels que fussent leurs avantages et leurs défauts, les

thermes étaient, comme nos télévisions, partout présents dans le monde. Leur fonctionnement, les détails de leur organisation, la qualité de leurs services et la comparaison des établissements qui tous les jours se faisaient concurrence entretenaient les conversations ; les changements qui s'y produisaient nourrissaient les polémiques et les débats ; en les améliorant, en les agrandissant, voire en en construisant de nouveaux, les hommes publics se faisaient connaître ; en s'y montrant le plus souvent possible, ils restaient populaires. Les thermes transmettaient ainsi partout des habitudes et des pratiques, une culture, un mode de vie qui étaient ceux de Rome ; plus efficacement que les spectacles, plus facilement que la langue, ils contribuaient à l'unité de l'Empire en diffusant chaque soir un message qui, pour n'être pas explicitement formulé, n'en était pas moins semblablement reçu par des peuples naturellement très différents les uns des autres.

Expression la plus brillante, la plus riche et la plus consensuelle[61] du pouvoir impérial, ils étaient un agent de romanisation si puissant qu'ils survécurent à Rome ; les peuples y cherchèrent longtemps le reflet d'une splendeur déjà perdue, leur souvenir hante nos mémoires et, de l'église du Rédempteur à la gare de Washington[62], leur forme habite encore nos monuments.

Les thermes ont rendu l'eau de Rome éternelle. Dans leurs ruines et dans leur image s'inscrivent l'histoire d'une conquête et le souvenir d'une victoire : celle des ingénieurs et des ouvriers dont le travail incessant et discret donna à Rome la maîtrise technique de l'eau.

DEUXIÈME PARTIE

L'eau des ingénieurs

I

Stocker l'eau : citernes et bassins

Aux premiers temps de la République, à l'époque des vieux Romains, celle des Cincinnatus et des Camilles, Rome ne disposait encore que de l'eau fournie par la nature, celle qu'on puisait au Tibre, celle qu'on tirait des sources et des puits, celle qu'on recevait des pluies. Abondante en hiver, elle se faisait plus rare en été, quand elle était plus nécessaire. Pour se garantir contre les jours de sécheresse et s'assurer la continuité d'alimentation que fourniraient plus tard les aqueducs, on ne pouvait que recueillir et conserver ce qui tombait du ciel. Faute de savoir conduire et distribuer l'eau, on la stockait. C'était, avant celui des adductions, le temps des réserves et des citernes.

Réserves privées

La maison d'habitation se réduisait alors à une pièce unique, aux murs noircis de fumée ; on l'appelait, pour cette raison sans doute, un *atrium* ou pièce noire. Le plafond en était percé d'une ouverture sur laquelle donnait directement le toit dont les pentes étaient inclinées vers l'intérieur ; un bassin, situé juste en dessous, recueillait les eaux de ruissellement. Par la porte toujours ouverte, en ces temps où rien encore n'était à dérober, le passant pouvait voir en enfilade, et dans l'ordre, le bassin, le foyer et le lit dans lequel se perpétuait la race.

Dans sa simplicité rustique, la maison abritait ainsi, avec les hommes, ce qui était le plus nécessaire à la vie, l'eau et le feu, et la même ouverture laissait entrer la pluie avec la lumière et s'échapper la fumée. Le feu fut plus tard installé dans les cuisines, le lit trouva sa place ailleurs et l'alcôve qui l'exposait devint comme un sanctuaire de la famille. Le bassin resta.

Compluvium

On peut toujours voir ces atriums, à Pompéi par exemple, dans les villas plus riches et plus luxueuses du début de l'Empire ; ils sont devenus de somptueuses pièces d'apparat qu'on n'habite plus vraiment et que suivent jardins et péristyles. Même en ces temps plus confortables, le *compluvium* s'ouvre encore dans le plafond ; suivant l'époque et le choix des architectes, il est tantôt maintenu par des madriers croisés, tantôt plus solidement soutenu par au moins quatre colonnes. Les jours de pluie, l'eau ruisselle sur les versants du toit, elle se rassemble dans les gouttières souvent décorées de palmettes et d'antéfixes en terre cuite, elle jaillit par les gargouilles qui évoquent des gueules de chiens ou de lions, elle tombe enfin dans l'*impluvium*.

Impluvium

Ce bassin était aménagé dans le sol même de l'atrium, et sa dimension était évidemment en rapport avec celle du *compluvium* qu'il complétait. On l'entourait en général d'une bordure qui se différenciait du reste de la pièce dont il marquait le centre ; on en couvrait le fond de marbre ou de mosaïque.

Sans doute fallait-il assez souvent éponger et frotter ces dallages que nous voyons maintenant toujours à sec. L'eau qu'on recueillait ne pouvait en effet s'échapper que par un trou toujours placé à quelques centimètres au-dessus du niveau le plus bas : les débris végétaux, les poussières et toutes les impuretés se déposaient donc dans le fond, sur lequel risquaient en outre de se développer des mousses et des moisissures abondantes.

Pour éviter ces tâches fastidieuses et fatalement répétitives, on aurait pu laisser vide l'*impluvium* quand il ne pleuvait pas. C'eût été cependant se priver d'un plaisir et d'une présence ; plaisir de découvrir, en entrant dans l'ombre de l'atrium, la fraîcheur d'une eau calme et son scintillement dans la lumière tombant du toit ; présence de la richesse et de la vie, dont elle symbolisait la certitude et la durée. Loin de garder les *impluviums* à sec, on prenait toujours soin de les maintenir pleins ; au temps des aqueducs, on y installa même des petites fontaines ornementales, dont le jet parfois cascadant ajoutait son chant à la fraîcheur.

Citernes

Cette fonction décorative n'était cependant pas essentielle. Les *impluviums* servaient en effet d'abord à rassembler des eaux qui seraient ensuite conservées dans une citerne et utilisées chaque jour. Pour éviter l'inondation de la pièce un jour de pluie trop forte, ces citernes disposaient à leur sommet d'un orifice de vidange qui rejetait à l'égout ou dans la rue les eaux excédentaires ; dépendant des dimensions du *compluvium* et de la capacité de réception des pluies qu'offraient ses pentes, leur capacité était cependant médiocre et se limitait le plus souvent à quelques dizaines de mètres cubes.

Dans les maisons riches, on avait parfois engagé les

frais d'une canalisation supplémentaire qui permettait d'installer la réserve près des cuisines ; dans la plupart des cas cependant, elle se trouvait sous l'atrium et presque au contact du bassin qu'on avait certainement mis en place en même temps qu'elle. L'orifice de puisage est donc le plus souvent visible aujourd'hui tout près de l'*impluvium* ; on le fermait par précaution d'une grille et on l'entourait toujours d'une petite margelle, ou *puteal*, en marbre ou en terre cuite, qui contribuait à la décoration de la pièce et marquait aussi, par sa présence symbolique, le caractère précieux, voire sacré, de l'eau qui se trouvait en dessous.

A Pompéi, toutes les maisons étaient équipées de ce système de stockage. Les plus anciennes, comme la maison du Chirurgien par exemple, l'avaient fait installer plus tard, en même temps que l'*impluvium* qui les alimentait ; les plus récentes et les plus riches, qui avaient eu pourtant les moyens de se raccorder au réseau public, l'avaient généralement conservé ; elles purent en apprécier l'utilité quand le terrible tremblement de terre de 62 les eut privées de l'abondance et du confort que leur offrait l'aqueduc installé par Auguste au début du Ier siècle.

Réserves publiques

Tous les particuliers, à commencer par ceux qui n'habitaient que de pauvres demeures ou des *insulae*[1], n'avaient cependant ni la possibilité ni la chance de posséder des citernes à usage privé, et comme, d'autre part, les sources et les puits risquaient toujours de se tarir à la saison sèche, les autorités s'étaient assez tôt préoccupées de rendre à l'alimentation en eau la régularité que le climat ne lui donnait pas. Pour recueillir et conserver la plus grande quantité d'eau de ruissellement et de pluie possible, elles avaient fait construire de vastes réservoirs publics, dont les capacités étaient très grandes et le système de remplissage en gros semblable à celui des citernes privées.

Alimentation

Quand les aqueducs furent mis en place, beaucoup de ces citernes leur furent raccordées et leur servirent de réservoir d'amenée. Certaines furent alors autant alimentées par les eaux qu'ils pouvaient leur apporter que par celles qui tombaient du ciel ; d'autres, comme la célèbre *piscina Mirabilis* de Misène, furent installées dans la dépendance même des nouveaux aqueducs ; d'autres enfin furent construites ou continuèrent à fonctionner sans qu'aucune conduite ne vînt jamais les emplir ; c'est le cas, par exemple, à Firmum en Italie, à Lepcis Magna en Lybie ou pour la villa Jovis à Capri.

Quand on marche, au terme d'une longue montée, dans les ruines chaudes et poussiéreuses de l'immense villa que Tibère s'était fait construire dans cette île, on se demande avec étonnement comment se remplissaient ces immenses réserves, et l'on imaginerait volontiers que l'empereur faisait venir du continent, sur des bateaux spécialement aménagés, l'eau qu'un long cortège d'esclaves aurait ensuite hissée du port jusqu'aux citernes. Si l'entreprise, aujourd'hui réalisée dans les îles Éoliennes, eût été seulement concevable au Ier siècle, elle eût été minutieusement relevée par Tacite ou Suétone qui ne manquent jamais l'occasion de dénoncer les excès tyranniques du vieil empereur ; il vaut mieux plus raisonnablement penser que, comme celles de Firmum où ne vivait aucun puissant personnage, les réservoirs de la villa Jovis ne s'alimentaient que d'eau pluviale.

Le principe est d'ailleurs fort simple. Dans le cas des

maisons privées, l'eau du ciel tombe d'abord sur les pentes du toit, se rassemble ensuite dans l'*impluvium* et passe enfin dans la réserve. Dans le cas des citernes publiques, qui sont presque toujours entièrement closes, l'eau ruisselle sur la voûte extérieure, dont la partie centrale est à dessein construite en dos d'âne, et s'écoule directement dans la réserve ; ces citernes ne sont donc en fait que des *impluviums* aux dimensions colossales[2].

Dans le cas où les toitures mêmes semblaient cependant ne pas suffire, les surfaces de réception des pluies s'accroissaient fréquemment de terrasses, comme à Marseille, et l'on pouvait aussi conduire aux citernes les eaux de ruissellement recueillies sur les places publiques. Ce système se rencontre encore assez fréquemment de nos jours en Afrique du Nord, et l'île de Malte, qui ne dispose ni de sources ni de rivières, semble n'être, vue d'avion, qu'un jeu de surfaces en pente uniquement destinées à l'alimentation des réserves d'eau.

Des villes entières pouvaient ainsi ne s'alimenter qu'en eaux pluviales. En Sicile, à Solunto, l'eau qui dévalait des pentes étagées superbement au-dessus de la mer Tyrrhénienne était reçue dans de nombreuses petites réserves encore visibles un peu partout et, derrière l'orchestra du théâtre, un savant système de canalisations en araignée alimentait une grande citerne à piliers. En Corse, la cité d'Aleria ne fut, elle aussi, jamais équipée d'un aqueduc ; une maison particulière y dispose pourtant d'une citerne de 30 mètres cubes, et les bains possédaient une réserve d'à peu près 150 mètres cubes. On a pu calculer[3] que la pluviosité pourtant relativement faible de cette région fournissait pratiquement trois fois plus d'eau par an que les réserves pouvaient en contenir.

Ce procédé était donc efficace et, même quand les

aqueducs alimentèrent abondamment la plupart des grandes villes et permirent l'installation de stocks bien plus considérables, on continua d'emmagasiner les eaux pluviales à chaque fois qu'on le pouvait et que l'occasion s'en présentait. C'est ainsi que beaucoup de théâtres, de cirques et d'amphithéâtres produisirent une partie de l'eau dont ils avaient besoin pour l'entretien, les fontaines ou le plaisir des spectateurs en la récupérant sur la surface en pente des gradins ; à Pompéi, par exemple, l'orchestra du théâtre était munie d'un bassin d'une capacité d'environ 7 000 litres, et à Orange une citerne était logée dans l'angle de la scène.

Décantation

D'où qu'elles provinssent, les eaux n'entraient pourtant dans ces réserves que pour en ressortir et être utilisées ou consommées. Considérant la limpidité comme un critère d'excellence, les Romains se soucièrent toujours de rendre les eaux plus claires en les débarrassant des impuretés visibles qu'elles pouvaient contenir en suspension. Vitruve et Pline ne manquent pas d'insister sur ce point. Pour avoir *à l'usage des eaux beaucoup plus salubres et agréables*[4], ils ne connaissent toutefois que la décantation, car *la vase dénature l'eau*[5] et *si le limon trouve où se déposer, l'eau deviendra plus claire, et, débarrassée d'odeurs, gardera son goût naturel*[6]. Cependant, s'ils ont bien reconnu, le premier surtout, que les terres et les sables peuvent filtrer les eaux, ils n'en tirent apparemment pas d'application pratique. Il est vrai que, pour être efficace, un filtre doit être nettoyé, voire changé, très fréquemment ; comme on ne voit pas comment des filtres à sable, par exemple, auraient pu être placés à l'entrée de citernes aux proportions gigantesques, on voit encore moins comment on aurait pu les entretenir.

Les grandes citernes étaient cependant munies de herses et de grilles qui arrêtaient d'abord les débris les plus gros ; elles étaient en outre aménagées de telle sorte que l'eau pût toujours s'y déposer pour en rejaillir plus pure qu'elle y était venue.

Les piliers qui soutenaient les voûtes de la *piscina Mirabilis* de Misène la divisaient, par exemple, en cinq vaisseaux dans le sens de la longueur et en treize dans le sens de la largeur. Ces vaisseaux étaient tous semblables, mais le septième, c'est-à-dire celui qui se trouvait juste au centre, était plus profond que les autres d'un mètre dix environ ; c'est par là qu'on pouvait au besoin vidanger l'ensemble, et le vaisseau formait en outre une vasque au fond de laquelle se déposaient les impuretés.

Bien que la construction soit d'époque augustéenne, le système de la *piscina Mirabilis* reste assez rudimentaire et ne trouvait certainement son plein rendement qu'au moment de la vidange ; il est vrai que le bassin ne recevait que les eaux déjà filtrées de l'aqueduc de Serino et servait sans doute moins à la consommation qu'aux besoins plus généraux de la flotte.

Il était donc préférable *que les citernes soient accouplées de façon que les impuretés se déposent dans la première et que, par un filtre, l'eau arrive ainsi pure dans les suivantes*[7], et le système le plus efficace était sans doute celui des bassins échelonnés et multiples, agencés de telle sorte *que leurs eaux soient décantées en passant de l'un à l'autre*[8] ; on le trouve en effet, avec des variantes et quelles que soient les époques, aussi bien dans les citernes qui recueillaient les eaux pluviales que dans celles qui reçurent plus tard l'apport déjà purifié d'une adduction plus régulière.

A Rome, par exemple, la citerne dite *Sette Sale*, qui servait sur l'Oppius de réserve aux thermes de Trajan, était constituée de compartiments disposés parallèlement et dont le fond était légèrement incliné ; l'ensemble avait une longueur de 56 mètres sur une largeur totale de 42. L'eau circulait d'une pièce à l'autre en passant par des ouvertures étroites et disposées en chicanes ; sa vitesse était ainsi ralentie en même temps que son parcours se trouvait allongé, ce qui favorisait le dépôt des boues et des limons.

A Firmum, bien que la construction fût plus ancienne, on avait mis en place un système plus complexe. Des chambres voûtées, qui n'étaient alimentées que par les pluies et mesuraient chacune neuf mètres de long sur six mètres de large et cinq mètres vingt de hauteur, s'établissaient sur deux étages ; horizontalement, l'eau circulait d'une pièce à l'autre par des ouvertures cintrées plus larges (2,45 m) que hautes (1,50 m) ; d'un étage à l'autre, elles passaient par des ouvertures qui n'étaient pratiquées que dans le plafond d'une chambre sur deux.

En plus élaboré ce même procédé se retrouve à Rome, au débouché de l'*aqua Virgo* sur le Pincio[9]. L'eau de l'aqueduc pénétrait par le niveau supérieur dans une première salle, qui communiquait avec une autre située juste en dessous ; au niveau inférieur, l'eau devait d'abord emplir cette salle et une autre qui lui était contiguë, avant de ressortir, au niveau supérieur, dans une quatrième pièce et d'aller alimenter les thermes d'Agrippa. Le système est, on le voit, celui du siphon de nos éviers ; évacuée par le haut et circulant en bas avec lenteur, l'eau devait laisser dans les deux bassins inférieurs l'essentiel des impuretés qu'elle pouvait contenir.

Près de Pouzzoles encore, dans la citerne dite *Cento Camerelle*, à Dar-Saniat près de Carthage, à Dougga et dans les nombreuses réserves d'Afrique du Nord ou de Syrie, quel que soit le détail du système utilisé, le principe de la décantation demeure ainsi toujours le même : donner à l'eau une impulsion suffisante pour qu'elle se déplace et assez faible pour qu'elle reste sans cesse aux limites de la stagnation, la récupérer ou la transvaser toujours au point le plus élevé possible. *C'est là*, dit Frontin[10], *que le courant reprend en quelque sorte haleine*.

Cette respiration était partout favorisée par des ouvertures, puits verticaux ou larges fenêtres, qui permettaient une constante circulation de l'air ; pour assainir encore l'atmosphère, on entretenait à l'intérieur des citernes des bancs de gazon qui s'étendaient au pied des murs principaux sur des gradins surélevés. Des escaliers et des quais donnaient accès aux nombreux esclaves et aux ouvriers spécialisés qui travaillaient à l'entretien des salles ; des vannes et des puits de vidange facilitaient la régulation des eaux qui pouvaient ressortir par un ou plusieurs émissaires, quand elles n'étaient pas évacuées par tout un système de norias et de roues hydrauliques.

Dimensions

Les dimensions et les capacités des grandes citernes étaient donc très souvent considérables. Les réserves d'Albano, dont une partie reste encore en usage, pouvaient par exemple contenir 10 000 mètres cubes d'eau, mais la *piscina Mirabilis* en recevait à peu près 26 200 et celle de Bordj Djedid à Carthage environ 30 000. La citerne d'Albano mesurait 123 mètres de long sur 11 de large et celle que Constantin avait fait construire à Constantinople, et qu'on connaît maintenant sous le nom de Yerebatan Sarayi, s'étendait sur une longueur de 140 mètres et sur une largeur de 70 mètres ; elle avait donc presque exactement la longueur du Forum de Pompéi, mais était deux fois plus large, et ses dimensions dépassaient de beaucoup celles de l'édifice que le même empereur avait achevé près de l'arc de Titus ; la basilique de Maxence et de Constantin, qui est pourtant le plus grand des monuments du Forum romain, ne mesure en effet que quatre-vingts mètres sur cinquante-huit.

On peut toujours voir la *piscina Mirabilis* et l'on descend plus fréquemment encore à Yerebatan Sarayi. On y est à chaque fois étonné par l'impression de force et de grandeur que produisent ces constructions. Les voûtes se perdent dans une vague obscurité, les piliers s'animent des reflets d'une eau partout présente, les bruits et les voix s'estompent, la pénombre et la fraîcheur deviennent celles d'un monde qui ne serait plus seulement celui des hommes. A Misène, les siècles et les mouvements telluriques ont ouvert des brèches dans les murs ; par ces failles apparaît parfois le ciel, la lumière pénètre en rayons chargés d'eau qui se brisent sur les colonnes, et ce qui fut obscur antre des eaux devient un instant pour le visiteur palais mystérieux des nymphes.

Construction

Si ces basiliques des eaux peuvent encore impressionner celui qui les découvre après tant d'années, c'est qu'elles sont aussi l'expression d'une maîtrise technique exceptionnelle et sans doute supérieure à celle que réclamait l'érection des monuments publics les plus connus. Les cirques, les théâtres, les temples et les plus grands thermes n'avaient en quelque sorte qu'à se soutenir eux-mêmes ; les citernes devaient aussi résister à la pression intérieure des eaux qu'elles avaient pour fonction de contenir. Les forces qui s'exerçaient sur leurs parois n'étaient donc plus seulement celles qui travaillent ordinairement tous les monuments clos, mais aussi celles que dégage un contenu dont la poussée est proportionnelle au volume. Aux difficultés de construction déjà considérables qui en résultaient s'ajoutait en outre la nécessité de concevoir des systèmes et des circuits de décantation, celle de lutter contre les effets pernicieux qu'une présence continue de l'eau peut toujours produire, et celle de rendre l'ensemble parfaitement étanche.

L'étanchéité des grandes citernes était obtenue d'abord par le soin qu'on apportait à la maçonnerie. Quel que fût l'*opus* utilisé, on recouvrait ensuite les murs d'une épaisse couche d'un enduit généralement constitué par un mortier qu'on rendait imperméable en y mêlant à la chaux des tuiles réduites en sable ; c'est l'*opus signinum* ou mortier rouge, dont Vitruve et Pline[11] ont donné, si l'on peut dire, les proportions et la recette et dont nous connaissions encore l'usage avant le développement des isolants plastiques. L'eau risquant toujours de s'infiltrer à la jonction de deux éléments maçonnés séparément, on en munissait aussi tous les angles rentrants, sous la forme d'un cordon que l'on emprisonnait dans les jointures, et ces bourrelets, qui renforçaient l'étanchéité, servaient aussi de joints de dilatation. Souvent bien conservés jusqu'à nos jours, et très visibles encore à la *piscina Mirabilis* par exemple, ces procédés de calfatage étaient parfaitement efficaces et ne différaient pas de ceux qu'on utilisait aussi dans les fontaines et les bassins de dimensions plus restreintes ou dans les canaux d'aqueducs.

Du point de vue de la construction, on reconnaît en général trois types de citernes, qui ne dépendent pas vraiment d'une évolution chronologique et ne sont en fait que des réponses différentes apportées à un même problème.

Le type le plus rare, et le plus spectaculaire, est celui des salles à piliers, dont la *piscina Mirabilis* avec ses 48 piliers, et les réservoirs de Yerebatan Sarayi, avec leurs 336 colonnes corinthiennes, fournissent le meilleur et le plus bel exemple. Ces impressionnantes citernes sont couvertes par des voûtes en berceau, dont les murs de retombée sont percés d'arcades qui s'appuient sur les piliers ; elles sont toujours souterraines, et la pression de l'eau s'y trouve ainsi contenue par le sol même ; de capacité considérable, elles sont alimentées par des aqueducs auxquels elles servent de réservoirs d'amenée, ce qui dispense les ingénieurs d'y installer des systèmes de décantation complexes ; ce ne sont en fait que d'immenses bassins que l'on installe quand le besoin se fait sentir de stocker en un seul endroit d'importantes quantités d'eau.

Les salles voûtées sans piliers sont de loin les plus nombreuses ; la pression qui s'exerce sur les parois intérieures étant dans ce cas beaucoup plus forte, elles se présentent en général sous la forme d'une galerie voûtée en plein cintre et sont, comme le réservoir d'Albano par exemple, beaucoup plus longues que larges. Leur nature même en réduisait la capacité réelle et ne permettait pas le stockage d'un volume d'eau vraiment considérable, mais elles furent assez vite construites les unes à côté des autres ou les unes au-dessus des autres, ou les deux à la fois, et devinrent ainsi le module de base du type de construction le plus commode et le plus efficace du point de vue de la décantation, celui des citernes échelonnées ou parallèles.

Ces chambres parallèles, dont la mise en place est recommandée par Vitruve[12], offrent en effet de multiples avantages. En donnant à l'eau l'occasion de glisser lentement d'une salle à l'autre, elles en rendent la décantation plus complète et plus facile ; en répartissant l'eau dans des chambres multiples, elles en fragmentent la pression, sans en diminuer vraiment le volume total ; il n'est du coup plus nécessaire d'enterrer les réserves, et l'on peut même éventuellement les établir au point le plus élevé d'une vaste demeure, comme on le voit, par exemple, à la villa Jovis ; dans ce dernier cas, l'eau qui descend des grandes citernes peut alimenter sous pression les bains privés qui se trouvent en contrebas, et le problème de la vidange est en même temps résolu. Enfin la disposition même de ces chambres autorisait une alimentation mixte : dans certains cas l'eau d'un aqueduc pouvait entrer dans une salle, tandis que les pluies continuaient d'alimenter les autres.

Toutes ces raisons font que ce type de citerne est le plus fréquent et le plus répandu. Utilisé à Carthage et à Capri, il se retrouve également, sous des formes diverses, à Firmum, au *Sette Sale* de Rome, dans les citernes d'Albano, à Dougga, à Regia Bulla et de façon plus générale dans toutes les régions de l'Empire dont le régime des pluies manquait ordinairement de régularité.

Inconvénients

L'utilisation des citernes présentait cependant de multiples inconvénients.

Comme dans les petites réserves attenantes aux *impluviums* des maisons particulières, et malgré l'ingéniosité des systèmes qui permettaient la décantation, le dépôt constant des boues et des limons contraignait sans doute à des nettoyages au moins annuels, qui ne pouvaient se faire qu'au prix de grandes difficultés techniques et dont la contrainte avait été nécessairement prévue quand on construisait l'édifice.

A la *piscina Mirabilis*, par exemple, la vidange se faisait à partir du vaisseau central ; on devait cependant soit détourner à ce moment l'aqueduc, soit laisser l'ensemble couler de soi-même en même temps que l'eau continuait d'y entrer. Dans les bassins de l'*aqua Virgo* une grille de vidange était prévue dans la chambre inférieure qui se trouvait juste en dessous de l'entrée ;

quand on l'ouvrait, l'eau de l'aqueduc la nettoyait par la rapidité de son passage, et les deux autres chambres étaient en même temps mises à sec. Les citernes échelonnées ou parallèles avaient ainsi ce dernier avantage que l'on pouvait en purger chaque élément sans avoir à les vider complètement.

Dans tous les cas, les esclaves chargés du service et ceux qui les commandaient devaient cependant descendre jusqu'au fond des bassins, que l'absence de pompes véritablement efficaces empêchait évidemment d'assécher totalement. Il fallait alors travailler dans la boue, la rassembler, puis la pousser vers les sorties par lesquelles un passage brutal des eaux venues d'une autre chambre ou de l'aqueduc pourrait enfin les évacuer : aux environs de Rome, près du bassin de l'*Anio novus*, d'énormes dépôts de galets et de sable attestent encore l'importance des curages auxquels on devait ainsi continuellement procéder.

Un tel rinçage était certainement impossible dans les citernes qui ne s'alimentaient que d'une eau de pluie qu'on devait toujours économiser. Le travail à fournir aurait alors été si difficile et si long qu'on se contentait probablement de laisser au fond des réserves une quantité d'eau toujours croissante à laquelle on ne touchait jamais, et les réservoirs de Firmum furent peut-être abandonnés parce qu'ils étaient trop encrassés de sédiments.

Malgré les efforts constamment déployés, les résultats devaient rester souvent médiocres et l'épuration n'était jamais vraiment complète. C'est sans doute la raison pour laquelle Pline, qui vit à la grande époque des aqueducs, s'étonne qu'on puisse à la fois condamner l'usage des eaux stagnantes et paresseuses et préférer l'eau des citernes aux eaux courantes : *Les médecins*, ajoute-t-il, *reconnaissent que l'eau des citernes non plus n'est pas bonne pour le ventre et la gorge à cause de sa dureté, et même qu'aucune autre ne contient davantage de vase ou d'insectes répugnants*[13]. Vitruve pour sa part conseillait dans ce cas de saler l'eau pour lui rendre son goût naturel.

Nous pourrions maintenant leur répondre qu'il fallait toujours enterrer profondément les bassins. Nous savons en effet que les eaux dont la température n'atteint jamais 8° restent toujours pures de toute vie animale ou végétale ; aucun insecte et aucune mousse n'ont, par exemple, jamais souillé celles qui dorment encore de nos jours dans les citernes de Yerebatan Sarayi, et l'on recommande aux visiteurs de bien se couvrir avant de descendre dans l'ombre qui les protège.

Tirer l'eau

Quels que fussent le goût et la qualité de l'eau, de grandes difficultés surgissaient encore lorsqu'il s'agissait de la récupérer dans les réservoirs. A la villa Jovis ou à Firmum, l'installation des bassins en hauteur permettait d'en obtenir un débit sous pression, mais la *piscina Mirabilis*, pourtant creusée dans le tuf de la plus haute colline de Bacoli, disposait d'un seul exutoire uniquement destiné à la vidange ; l'eau devait donc être d'abord élevée par des roues hydrauliques jusqu'à la terrasse, d'où elle était canalisée vers la ville et le port situé en contrebas. A Pompéi de même, la citerne, de dimensions plus modestes (15 × 5 × 9 m), qui alimentait les thermes du Forum était également équipée d'une machine élévatrice qui permettait aussi d'obtenir un peu de pression.

Ces machines ont été décrites par Vitruve[14] avec assez de précision ; le principe en est en gros toujours le même, et l'eau s'élève par la rotation d'une roue qui la hisse d'un côté pour la rejeter de l'autre. Le *tympanum* était, par exemple, une grande roue de bois dont la partie extérieure comportait des compartiments ouverts reliés par des rayons creux à l'essieu central, qui était en fait un cylindre évidé ; en passant dans le réservoir inférieur, les compartiments se remplissaient ; ils s'inclinaient naturellement en montant et se déversaient alors dans l'essieu, qui rejetait l'eau dans le réservoir supérieur. On pouvait aussi munir une roue d'une chaîne sans fin de godets ou de seaux qui se vidaient au plus haut de leur course, et ce système, qui est à peu près celui des norias, paraissait préférable à Vitruve, car il permettait de conduire l'eau plus haut. On utilisait aussi parfois un appareil appelé escargot[15], parce qu'il était fait de tuyaux enroulés autour d'un cylindre, qui se remplissaient de spire en spire et se vidaient à la partie supérieure.

La translation verticale de l'eau n'était cependant jamais très importante et supposait la présence dans les grandes citernes de plusieurs machines superposées. Sortir l'eau des réserves à l'aide de ces roues hydrauliques devait donc être toujours une opération lente et onéreuse, même si les esclaves qui les faisaient tourner sans cesse en marchant à l'intérieur ne coûtaient jamais plus que leur médiocre nourriture. Quant aux pompes, et notamment à celle de Ctesibios également décrite par Vitruve[16], elles ne pouvaient transvaser que des quantités d'eau très réduites et n'étaient guère efficacement utilisables que dans les cales de navire.

Pour toutes ces raisons, et parce qu'elles ne pouvaient quantitativement répondre à tous les besoins des populations, les citernes ne proposaient qu'une solution imparfaite aux problèmes que posait l'alimentation en eau de grandes villes. L'esprit inventif et organisateur des Romains ne pouvait se contenter de leur seul usage et allait vite les réduire aux fonctions d'équipement utile, mais secondaire.

Bénéficiant des exemples que leur avaient donnés d'autres peuples, et sans doute appuyés sur la fabuleuse expérience des égouts qu'ils avaient dû si tôt mettre en place à Rome, ils eurent vite l'idée de ne plus attendre l'eau, mais d'aller plutôt la prendre où elle se trouvait pour la conduire où ils la voulaient.

L'avantage était évident ; on n'aurait plus à recourir aux citernes que dans des lieux privés d'aqueducs ou qu'au titre de la récupération des eaux non distribuées ; on obtiendrait toujours une eau vive et plus pure ; on pourrait la recevoir en hauteur et profiter ainsi des effets produits par la pression ; la grandeur de Rome enfin bénéficierait du prestige que représenterait l'opération. Il suffisait pour cela de trouver l'eau, de la capter, puis d'établir un canal en pente, et souterrain de préférence, qui pût la conduire au lieu de sa consommation.

Ainsi conçu, même s'il n'était pas au départ une création plus romaine que les citernes, l'aqueduc devenait d'emblée l'un des moyens les plus favorables à l'expression de leur génie spécifique.

II

Conduire l'eau : les aqueducs

Trouver l'eau

La détermination du point de départ d'un aqueduc dépendait de facteurs multiples et divers, dont la distance à parcourir et la nature des obstacles à franchir n'étaient pas les plus importants. L'essentiel était en effet de découvrir un endroit en hauteur, dans lequel l'eau fût toujours pure, abondante et régulière. L'abondance était visible et la régularité se vérifiait aisément par une enquête locale ; trouver l'eau pure était plus complexe.

L'eau pure

S'ils ignoraient tout des microbes et des bactéries, les Romains, qui prennent toujours plaisir à relever les *mirabilia aquarum* (merveilles des eaux), savaient évidemment très bien qu'une eau peut être impure et dangereuse à boire. Soucieux de ne jamais capter qu'une eau qui fût très sûre, ils n'avaient cependant pour en juger que les effets qu'elle pouvait produire et que l'aspect qu'elle offrait à la vue.

Vitruve conseille[1], par exemple, d'observer l'allure et l'état de santé des gens du voisinage, mais ceux qui vont de nos jours visiter les Indes ou la vallée du Nil savent bien qu'ils doivent se garder de boire ce que boivent pourtant les autochtones, et l'analyse bactériologique pourrait aisément leur montrer les amibes et les germes contre lesquels ils ne sont pas immunisés.

Il dit aussi que la pureté d'une eau se juge à sa transparence, et qu'une source est sans doute polluée si des mousses et des joncs s'y développent en abondance ; nous ne serions pourtant pas loin de croire maintenant qu'une eau dans laquelle des végétaux ont pu survivre est probablement saine, et la limpidité signifie moins pour nous pureté que perfidité.

Les progrès conjoints des pollutions et de la science ont en effet changé profondément nos attitudes ; nous avons perdu l'instinct qui fait croire aux vertus de la nature où nous craignons toujours de découvrir l'effet pernicieux de nos techniques. Il nous faut d'autres garanties ; nous buvons l'eau marron clair de New York et n'oserions plus goûter, comme Chateaubriand, l'eau de tous les grands fleuves que nous découvrons pour la première fois ; les fleuves charrient pour nous tout autre chose que de l'histoire. L'eau est éternelle, mais son bref passage dans nos temps industriels nous la rend à jamais suspecte.

Si nous ne pouvons plus croire à des méthodes qui ne sont que naturelles, notre prétention nous conduit en revanche à considérer sans malveillance des procédés empiriques, dans lesquels nous voyons toujours une archaïque préfiguration de nos techniques. Une eau de qualité, nous dit aussi Vitruve, ne dépose ni limons ni sable au fond des récipients dans lesquels on l'a fait bouillir et disparaître : et nous y voyons comme l'annonce des analyses complexes auxquelles on procède maintenant après évaporation. Une bonne eau, dit-il encore, ne laisse pas de traces en coulant sur un bronze de Corinthe : et nous pensons à la salinité des eaux corrosives. Dans une eau pure, ajoute-t-il enfin, les légumes cuisent beaucoup plus vite : et nous savons que c'est la marque des eaux les moins dures. Nous prenons toujours plaisir à ces approximatives comparaisons dont nous tirons en fait la double satisfaction de voir et les Anciens se poser les problèmes et les Modernes trouver les solutions.

S'ils la reconnaissaient sans doute avec moins de certitude scientifique, les Romains avaient finalement plus de chances que nous de trouver de l'eau qui fût potable et, mis à part ceux qu'ils réservèrent aux besoins de l'agriculture ou de l'industrie, leurs aqueducs ne conduisirent que des eaux pures. Le contraire eût été d'ailleurs très peu rationnel, puisque l'on s'efforçait avant tout de ravitailler les populations. C'est sans doute pourquoi Frontin[2] s'étonne qu'Auguste ait pu faire venir à Rome une eau médiocre, qu'il ne destinait qu'aux jardins et aux naumachies, mais qu'on utilisa plusieurs fois comme secours, quand les conduites alimentant le Trastevere étaient en réparation.

On apportait évidemment toujours un soin extrême au captage des eaux. S'il s'agissait d'une rivière ou d'un lac, il suffisait d'établir au meilleur endroit de la berge un canal de dérivation ; s'il s'agissait d'une source, on les recevait directement dans un bassin, mais les fontainiers savaient même en réduire au besoin les pertes ou en rassembler les jaillissements par des galeries ou des drains souterrains. Des aménagements de ce genre se trouvent, par exemple, au départ des aqueducs de Lyon, d'Arles, de Nîmes ou de Saintes où ils sont encore visibles, et Frontin[3] rapporte que l'eau de l'*aqua Virgo* naissait dans des marécages à l'intérieur d'un bassin cimenté pour en contenir les eaux jaillissantes ; ce bassin de *signinum* collectait certainement les eaux de plusieurs petites sources dont une jeune fille avait un jour indiqué l'existence, et les travaux de captage semblent si naturels à l'auteur qu'il ne mentionne même pas l'habileté des sourciers : *on l'appela* [l'aqueduc] *Virgo parce que, comme les soldats cherchaient de l'eau, une petite fille leur montra certaines sources qu'ils suivirent en creusant, ce qui leur fit découvrir une énorme quantité d'eau.*

Les barrages

Dans le cas cependant où la régularité de l'alimentation ne pouvait être absolument garantie, et spécialement dans les régions arides où le régime des sources et des rivières était nettement reconnu comme incertain, les ingénieurs n'hésitèrent jamais à dresser des barrages, créant ainsi de véritables citernes à l'air libre, qui se remplissaient par à-coups et se vidaient régulièrement dans l'aqueduc.

Leur nombre et leur variété peuvent encore nous étonner. Les barrages sont en effet pour nous des œuvres gigantesques auxquelles se rattachent des souvenirs parfois dramatiques ; on admire leur grandeur autant qu'on craint leur rupture, et ce sont à nos yeux comme les premiers signes d'une « ubris » de la technique moderne. L'idée même du barrage est pourtant extrêmement simple et, l'appliquant d'abord aux eaux qu'ils voulaient retenir, les Romains l'utilisèrent ensuite contre les Barbares qu'ils voulaient contenir : les longs vallonnements du mur d'Hadrien ressemblent beaucoup par leur principe et par leur forme aux constructions de terre, hautes de sept mètres et longues parfois de huit cents mètres, qu'on peut découvrir, par exemple, en Tripolitaine et qui permettaient l'irrigation des champs à cette époque encore en culture.

Certains barrages, quelquefois très importants, comme celui d'Harbaqua, près de Palmyre, ou celui d'Homs (Emesa) également en Syrie, qui avait une longueur de deux mille mètres et une capacité d'à peu près quatre-vingt-dix millions de mètres cubes, ne servaient en effet qu'aux besoins agricoles : dérivation de petits cours d'eau, irrigation proprement dite ou même retenue d'alluvions destinées à fertiliser les zones désertiques. D'autres étaient plus spécifiquement conçus pour l'alimentation en eau des grandes villes.

En Espagne, par exemple, trois grands barrages de terre assuraient la régularité du débit des aqueducs de Tolède et de Merida. Probablement construits à l'époque de Trajan, les deux barrages de Merida mesuraient respectivement 194 et 427 mètres de long, pour une hauteur de quinze mètres dans un cas et de douze dans l'autre ; celui qu'on avait établi, sans doute au IIe siècle, pour Tolède, avait une hauteur de quatorze mètres et une longueur de cinq cent cinquante mètres ; c'était des barrages-poids, dans lesquels la terre pouvait être parfois renforcée de murs intérieurs et de coulées de moellons ou de béton. A Cornalvo, près de Merida, le barrage était muni, en aval et en amont, de talus en pente qui lui permettaient d'aussi bien résister à la pression des eaux, quand la retenue était pleine, qu'à son propre poids, quand la réserve était basse ou vidangée.

Le barrage qu'on peut voir encore en Tunisie près de Kasserine (Cillium) a pour sa part une largeur de sept mètres au pied sur une hauteur de dix mètres et une longueur d'environ cent cinquante mètres ; plus impressionnant encore, celui d'Harbaqua s'élève jusqu'à vingt mètres et barre une vallée de trois cent soixante-cinq mètres.

La destination de ces deux derniers ouvrages ne permettait pas de les bâtir en terre ; il s'agissait en effet de fermer complètement les vallées d'oueds au cours capricieux, et les constructions devaient pouvoir être éventuellement submergées par les crues les plus violentes ; les barrages de Kasserine et d'Harbaqua sont donc à parements de grand appareil et noyaux de maçonnerie, ce qui les rend assez proches des réalisations modernes.

Jeté en travers de l'oued Derb, le barrage de Kasserine a la forme d'une portion d'arc de cercle, et sa partie convexe est naturellement tournée vers l'amont ; pour en assurer l'assise, il est vertical du côté convexe et incliné de l'autre ; à sa partie supérieure, une route de cinq mètres de largeur permet en outre de l'utiliser comme un pont ; dans la partie inférieure, une ouverture de deux mètres, probablement démunie de vannes, offrait un passage aux eaux qui fournissaient l'aqueduc. Malgré l'apparence, il ne s'agit pourtant ici que d'un barrage-poids ; les barrages-voûtes, dont la courbure en plan doit être beaucoup plus forte encore, sont en effet rares et tardifs. Au vallon de Baume pourtant, c'est sans doute un petit barrage de ce type qui retenait les eaux destinées à Glanum.

L'existence de tels ouvrages, coûteux et prestigieux, ne se justifie toutefois vraiment que dans les régions où les fleuves risquent de se tarir en même temps que cessent les pluies ; ils sont donc extrêmement rares dans les zones septentrionales et en Italie même, où ils ne répondent jamais à des besoins publics. On a découvert ainsi, près de Sperlonga, une petite levée destinée sans doute à quelques citernes et aux jardins du voisinage ; quant aux constructions de Subiaco dans le Latium, elles n'étaient nées, comme les citernes d'Albano, que des besoins fastueux de Néron : trois barrages avaient en cet endroit produit trois lacs et servaient à l'alimentation de la villa que l'empereur s'était fait construire en dessous ; ils sont aujourd'hui détruits, mais on sait que le plus important d'entre eux atteignait une hauteur de trente-neuf mètres. Après la chute de Néron ces constructions, qu'on n'avait destinées qu'au plaisir d'un seul, purent servir à tous ; comme l'eau de l'*Anio novus* avait toujours été boueuse, Trajan donna en effet l'ordre *d'aller chercher l'eau au lac qui est en amont de la villa de Néron à Subiaco, où elle est très limpide*[4].

CONDUIRE L'EAU

D'un point qu'on ne devait établir ni trop haut, pour éviter les ruptures d'alimentation pendant la saison sèche, ni trop bas pour ne pas entraîner les boues et les limons, l'eau retenue par n'importe quel type de barrage était d'abord conduite à un réservoir où elle s'accumulait et se reposait avant de repartir dans l'aqueduc proprement dit.

Quand aucun barrage n'avait été nécessaire, et c'était le cas le plus fréquent, le processus était évidemment le même, et l'on devait toujours rassembler d'abord les eaux, dont il faudrait ensuite contrôler à la fois la pente et le débit. Les bassins collecteurs dans lesquels on les recueillait ainsi n'étaient pas différents des grandes citernes ; ils étaient seulement de capacité plus faible, puisque l'eau n'y était pas vraiment stockée mais n'y effectuait qu'un bref passage. Leur fonction était parfois d'élever un peu le niveau de départ, mais ce n'était le plus souvent que des bassins à limons, des *piscinae limariae*, dans lesquelles, *entre rivière et conduit*[5], les eaux devaient déjà se décanter avant de parcourir la distance parfois très longue qui séparait le *castellum* de départ du *castellum*[6] d'arrivée.

Construire un *specus*

Entre ces deux points, l'eau ne circulait jamais dans des tuyaux, qu'on réservait à l'adduction dans les villes et au passage en siphon des vallées, mais toujours dans un canal couvert, tout à fait semblable en fait à une rigole, et que les Romains appelaient *specus*, lui donnant ainsi le même nom qu'à la grotte, au gouffre et de façon générale à la cavité.

Quoi qu'en dise Vitruve[7], l'usage des tuyaux présentait en effet de multiples inconvénients. Il fallait d'abord, et quelle que fût leur nature, les souder les uns aux autres, opération minutieuse et dont le résultat n'était jamais absolument garanti. Comme on ne pouvait en surveiller l'intérieur et que le diamètre des plus gros ne dépassait pas vingt-trois centimètres, on risquait aussi des obstructions, dont on n'aurait jamais pu découvrir l'emplacement sans détruire une grande partie de l'ensemble.

Le *specus* au contraire était comme construit d'une seule pièce et l'étanchéité pouvait en être plus facilement, sinon totalement, garantie ; par ses dimensions beaucoup plus considérables, il offrait en outre un si large espace au déplacement de l'eau qu'il risquait moins d'être bouché, même si d'importants dépôts s'y produisaient ; on pouvait d'ailleurs descendre à l'intérieur afin d'en assurer l'entretien régulier.

Le *specus* des premiers aqueducs fut parfois à l'air libre, il fut ensuite toujours couvert. L'eau devait être en effet protégée du soleil[8] et circuler le plus possible ; il fallait aussi la garder toujours intacte en empêchant les animaux d'y boire et les hommes d'y puiser. Selon les régions que traversait l'aqueduc, le *specus* était soit directement creusé dans le roc, soit maçonné dans le sol, et l'essentiel de son parcours était souterrain ; seules des circonstances particulières, tenant en général au maintien de la pente, pouvaient conduire à le placer sur des arcades ou au-dessus du sol.

La forme des *specus* maçonnés par les Romains est assez nettement standardisée. Leur profil en coupe est généralement rectangulaire, quelquefois elliptique, exceptionnellement ovoïde ou trapézoïdal, et ce sont toujours des galeries assez hautes pour qu'un homme puisse éventuellement y pénétrer. Le radier en est constitué d'une épaisse couche de béton de cailloux, les parois sont montées en pieds-droits et le couvrement assuré par des voûtes en plein-cintre quand l'aqueduc est souterrain, par des dalles, ou même des tuiles, quand il est aérien. Les dimensions de l'ensemble dépendent cependant de multiples facteurs et sont de ce fait variables ; le *specus* de l'*aqua Marcia* n'a, par exemple, que 1,46 mètre de hauteur sur 61 centimètres de largeur utile, alors que celui de l'*aqua Claudia* fait 1,70 mètre sur 1 mètre et celui du pont du Gard 1,80 sur 1,30.

L'étanchéité de l'ouvrage était assurée par des applications d'*opus signinum*, ce mortier rouge[9] qu'on rencontre dans toutes les installations hydrauliques romaines ; on en revêtait le fond du canal et les parois jusqu'à une hauteur qui variait avec le courant d'eau, en étendant généralement plusieurs couches dont la composition était de plus en plus fine ; pour finir, l'ensemble pouvait même être peint, comme c'est le cas, semble-t-il, pour l'aqueduc de Nîmes. Si l'épaisseur de l'enduit ne dépasse généralement pas quatre centimètres sur les pieds-droits, elle est en revanche beaucoup plus variable au fond du canal ; elle n'a, par exemple, que deux centimètres à l'aqueduc de Traslay, mais atteint treize centimètres à l'aqueduc de Carthage et même dix-huit à l'*aqua Marcia*. Ces derniers chiffres nous semblent excessifs, et l'on doit penser que les ingénieurs romains tenaient largement compte d'une érosion, dont les risques étaient pourtant d'autant plus faibles qu'une croûte calcaire, parfois très importante, venait fréquemment renforcer l'enduit ; mais l'*opus signinum* servait sans doute autant de béton que de mortier et devait contribuer de ce fait à la pente et à la solidité de l'ensemble.

Ainsi construits et couverts, les *specus* n'étaient pourtant pas totalement clos : des regards, appelés *puteus*, *lumen* ou *spiramen* y laissaient pénétrer l'air avec la lumière et permettaient également d'y entrer pour les travaux de nettoyage et d'entretien. Quand l'aqueduc était aérien, ils se réduisaient à une simple dalle qu'on avait exprès rendue mobile. Quand le *specus* était enterré, ces points d'accès pouvaient être très profonds et munis sur les parois intérieures d'encoches destinées à favoriser la descente et la remontée ; ils étaient parfois surmontés, comme à Dougga, de margelles élevées de plusieurs mètres au-dessus du sol et prenant à leur sommet la forme de cônes ou de pyramides. Leurs fermetures étaient diverses et parfois originales : à Sens, un bloc de craie taillé en forme de bouchon, à Genève, une plaque de tuf équipée de poignées ménagées dans la pierre. Dans le cas des tunnels[10], on utilisait comme regards les puits qui avaient servi d'abord à l'extraction des matériaux.

Vitruve, dans un texte peu sûr, conseille de placer ces ouvertures tous les 120 pieds (trente-cinq mètres) et Pline tous les 240 pieds (soixante-dix mètres[11]). L'archéologie montre cependant que les écarts ne sont en fait pas si déterminés : quarante-huit mètres à Bougie par exemple, deux cent cinquante mètres en moyenne à Bologne et de quinze à cent mètres à Nîmes. Il n'y a donc ici d'accord ni des textes entre eux, ni des textes et des réalités archéologiques, ni des données archéologiques entre elles, et la distance d'un regard à l'autre dépendait le plus souvent de considérations multiples et aléatoires, auxquelles les variations de parcours et les méthodes de construction n'étaient sans doute pas étrangères.

Les Romains ont jeté sur toute l'étendue de leur Empire des centaines et des centaines de kilomètres de *specus*. A Vienne, à Arles, à Metz ou même à Rome dans les profondeurs de l'*aqua Virgo*, beaucoup d'entre eux nous sont encore accessibles aujourd'hui, mais c'est sans doute à Remoulins, près de Nîmes, celui du pont du Gard qui est le plus souvent visité.

Un étroit chemin sur les pentes ombragées du Gardon d'un côté, de l'autre des marches aménagées dans la structure même de l'édifice conduisent de la route au sommet de l'aqueduc. On le découvre alors dans sa partie la plus étroite et la plus haute ; à droite et à gauche, cinquante mètres plus bas, le Gardon coule et scintille en été, piqueté de lumière et bordé de rochers blancs, d'arbustes et de petites plages où s'allongent les baigneurs ; loin devant, la garrigue s'étend jusqu'à l'horizon ; avec l'odeur de la rivière et du thym, les cris et les bruits d'eau montent jusqu'au visiteur. Au bord du vide, la plupart hésitent à s'engager sur les dalles plates, du haut desquelles autrefois Rousseau se voulut citoyen romain ; pris de vertige et de peur, ils descendent dans le *specus*.

On serait soudain plongé dans l'ombre, mais le soleil et l'air pénètrent largement par le trou des dalles manquantes. La galerie est étroite (1,30 m) et suffisamment haute (1,80 m) pour qu'on s'y tienne assez commodément debout ; les parois sont faites de gros blocs enduits d'*opus signinum* et sur lesquels s'est en outre fixée depuis très longtemps une croûte de calcaire si épaisse qu'elle réduit par endroits la largeur du canal. Comme un ruisseau suspendu, l'eau coulait ici sur le sol dont la pente est insensible.

Un coup d'œil plus technique et plus archéologique[12] relèverait quelques détails surprenants. Si, par exemple, les ingénieurs et les architectes ont bien fait leur travail, les entrepreneurs ont en revanche, avec l'appui de fonctionnaires plus ou moins véreux, probablement réalisé de substantiels bénéfices en trafiquant sur leurs fournitures, et la peinture rouge, qui devait partout recouvrir et renforcer l'enduit, l'a purement et simplement remplacé sur le fond du canal.

Le *specus* qu'on peut ainsi parcourir au sommet du pont du Gard n'est cependant que la faible partie (deux cent soixante-quinze mètres) d'un ensemble qui s'étendait sur près de cinquante kilomètres et traversait des terrains divers auxquels il s'adaptait continuellement. Sur trente et un kilomètres, en effet, le canal est maçonné dans le sol et enterré ; sur neuf kilomètres, il court à fleur de terre et prend l'aspect d'une rigole couverte ; pendant neuf kilomètres encore, il s'élève sur des murs, des arches et des ponts pour franchir le Gard et ses affluents ; sur quatre kilomètres enfin, devenu tunnel, il est directement creusé dans le roc et perce les collines au lieu de les contourner. Couvert tantôt de voûtes et tantôt de dalles plates, tantôt aérien, tantôt souterrain, le *specus* prend ainsi des formes variées qui ne sont toujours que l'agencement particulier d'une seule structure, et la même eau qu'il porte à cinquante mètres au-dessus du Gardon traverse ensuite en galerie la colline sur laquelle s'appuient les arches les plus hautes.

Calculer la pente

Quelle que soit la diversité de ses apparences, un tel *specus* n'était toutefois qu'une sorte de caniveau solide, étanche et continu, dont la construction ne posait généralement pas de problèmes spécifiques. Les vraies difficultés commençaient lorsqu'il s'agissait d'en définir la pente et de tracer le parcours qui en résulterait. Conduire l'eau, c'était en effet la faire descendre en contrôlant sa vitesse, et mettre en place un *specus* c'était bâtir un canal en pente dans lequel l'eau coulerait sans pression par le seul effet de sa gravité.

On avait donc toujours soin d'abord de n'installer que des captages assez élevés pour que, compte tenu de la distance à parcourir et de la hauteur du point d'arrivée, la pente optimale pût être obtenue sans trop de difficultés techniques. C'est ainsi que les aqueducs de Rome ont leur point de départ soit sur les hauteurs de

Tusculum, soit dans la région du lac de Braciano, soit, le plus souvent, dans la vallée de l'Anio, choisie d'emblée pour sa proximité relative et son altitude appropriée. Quand l'élévation semblait insuffisante, on s'efforçait de l'augmenter, et l'on peut voir qu'à Sens, par exemple, les drains qui faisaient monter l'eau des sources comme un puits artésien n'avaient pas seulement pour fonction d'en accroître le débit, mais aussi d'en rehausser nettement le niveau.

Il fallait ensuite arranger le canal de telle manière que l'inclinaison n'en fût jamais ni trop faible ni trop forte ; trop forte, elle aurait provoqué l'usure prématurée du conduit ou la destruction des installations d'arrivée ; trop faible, elle n'aurait pas permis l'écoulement naturel des eaux, qui seraient demeurées stagnantes au pied des contre-pentes nées de leurs propres limons. On devait donc à la fois se préoccuper de maintenir durablement en état le *specus* et d'obtenir une bonne progression de l'eau.

Pour tracer le parcours de l'aqueduc, les ingénieurs romains, nommés dans ce cas *libratores* parce qu'ils calculaient la pente appelée *libramentum*, disposaient de deux appareils qui nous sont connus par les découvertes archéologiques et par les descriptions qu'ont données les théoriciens ; il s'agit de la *groma*, qui permettait de faire les visées indispensables, et du chorobate utilisé pour les travaux de nivellement.

La *groma* est représentée sur deux stèles funéraires, et un exemplaire en a été découvert en assez bon état dans un atelier de Pompéi[13]. L'appareil est en métal et se compose essentiellement d'une croix à quatre branches, qui est fixée latéralement sur un pied d'environ deux mètres ; à l'extrémité de chacune des branches pend un fil à plomb ; la stabilité du support est assurée par un tripode ou par une pointe à planter dans le sol, et sa verticalité contrôlée par un cinquième plomb.

L'ensemble étant installé près d'un repère en position bien horizontale, et à condition que le temps soit très calme, les quatre fils permettent au géomètre d'effectuer commodément toutes les visées droites ou orthogonales nécessaires au tracé de l'aqueduc.

Plus spécifiquement adapté à la détermination des différences de niveau, le chorobate n'est connu que par la description qu'en a laissée Vitruve[14]. Il s'agit cette fois d'une table de bois, d'environ six mètres de longueur, dont les extrémités reposent solidement sur deux pieds verticaux ; l'horizontalité peut en être vérifiée par des fils à plomb, qu'il faut placer sur des repères, ou par un niveau d'eau ménagé dans la partie supérieure et spécialement utile quand le vent vient faire osciller les plombs.

La description de Vitruve était, fait exceptionnel, accompagnée d'un dessin, malheureusement perdu ; elle ne fournit donc pas tous les détails et n'indique notamment pas le mode d'emploi de l'appareil, dont la structure est cependant relativement simple. C'est probablement la raison pour laquelle tant de savants s'y sont un jour intéressés ; Newton, par exemple, et Perrault se sont efforcés de construire un chorobate, et c'est en dernier lieu J.P. Adam[15] qui en a donné la meilleure reconstitution. Il en a toutefois notablement réduit les proportions (1,50 mètre de longueur au lieu de six) et l'a muni d'œilletons dont Vitruve ne parle pas. C'est que J.P. Adam estime qu'on utilisait l'instrument pour faire des visées de nivellement : l'opérateur devait, selon lui, caler d'abord le chorobate en position horizontale, puis placer l'œil dans l'axe des deux œilletons pour viser la partie supérieure d'un jalon qu'on plaçait à distance devant lui ; la différence de niveau était ainsi *toujours égale à la hauteur, connue, du jalon moins celle du chorobate*[16] et la portée dépendait évidemment de l'acuité du regard de l'observateur. Dans cette hypothèse pourtant, le chorobate fonctionnerait en gros comme les dioptres ou les niveaux d'eau, dont Vitruve[17] estime qu'ils *induisent en erreur* ; comme il indique aussi[18] qu'*à l'aide du chorobate, quand on aura bien le niveau, on connaîtra l'importance de l'inclinaison*, on peut penser qu'on utilisait plutôt l'appareil en le déplaçant à chaque fois d'une longueur et en mesurant les différences de niveau directement sur lui ; ni les visées ni les œilletons ne seraient plus dans ce cas nécessaires, et la longueur de l'ensemble s'expliquerait aussi beaucoup mieux.

Quelle que fût cependant la méthode utilisée, il s'agissait toujours de suivre le trajet prévu pour l'aqueduc en traçant une ligne horizontale imaginaire qu'on reportait sur un plan ; en notant ensuite la distance entre cette ligne et le sol, telle que l'avait fournie le chorobate, on obtenait le profil du terrain à partir duquel les ingénieurs pouvaient établir le parcours définitif du *specus*, en déterminer la pente et en fixer la nature aérienne ou souterraine. C'était donc un travail lent et minutieux, qui nécessitait, avec des manipulations délicates et des déplacements difficiles, de nombreux relevés, de nombreux calculs et l'enregistrement soigneux de nombreuses cotes qu'il fallait transcrire ensuite avec clarté sur d'innombrables schémas ; si l'on ajoute que les instruments étaient imprécis par nature, et que, inévitablement exposé au soleil et à l'humidité, le bois du chorobate travaillait certainement, on comprend que les erreurs et les approximations devaient être fréquentes, et que, en général imparfaitement calculée, la pente des aqueducs ne pouvait pas être absolument continue. Dès la mise en service de l'adduction de Nîmes on s'aperçut, par exemple, que le *specus* du pont du Gard était placé trop bas et que l'eau s'en échappait par le haut[19] ; il fallut aussitôt mettre l'aqueduc à sec et rehausser de 60 centimètres les côtés du radier.

Maintenir la pente

Les théoriciens modernes estiment que l'eau ne peut correctement couler si la pente est supérieure à 7,342 mètres au kilomètre sur sol dur. Autant qu'on puisse exactement la connaître, l'opinion des spécialistes anciens semble assez différente. Pour Pline, en effet, la pente ne doit jamais être inférieure à un sicilique pour cent pieds, soit vingt centimètres au kilomètre ; pour Palladius, elle ne doit pas descendre au-dessous d'un pied et demi pour cent soixante pieds, soit neuf mètres trente-sept au kilomètre, et le texte de Vitruve est à cet endroit si corrompu qu'on y lit tantôt vingt centimètres (1 sicilique) et tantôt cinq mètres (0,5 pied) au kilomètre[20] ! Il est donc bien préférable de regarder quelle était la pente réelle des aqueducs encore partiellement en place de nos jours, mais les renseignements qu'on peut alors obtenir ne correspondent pas toujours aux données fournies par les auteurs et sont généralement très variables.

La pente de l'aqueduc de Nîmes est, par exemple et selon les plus récents calculs[21], de vingt-quatre centimètres huit au kilomètre, mais celle de l'aqueduc de Vienne est de onze mètres six et celle de l'aqueduc de Lyon-Craponne atteint même seize mètres huit ; s'ils ne tombent évidemment pas au-dessous des normes fixées par les Anciens, ces chiffres dépassent donc de beaucoup ceux qu'ont établis les Modernes. Il ne s'agit toutefois que de valeurs moyennes qui supposent une pente régulière et qu'on obtient en divisant la différence de niveau entre le point de départ et le point d'arrivée par la longueur totale, quelquefois supposée, de l'aqueduc ; le *specus* de Nîmes ne descend ainsi que de dix-sept mètres en cinquante et un kilomètres, mais celui de Lyon-Craponne dévale de quatre cent vingt mètres en vingt-cinq kilomètres[22].

Dans le détail, les choses se présentent en fait tout autrement ; certaines portions de l'aqueduc de Nîmes n'ont en effet que huit centimètres de pente, et l'aqueduc de Lyon-Gier, dont la moyenne est pourtant de cent quarante-six centimètres, descend parfois jusqu'à six centimètres cinquante-neuf ; les chiffres sont donc maintenant très inférieurs aussi bien à ceux que recommandent les Anciens qu'à ceux que les Modernes préconisent. Ce ne sont là cependant que des cas extrêmes, car la pente de l'aqueduc de Nîmes varie selon les endroits de quarante-neuf à trente centimètres et ne s'abaisse à huit centimètres que sur de très courtes distances.

On voit que, si la forme des *specus* est en gros partout la même, leurs pentes sont en revanche extrêmement diverses. Elles changent non seulement d'un aqueduc à l'autre, mais aussi dans le cours d'un même aqueduc et dépendent bien plus de l'expérience des ingénieurs et des accidents du terrain que d'estimations théoriques. En fait, le *specus* des aqueducs ne descend toujours que par une succession de pentes qui se corrigent les unes les autres. Quand l'inclinaison devenait trop faible, on pouvait, par exemple, et même au prix d'un détour, amener le conduit jusqu'à une colline afin de relancer le courant ; quand elle était trop forte, on allongeait le parcours ou l'on ménageait des passages en paliers. On pouvait aussi, comme à Cherchell ou sur l'*aqua Marcia*, provoquer par un jeu de plans soudainement inclinés des chutes brèves aboutissant à des réservoirs, qui permettaient de perdre d'un seul coup de l'altitude et de réduire en même temps la vitesse ; ce dernier résultat pouvait encore être obtenu par la construction de virages et de sinuosités semblables à ceux qu'on voit à Fréjus au moment où le canal entre dans la ville en s'engageant sur les remparts. Plus que l'art d'établir la pente, les ingénieurs ont donc plutôt l'art de continuellement la rétablir, et l'on pouvait même, à l'occasion d'importants travaux, modifier celle d'un aqueduc en fonction depuis longtemps ; à propos de l'*aqua Marcia*, Frontin dit par exemple que *le canal souterrain qui contournait les vallées a été délaissé pour raccourcir et* qu'*on traverse celles-ci sur murs de soutènement et sur arcades*[23] ; on avait donc su dans ce cas perdre, sur un trajet plus court, l'altitude qu'on perdait auparavant sur un trajet plus long, c'est-à-dire augmenter d'un seul coup la pente de l'ensemble.

Cet art de rectifier les pentes explique en grande partie la longueur des aqueducs ; les distances qu'ils parcourent ne sont, en effet, jamais exactement celles qui les séparent de leurs sources. L'aqueduc de Nîmes a par exemple une longueur de cinquante et un kilomètres, alors que la fontaine d'Eure n'est qu'à vingt kilomètres environ de la ville ; l'*aqua Marcia* porte à soixante-trois kilomètres un trajet qui pourrait n'en faire que trente-six, et la plupart des *specus* augmentent ainsi très sensiblement leur parcours. C'est que, de façon générale, ils n'atteignent leur but qu'à la suite des longs détours qu'imposait la nécessité d'en maîtriser les pentes, et les ingénieurs s'efforçaient toujours d'éviter la construction de ces ouvrages d'art qui suscitent aujourd'hui notre admiration.

L'aqueduc ne violait donc pas souvent l'espace. Il descendait comme en flânant, et l'on se contentait de lui faire suivre les courbes de niveau des régions qu'il traversait ; il était alors le plus fréquemment sous terre, et cette solution, la plus simple et la moins coûteuse, était toujours préférée, même quand on eut les moyens de procéder autrement. Si la pente devenait trop raide ou le niveau trop bas, s'il fallait franchir un fleuve ou une étroite vallée, ou parce qu'on voulait amener l'eau plus en hauteur au-dessus des villes, afin d'en faciliter la distribution, il devenait cependant nécessaire d'installer le canal sur un support. Cette solution, qui est à nos yeux la plus spectaculaire, était donc aussi la plus rare, et l'addition des chiffres donnés par Frontin[24] pour chaque aqueduc de Rome est à cet égard très caractéristique : sur un total d'environ quatre cent cinq kilomètres, on ne trouve, en effet, qu'à peu près cinquante-deux kilomètres d'arcades ou de murs de soutènement ; la plupart des arches se regroupaient d'ailleurs aux abords de la ville, et leurs silhouettes à demi-ruinées se dressent encore de nos jours à l'horizon de la campagne romaine.

Murs et arcades

Quand il était dépourvu d'arcades, les Romains appelaient *substructio* le support aérien d'un aqueduc ; ce n'était, en effet, qu'un simple mur qui jouait le rôle de socle et ne servait qu'à surélever le radier du canal sur une partie plus ou moins longue de son parcours. Il était généralement construit en *opus caementicium*, c'est-à-dire en béton de cailloux coulé dans un coffrage, et, s'il présentait parfois des ouvertures, il ne s'agissait que de voies de passage qu'on ménageait au besoin sur le tracé des chemins qu'il était venu couper. La masse des matériaux que contenaient ces constructions rendait cependant leur élévation coûteuse et dangereuse ; à chaque fois qu'elles dépassaient deux ou trois mètres, on les remplaçait donc par des arcades, et ce qui était auparavant lourd et massif devenait à la fois plus ouvert et plus élevé, plus solide et plus esthétique ; on était passé de la *substructio*, c'est-à-dire du mur de soutènement, aux *arcuationes*, autrement dit aux arcades ou *opus arcuatum*.

Pour les édifier, les ingénieurs élevaient d'abord des piles en leur donnant des fondations stables et la hauteur nécessaire, et en laissant leurs impostes en saillie provisoire. Entre deux piles, ils plaçaient ensuite un cintre en bois qu'on étayait verticalement jusqu'au sol et qui reposait latéralement sur les impostes ; en s'appuyant sur le cintre, on construisait alors un arc de tête ; sur cet arc en pierre, qui servait désormais d'ossature, on installait pour finir un coffrage dans lequel on coulait, à l'horizontale et dans la continuité des piliers, la maçonnerie qui formerait l'arcade. Sur la base ainsi offerte, on pouvait, selon les besoins, soit édifier d'autres arches, soit placer directement le *specus*. Les arcades ne servant en fait qu'à élever l'ensemble, on les construisait de la même hauteur, et c'est en inclinant plus ou moins le niveau du radier sur le support qu'on ajustait au dernier instant tout l'ensemble et qu'on établissait plus commodément la pente du canal.

Le voyageur qui quitte Rome par le train en direction de Cassino est surpris par la longueur et la densité des arches qui ne cessent de l'entourer comme si l'antique voie des eaux trouvait plaisir à jouer avec le chemin de fer ; leurs formes élancées longent les rails, les chevauchent un instant, s'en éloignent et s'en rapprochent, se perdent à l'horizon de la campagne piquée d'ifs et de cyprès, reviennent encore et s'engloutissent finalement dans le sol après la petite gare de Capinelle.

Semblables à celles qui portaient ainsi l'eau de Rome en suivant l'antique tracé de la *via Appia* ou de la *via Latina*, ces longues suites d'arcades s'offrent partout encore à notre imagination du passé ; on peut les suivre sur deux kilomètres près de Lyon, sur cinq kilomètres aux environs de Tunis et sur onze à travers la campagne de Minturno dans le Latium ; on les croise à Tarragone et au cœur de Rome ou d'Istambul, on les retrouve à Éphèse et à Metz, à Constantine ou à Fréjus ; dans les villes, elles se glissent même parfois sous les murs et sous les maisons qu'elles soutiennent de leurs arches aujourd'hui presque enterrées. Par leur élévation, leur fréquence et la régularité tranquille et comme infinie de leur mouvement répétitif, elles attestent, plus que tout autre monument sans doute, la présence et la permanence de Rome. Elles ne sont pourtant que le support imposant d'une étroite canalisation d'eau.

Franchir les obstacles

Quand les ingénieurs établissaient le tracé de leurs aqueducs, la nature pouvait leur opposer tantôt des hauteurs, tantôt des fleuves ou des vallées ; ils devaient donc choisir soit d'éviter l'obstacle en contournant les collines et en passant les vallées à leur tête, soit de les franchir en construisant d'importants ouvrages d'art ; on traversait alors les hauteurs par des tunnels et les dépressions par des ponts ou des siphons.

Les ponts

Lorsqu'il était porté sur des arcades et que le terrain s'y prêtait, l'aqueduc pouvait toujours assez commodément franchir les ensellements ou les petites rivières, et c'est, par exemple, en trois arches que celui de Nîmes enjambe avec discrétion le ravin de Bornègre. Il suffisait de doubler, voire de tripler le nombre des étages pour que les arcades devinssent capables d'élever le *specus* au-dessus des dépressions les plus profondes ; elles prenaient alors la forme de ces ponts audacieux dont la hauteur et la perfection nous étonnent toujours.

Les ponts étaient évidemment plus élevés que des arches ordinaires. Pour éviter le flambement, c'est-à-dire l'écartement progressif des piles qui les soutenaient, on les munissait souvent d'entretoises ; on pouvait aussi les faire moins hautes et les étager. Les ponts-aqueducs établis sur deux étages ont en général une vingtaine de mètres de hauteur, mais ceux qu'on avait érigés sur trois niveaux sont beaucoup plus élevés : trente mètres à Tarragone, trente et un mètres à Ségovie, trente-deux sans doute à Metz, trente-trois mètres pour le Chabet Ilelouine à Cherchell, quarante-huit mètres soixante-dix-sept au pont du Gard qui domine ainsi de beaucoup tous les autres.

Quand on le regarde d'en haut, et spécialement de l'amont, le pont du Gard étonne d'abord par son esthétique et par l'impression de légèreté que produisent l'élégance de ses arches et l'importance des vides à travers lesquels on découvre le ciel et sa clarté. L'ouvrage est pourtant rigoureusement fonctionnel et ne présente en fait que les stricts caractères d'un pont très bien conçu ; le chef-d'œuvre est ici que la technique aboutit par sa nécessité même à l'élégance la plus parfaite.

Il s'agissait en effet de franchir une vallée profonde et de passer en même temps une rivière sujette à des crues parfois dévastatrices ; la profondeur de la dépression explique donc la hauteur de l'ensemble, et la nature du fleuve son économie générale. On a d'abord cherché les points les plus fermes et les plus stables, et l'on a placé les piles sur les assises de rocher les plus solides et les plus hautes, afin qu'elles soient toujours hors de l'eau quand le fleuve est en étiage et qu'elles puissent efficacement s'opposer à sa pression quand il sort de son lit ; pour qu'elles soient moins sensibles aux courants les plus violents, on les a de surcroît munies d'avant-becs en forme d'étraves. En même temps, on resserrait et on creusait le lit principal du fleuve, afin de le franchir d'un seul élan, ce qui explique la très grande ouverture (24,52 m) de l'arche inférieure centrale. Comme dans le cas des grands barrages, enfin, on a donné à l'ensemble un tracé légèrement curviligne, en tournant évidemment la convexité dans le sens de l'amont.

Une fois la base ainsi bien mise en place, on l'a surmontée d'une seconde volée d'arcades, dont on a disposé les piles juste au-dessus des autres, afin d'alourdir encore ces dernières et d'augmenter ainsi la masse et la stabilité de l'ouvrage. Il ne restait plus alors qu'à placer le *specus* et, comme on devait encore l'élever de sept mètres, on l'a naturellement disposé sur des arches, construisant ainsi à quarante-huit mètres au-dessus du sol et au troisième étage un aqueduc comme les autres.

C'est donc toujours le désir de solidement bâtir qui a régi tout le travail des architectes, et le Gard a pu s'enfler jusqu'au premier étage et même la terre trembler quelquefois sans que l'ouvrage en ait jamais été vraiment ébranlé depuis vingt siècles. Mais on trouve en bas de très lourds blocs pesant parfois six tonnes, et sous le *specus* un pavement beaucoup plus fin ; les arches inférieures sont plus ouvertes et moins nombreuses que celles du sommet ; les trois niveaux s'élèvent en décrochement les uns sur les autres et sont à chaque fois plus étroits ; la longueur de chaque étage augmente en même temps que s'en réduit l'élévation : tous ces détails, qui ne furent calculés que par des techniciens, transposent en beauté ce qui n'était qu'utile et nécessaire et font de l'ensemble un des chefs-d'œuvre de l'architecture fonctionnelle.

On n'y trouve, écrit Stendhal devant le pont du Gard[25], *aucune apparence de luxe ou d'ornement : les Romains faisaient de ces choses étonnantes non pour nous inspirer l'admiration, mais simplement et quand elles étaient utiles. L'idée éminemment moderne, l'arrangement pour faire de l'effet, est rejetée bien loin de l'âme du spectateur.*

Le souci de l'esthétique entrait en effet si peu dans

l'esprit des constructeurs qu'ils se sont épargnés le soin de fignoler leur travail. Les blocs qui constituent les piles et les voûtes étaient préparés directement dans la carrière de laquelle on les extrayait ; ils étaient taillés sur place et numérotés d'après les plans que l'on suivait, puis transportés jusqu'au bord du Gard où les maîtres d'œuvre recevaient, si l'on peut dire, le pont en kit. Or les chiffres qui leur indiquaient l'emplacement exact des blocs et qu'on avait gravés dans la pierre y sont encore bien visibles sur les claveaux ; FRS II signifie, par exemple, que le bloc devait être placé à gauche en façade et qu'il était le second (*frons sinistra II*). De même qu'on ne s'est pas donné la peine de couvrir ou d'effacer ces marques de travail, on n'a pas davantage enlevé les saillies destinées à soutenir les cintres et les échafaudages ; les claveaux sont donc toujours munis de ces saillants qu'on trouve également partout sur les piles. Les blocs eux-mêmes n'ont été soigneusement polis qu'à l'intérieur, où ce finissage assurait l'homogénéité de l'édifice ; à l'extérieur, où le même effort n'aurait été qu'esthétique, on les a toujours laissés bruts. Au pont du Gard, la rugosité du détail s'unit à l'équilibre des proportions pour faire naître une harmonie qui s'adapte à la couleur des pierres et au cadre naturel dans lequel on les a disposées.

L'aspect de ce simple et noble ouvrage me frappa d'autant plus qu'il est au milieu d'un désert où le silence et la solitude rendent l'objet plus frappant et l'admiration plus vive, car ce prétendu pont n'était qu'un aqueduc. On se demande quelle force a transporté ces pierres énormes si loin de toute carrière, et a réuni les bras de tant de milliers d'hommes dans un lieu où il n'en habite aucun. Je parcourus les trois étages de ce superbe édifice, que le respect m'empêchait presque d'oser fouler sous mes pieds[26].

Il s'est ainsi produit ce que les architectes avaient

voulu : le pont a tenu, mais aussi ce qu'ils n'avaient pas essentiellement recherché : il est devenu œuvre d'art. Le fait est si vrai que, laissant à chaque fois leurs marques sur la pierre, des générations de compagnons sont venues l'étudier pendant des siècles et qu'ils en ont reproduit la technique et la beauté dans les monuments qu'ils construisaient ailleurs. En même temps que le pont Saint-Bénezet d'Avignon reprenait le schéma des premiers constructeurs, les saillies des claveaux, qui ne devaient pourtant servir qu'à supporter des bâtis, sont devenues pour les églises romanes des alentours un motif inlassablement répété dans la décoration des arcs. Si les empereurs évergètes[27] ont voulu souvent marquer leur puissance en joignant le splendide à l'utile, leur volonté s'est exprimée visiblement, mais n'a jamais peut-être aussi bien réussi que la science efficace des ingénieurs de Nîmes.

Les siphons

Il arrivait cependant qu'entre la source et le point d'arrivée d'un aqueduc on rencontrât ce que Vitruve[28] appelle des *valles perpetuae*, c'est-à-dire des dépressions si profondes et si larges qu'elles semblent ne jamais devoir finir. Le premier soin des architectes et des géomètres était probablement de les éviter. Cependant, si le détour qu'ils devaient imposer au canal leur semblait trop considérable ou si d'autres obstacles empêchaient d'aller passer ailleurs, ils se trouvaient alors dans l'obligation de les franchir directement ; ne pouvant toutefois jeter un pont dont la construction eût été très difficile et la solidité trop incertaine, ils avaient recours à des siphons.

Reposant en fait sur le principe des vases communicants, le système improprement appelé des siphons consiste à faire descendre l'eau jusqu'au fond d'une vallée pour qu'elle la franchisse en retrouvant, d'elle-même et de l'autre côté, son niveau initial. Pour obtenir ce résultat, on installe en amont un premier réservoir, ou réservoir de chasse, dans lequel l'eau se rassemble, et en aval un second réservoir, ou réservoir de fuite, à partir duquel elle reprend sa course ; entre ces deux réservoirs, l'eau descend puis remonte à l'intérieur de canalisations de plomb disposées sur chacune des deux pentes. Plusieurs précautions doivent cependant être prises. Il faut d'abord calculer avec soin l'emplacement du réservoir de fuite et ne le placer ni trop haut ni trop bas : trop haut, il ne recevrait pas les eaux qui lui sont destinées ; trop bas, elles jailliraient comme un geyser et le feraient exploser. Pour mieux contrôler la charge, il faut aussi ne pas faire descendre l'eau dans un seul gros tuyau, mais la répartir entre plusieurs plus petits, dont les coudes et les jonctions devront être soigneusement fabriqués. Pour se protéger des coups de bélier, diminuer la hauteur de chute et ralentir encore la vitesse, il faut enfin construire un pont au creux du thalweg et donner à l'ensemble des canalisations la forme d'un U très ouvert plutôt que celle d'un V.

Dans la région de Lyon par exemple, à Soucieu-en-Jarrest sur l'aqueduc du Gier, le réservoir de chasse avait l'aspect d'un bassin voûté d'un mètre cinquante-quatre sur quatre mètres soixante à l'intérieur ; il était élevé de quatre mètres au-dessus du sol, et ses murs avaient quatre-vingts centimètres d'épaisseur ; par des ouvertures, dont quatre sont encore très visibles, il en partait neuf canalisations de plomb d'un diamètre de vingt-sept centimètres ; elles traversaient le fond de la vallée sur un pont de vingt-trois arches, dont neuf ont été conservées. Avec ses vingt et un mètres de hauteur et ses deux cent deux mètres de long, le pont de Soucieu est pourtant moins grand que celui de Beaunant, dont subsistent encore les deux tiers et qui franchissait l'Yzeron sur une longueur de deux cent quatre-vingt-seize mètres à dix-sept mètres de hauteur et en trente arches ; dans cette dépression, large de deux kilomètres cinq, l'eau descendait et remontait d'environ cent vingt mètres. La largeur (huit mètres en moyenne) de ces deux ponts n'est pas moins impressionnante que leur longueur et que le nombre de leurs arches ; les ponts-siphons, qui devaient supporter non pas un seul canal, mais six à dix canalisations parallèles, étaient en effet toujours trois à quatre fois plus larges que les ponts-aqueducs d'importance comparable.

Si les travaux qu'entraînaient ces ouvrages étaient toujours d'une ampleur très considérable, ils pouvaient être aussi d'une extrême audace. A Craponne, on avait par exemple construit à quinze mètres au-dessus du sol un réservoir qui était à la fois de chasse et de fuite ; d'un côté il recevait les eaux d'un premier siphon, de l'autre il les déversait dans un second ; avec une hauteur de chute de trente mètres d'abord et de quatre-vingt-dix mètres ensuite, une dépression large de six kilomètres au total était ainsi franchie dans un seul et double élan. Le même principe se retrouvait, plus spectaculaire encore, en Turquie près d'Aspendos, où trois siphons se succédaient pour passer en trois fois la grande vallée de l'Eurymédon.

La complexité de ces installations montre que les ingénieurs romains maîtrisaient bien le système, et Vitruve, qui s'intéresse toutefois plus aux tubulures qu'à l'organisation globale du dispositif, le présente même comme le mieux adapté pour le franchissement des dépressions importantes[29]. Dans la pratique pourtant la construction des siphons ne fut apparemment jamais très développée. Outre Rome, qui fut probablement équipée dès 144 avant notre ère[30], et Alatri, qui dispose d'un siphon vers 100 avant J.-C., trois villes seulement semblent en avoir été dotées : Saintes, où la

Charente était un obstacle majeur, Aspendos, dont le pont subsiste encore, et Lyon qui, fait exceptionnel, en compte huit à elle seule. La situation géographique de Lugdunum était telle en effet que les quatre aqueducs qui devaient en assurer l'alimentation ne pouvaient y parvenir qu'après avoir franchi des vallées très profondes ; l'aqueduc de Brevenne et celui de Craponne avaient donc un siphon chacun, l'aqueduc du Mont-d'Or en comptait deux, et l'on en trouve quatre sur l'aqueduc du Gier, qui est aussi le mieux conservé.

La récupération du plomb a provoqué la disparition totale de certaines installations qui nous resteront à jamais inconnues ; il est cependant certain que les ingénieurs romains n'ont guère encouragé la construction de tels ouvrages, dont ils connaissaient les inconvénients et les faiblesses et dont le bon fonctionnement n'était en fait jamais totalement assuré. Bien qu'elle ne circulât pas sous de hautes pressions, l'eau descendait en effet avec une force accrue par sa vitesse, et les tuyaux risquaient toujours de se rompre, même si l'on savait en renforcer les raccords en les enfermant dans des housses de pierre à chaque fois qu'un coude important se présentait. La mise en place d'un important réseau de tubulures entraînait d'autre part une consommation de plomb tout à fait considérable ; à Beaunant, par exemple, il fallut sans doute installer plus de deux kilomètres de tuyauteries, et l'on estime à quinze mille tonnes environ la quantité de plomb qui fut nécessaire à l'ensemble des siphons lyonnais. Ces ouvrages étaient donc toujours extrêmement coûteux.

Au prix de revient déjà très élevé du métal, on devait ajouter, en effet, le paiement d'une main-d'œuvre évidemment beaucoup plus spécialisée que celle qui pouvait suffire à l'installation d'un simple *specus* ; il ne s'agissait plus, dans ce cas, d'esclaves ou d'hommes à tout faire, mais d'ouvriers très qualifiés dans la fabrication, la mise en place et la soudure d'un système de tuyaux qui ne tolérait pas le moindre défaut. Une fois l'œuvre construite, il fallait encore en assurer la surveillance et l'entretien. Sur le parcours de l'aqueduc, les siphons constituaient en effet de véritables goulets d'étranglement qui réclamaient la présence continuelle d'équipes chargées d'en contrôler l'alimentation ; pour empêcher l'explosion des réservoirs de chasse, il était nécessaire au moment des crues d'ouvrir des canaux de dérivation ; quand les rivières étaient basses, et même si les risques de désamorçage étaient pratiquement nuls, il fallait au moins garantir la continuité du courant et toujours maintenir deux ou trois tuyaux en charge en fermant successivement tous les autres.

Prix de revient trop élevé, fiabilité mal assurée, maintenance et entretien complexes, on comprend que les ingénieurs se soient toujours plus ou moins détournés d'un système qu'ils connaissaient jusque dans ses défauts. Pour qu'un siphon fût mis en place, il fallait donc toujours qu'aucune autre solution ne fût raisonnablement possible : sur l'aqueduc du Gier, le siphon de Soucieu permettait d'éviter deux ponts et un détour d'environ vingt kilomètres, et celui de Beaunant la construction d'un impossible pont dont la longueur aurait été de deux kilomètres cinq et la hauteur d'à peu près 140 mètres !

Les tunnels

Les hauteurs posaient à l'évidence autant de graves problèmes techniques aux ingénieurs que les dépressions ; pourtant, quand il n'était pas possible d'en faire le tour, et à condition que la roche fût solide, ils n'hésitèrent jamais à les traverser de part en part, et les tunnels sont beaucoup plus nombreux que les siphons.

Le *specus* de Nîmes est ainsi percé dans la molasse à

Sernhac et sous des collines aux abords de la cité, celui du Gier passe à vingt mètres sous le bourg de Mornant, et trois des grands aqueducs alimentant Rome, l'*Anio novus*, l'*aqua Claudia* et l'*aqua Virgo* parcourent au total à peu près huit cents mètres en galerie ; sur l'aqueduc de Bougie, le célèbre tunnel de Toudja fait quatre cent vingt-huit mètres de longueur, et celui qui conduisait de Jouques à Aix-en-Provence les eaux de la Durance atteignait plusieurs kilomètres et se trouvait à vingt ou trente mètres sous le plateau de Venelles. *L'immensité du travail accompli dans les ténèbres des galeries ne peut être conçue que par ceux qui l'ont vu, et les mots sont trop faibles pour le pouvoir décrire*[31].

De façon générale, on creusait ces tunnels en progressant à l'intérieur et en extrayant les déblais en même temps qu'on avançait ; les galeries devaient donc être assez spacieuses, et celle de l'*aqua Claudia*, qui passe encore, entre Tivoli et San Gericomo, sous le Monte Affliano, avait, par exemple, un mètre de large et deux mètres trois de hauteur. Une fois la galerie creusée, on la munissait le plus souvent d'un radier maçonné, dont la présence peut surprendre quand la roche est imperméable et dure ; son rôle était cependant moins de renforcer le canal que d'en régler la pente, et l'on procédait dans le fond des tunnels comme au sommet des arcades : c'est en jouant sur la hauteur de la base qu'on inclinait tout l'ensemble au dernier instant.

Quand la galerie qu'on prévoyait devait avoir une longueur considérable, on piquetait d'abord en surface un tracé le long duquel on forait des puits jusqu'au niveau prévu ; à partir du fond de ces puits, on creusait ensuite, en utilisant la méthode ordinaire, une série de tunnels qui se rejoignaient de forage en forage ; on pouvait ainsi parcourir sous terre des distances beaucoup plus importantes et, si l'on commençait par les deux extrémités à la fois, progresser beaucoup plus rapidement. Les puits servaient en outre à l'extraction des déblais que l'on évacuait au moyen d'une machine pareille à celle qu'on peut voir sur un bas-relief découvert lors des fouilles de l'émissaire du lac Fucin : c'est un gros tambour vertical, autour duquel deux câbles s'enroulent en sens inverse et que des cabestans font tourner ; aux câbles sont accrochées deux petites bennes, dont l'une peut remonter pleine quand l'autre descend vide.

Percer un tunnel dans le roc ou le tuf en suivant le tracé défini par les géomètres, en respectant globalement la pente et en évacuant les déblais à mesure, exigeait des ingénieurs autant d'organisation, de technique et de savoir-faire que la construction d'un siphon. Les travaux étaient toujours longs, dangereux et difficiles, et les échecs ont sans doute été nombreux : *J'avais convoqué Cillon de Vénafre*, écrit Cicéron[32], *mais, ce jour même, quatre de ses compagnons et aides avaient été ensevelis, à Vénafre, dans une galerie souterraine*. Nous n'avons pas gardé grand souvenir des effondrements, des écroulements, des éboulements et des catastrophes en tout genre qui ont inévitablement dû se produire, mais la malignité de l'histoire et les hasards de l'épigraphie nous livrent ici deux étonnants récits.

En 52 après J.-C., l'empereur Claude organisa de grandes fêtes au lac Fucin pour inaugurer l'émissaire qu'il venait d'y faire construire. *Quoique trente mille hommes eussent travaillé tout le long, sans relâche*[33], les travaux avaient duré onze ans. L'empereur avait pourtant des raisons d'être fier ; le tunnel faisait en effet cinq mille six cent soixante-dix-neuf mètres de long, on avait dû creuser quarante-deux puits pour l'établir, et sa mise en service allait permettre d'évacuer le trop-plein des eaux du lac et d'en assainir l'emplacement sur lequel on pourrait plus tard installer des cultures. La fête fut grandiose. Les rues, les collines et les sommets des montagnes, *étagés en forme de théâtre, furent remplis par une foule innombrable venue des municipes voisins et aussi de la ville même, par goût du spectacle ou par déférence envers le prince*[34]. Quand le spectacle eut pris fin, les vannes furent ouvertes et, sous les yeux stupéfaits de l'assistance, il ne se passa rien : l'ouvrage manquant probablement de profondeur, le lac ne se vida pas. Il fallut donc reprendre le travail, rétablir la pente et recreuser le fond du *specus*. Les corrections faites, on recommença la fête un an plus tard, et l'on servit même un grand banquet tout près de la décharge du lac, afin que les notables admirent en mangeant les effets d'une technique dont le succès passa cette fois les espérances : *Il y eut* en effet *une terrible panique, parce que la masse des eaux, en se précipitant avec violence, entraînait tout alentour, ébranlait ce qui était plus éloigné ou, par le fracas et le vacarme, y jetait l'épouvante*[35].

Ce n'est qu'à la méchanceté de Tacite que nous devons de connaître cette mésaventure d'un empereur qu'on se plaît souvent à rendre ridicule ; elle est pourtant de peu d'importance et se ramène en fait à un simple incident de mise en eau. La réalisation de l'ensemble avait été malgré tout fort bien conduite et, malgré le caractère évidemment catastrophique de ces deux inaugurations manquées, l'émissaire encore amélioré sous Trajan demeura pendant cinq siècles en service ; il fut restauré vers 1870, et la plaine d'Avezzano s'étend de nos jours à l'emplacement du lac où Claude faisait autrefois couler des navires[36] et noyer des banquets.

Plus graves et plus coûteuses étaient certainement les erreurs de construction semblables à celles qui rendirent célèbre l'aqueduc de Saldae (Bejaia, Bougie). Ingénieur militaire à la IIIe légion Auguste, ordinairement basée près de Lambèse en Numidie, Nonius

Datus avait été provisoirement détaché, vers 137 après J.-C., dans la province de Maurétanie Césarienne avec mission d'établir les plans d'un aqueduc qui devait alimenter Saldae ; les travaux à prévoir étaient probablement considérables, et le *specus* devait notamment parcourir quatre cent vingt-huit mètres en tunnel sous le col d'El Abel près de l'actuelle Toudja. L'ingénieur fit les relevés de niveau, détermina le tracé de l'adduction, prit des mesures pour qu'il soit exécuté suivant les plans qu'il avait remis au procurateur de l'époque et regagna sa garnison, dont il revint une fois au moins pour inspecter l'ouvrage qui progressait apparemment sans poser de graves problèmes. En 151 cependant, le gouverneur Varius Clemens écrivit au général commandant la légion de Lambèse ; il lui demandait de bien vouloir détacher à nouveau son officier, car rien n'allait plus dans le tunnel : *Les Salditains en effet se lamentaient sur leurs canalisations qu'ils étaient prêts d'abandonner, car ils avaient creusé la galerie sur une longueur supérieure à celle de la montagne* ! Nonius Datus part sans délai ; comme tout va décidément de travers, il est attaqué sur le chemin par des brigands qui le blessent et le dépouillent ; sans bagages et sans matériel, il arrive malgré tout chez Varius Clemens qui le conduit aussitôt dans la montagne, où il découvre l'ampleur du désastre. *Un tracé rigoureux avait été piqueté par-dessus la montagne d'est en ouest, mais la fouille n'avait pas été exécutée avec rigueur* et les deux équipes, chargées de creuser le tunnel en commençant à chaque extrémité, ne s'étaient pas rencontrées ; ayant dévié toutes les deux vers la droite, elles se tournaient pratiquement le dos et semblaient errer sans fin sous la colline qu'elles devaient traverser ! Il fallut quatre ans de travail et l'intervention d'une main-d'œuvre fournie par la marine de Cherchell pour remettre le tunnel en ligne ; ce n'est qu'en 154 que le gouverneur put enfin inaugurer l'ouvrage et faire envoyer l'eau que les Salditains attendaient depuis presque quinze ans ! Un tunnel de quatre cent vingt-huit mètres avait pourtant failli les en priver pour toujours. Quant à Nonius Datus, définitivement rentré dans sa garnison de Lambèse, il fit longuement graver ses malheurs et ses exploits sur une stèle, dont le texte nous est heureusement parvenu[37]. Bien récompensé de ses efforts, il est du coup l'un des rares ingénieurs dont nous connaissons le nom.

Quelques défauts

Pour les siphons et les ponts, comme pour les tunnels, de pareils incidents ne furent certainement pas rares, et les techniciens n'en vinrent peut-être pas toujours aussi brillamment à bout. Une étude attentive de l'aqueduc de Cherchell a pu montrer, par exemple, que le *specus* était souvent si fragile qu'on dut en modifier plusieurs fois le parcours[38] et que les erreurs commises en construisant le pont de Bouchaoun ou celui de Nsara furent si nombreuses qu'il fallut franchir le fleuve ailleurs[39] ou changer d'itinéraire et supprimer ainsi l'alimentation des parties élevées de la ville[40].

Comme celui de Cherchell, beaucoup d'aqueducs se caractérisent en fait par leurs malfaçons ; les modifications du dernier instant, les changements de niveau, les ruptures de pente et les rattrapages en tout genre y sont encore fréquemment visibles et résultent autant des fautes commises par les ingénieurs dans les nivellements, la coordination des équipes ou le choix du terrain que de l'incompétence, de la négligence ou de l'indélicatesse des entrepreneurs[41]. En 112 par exemple, Pline le Jeune, alors gouverneur de Bithynie, écrivait à Trajan : *Maître, pour un aqueduc, les Nicomédiens ont dépensé 3 318 000 sesterces, aqueduc qui jusqu'ici n'a pas été terminé, a été abandonné et même démoli. On en a à nouveau, pour un autre tracé, dépensé 200 000. Ce dernier a été abandonné aussi et il faut un nouveau crédit pour fournir l'eau à des gens qui ont gaspillé tant d'argent*[42]. Trajan lui répondit : *Il faut s'occuper d'amener de l'eau à Nicomédie... Mais, bon dieu, il te faut mettre le même zèle à rechercher les responsables qui ont fait jusqu'ici perdre tant d'argent aux Nicomédiens ; il ne faut pas qu'ils aient commencé et abandonné ces aqueducs en se partageant les crédits*[43]. De façon générale, les grands monuments romains ne furent pas toujours aussi solides qu'on peut le croire, et l'impression de réussite assurée qu'ils procurent provient souvent du fait qu'on n'a conservé que les meilleurs ; le plancher du Grand Cirque céda brusquement sous des milliers de spectateurs, l'amphithéâtre de Fidènes s'écroula sur la foule, et le théâtre de Naples s'effondra derrière Néron qui en sortait[44].

Aux problèmes de construction s'ajoutaient en effet des problèmes de maintenance ; au bout de quelques années, le bois travaillait, les canaux fuyaient, les arches glissaient, les ponts se déplaçaient sous le choc des vents et des crues. Dans le cas particulier des aqueducs, les difficultés provenaient surtout du fait que le *specus* était entièrement solidaire de l'infrastructure sur laquelle il reposait, ce qui le rendait extrêmement sensible aux variations de température et provoquait l'inévitable apparition de lézardes profondes. Le mur de soutènement lui-même, ou le *specus* s'il était enterré, pouvait aussi faire obstacle à l'écoulement naturel des eaux ; sous l'effet des pressions de terrain qu'il subissait alors, il se fendait ou éclatait fréquemment. Dans tous les cas se produisaient d'importantes pertes d'eau qu'on ne savait arrêter qu'en renforçant au coup par coup l'étanchéité de l'intérieur sans jamais parvenir à faire totalement disparaître les fissures et les fuites. A Rome la porte Capène était ainsi perpétuellement suintante et *trempée de larges gouttes*[45], et l'on appelait *Porta pluens* (la porte qui pleut) une arche de l'*aqua Virgo* sous laquelle tombait *une pluie continuelle* ; en hiver, la voûte se couvrait même, à l'intérieur, d'une épaisse couche de glace dont la chute menaçait la vie des passants[46]. Quant à la loi romaine, elle définit comme *eaux de trop-plein... celles qui coulent des châteaux d'eau ou des fuites de tuyaux*[47] !

Le plus souvent toutefois, les choses se passaient comme au temps de Claude et de Nonius Datus ; des ingénieurs plus compétents réparaient les erreurs de leurs collègues, des entrepreneurs plus contrôlés prenaient la relève, et l'entretien fut progressivement assuré par les soins d'une administration toujours plus nombreuse et plus spécialisée : Cherchell fut alimentée, l'émissaire du lac Fucin put fonctionner, le tunnel de Saldae reste visible et les campagnes de Rome ou de Lyon sont peuplées d'impressionnants vestiges. On peut même se demander si, dans le cas de Rome notamment, la multiplication des aqueducs ne vint pas autant de la nécessité de toujours les refaire en plus solide que de l'accroissement continu des besoins. Le premier aqueduc, l'*Appia*, avait été construit en 312, et le second, l'*Anio vetus*, en 272 ; mais, en 144 avant J.-C., *sous le consulat de Servius Sulpicius Galba et de Lucius Aemilius Cotta, comme les aqueducs de l'Appia et de l'Anio, délabrés par le temps, voyaient de plus détourner indûment leur eau par des particuliers, le Sénat donna à Marcius, qui était alors préteur urbain, la mission de réparer leurs conduits et de les rendre à l'usage de tous... Il remit en état les conduits antérieurs et construisit un aqueduc plus abondant encore que les autres, qui s'appelle Marcia, du nom de son constructeur.* Cent onze ans plus tard, en 33 avant J.-C., Marcus Agrippa *remit en état les conduits de l'Appia, de l'Anio et de la Marcia qui étaient presque en ruines*[48] et construisit l'*aqua Julia*, qu'il compléta, treize ans plus tard, par la *Virgo*. Rien ainsi, ni le coût ni la nature ne pouvaient arrêter la formidable extension des aqueducs ; obstinés comme le Sénat au temps des guerres d'Hannibal, les géomètres, les architectes et les ingénieurs ne cessèrent jamais de construire en même temps qu'ils corrigeaient leurs erreurs et réparaient l'outrage des années[49].

Combien d'eau ?

Au début du IIIe siècle après J.-C., toutes les grandes villes de l'Empire et la plupart des moyennes étaient dotées d'un, voire de plusieurs aqueducs. De Cologne à Carthage et d'Antioche à Nîmes en passant par Metz ou Pompéi, c'étaient ainsi des centaines de milliers de mètres cubes qui se déversaient théoriquement chaque jour dans les cités : 6 480 m^3 à Pompéi, 17 000 à Carthage, 34 000 à Cherchell, 43 000 à Cologne, 76 000 à Lyon, 124 000 à Nîmes et 1 127 280 m^3 à Rome ! Autant qu'on puisse estimer la densité des populations, la quantité disponible par jour et par habitant devait être ainsi d'à peu près 1 100 litres à Rome et d'environ 540 litres à Pompéi[50]. Ces quantités sont évidemment considérables et nettement supérieures aux moyennes contemporaines, puisqu'on a calculé qu'une personne vivant seule dans un F2 consomme 35 m^3 d'eau froide et 15 m^3 d'eau chaude par an, soit quelque 136 litres d'eau par jour ; ces chiffres sont portés aux environs de 400 litres par personne et par jour quand on tient compte aussi de tous les services publics à vocation collective, tels que les hôpitaux, les pompiers, les jardins, l'entretien des rues, etc.

Inférieure à celles de Segodunum (Rodez) ou de Saldae (Bougie), qui figurent parmi les plus faibles, notre consommation d'eau semble donc à première vue beaucoup plus modérée que celle des Anciens, et la différence paraîtrait sans doute encore plus grande si l'on connaissait exactement le nombre des usagers dans les villes antiques ; l'eau n'y était en effet distribuée qu'aux plus riches[51] et, même en tenant compte des vastes thermes publics, la consommation réelle par habitant devrait être bien supérieure aux moyennes générales que nous pouvons grossièrement établir. Nous avons pourtant le sentiment que nos éviers, nos baignoires et nos machines à laver nous ont créé des besoins beaucoup plus importants que ceux de nos ancêtres, et le reproche nous est toujours plus fréquemment adressé d'user de l'eau sans réfléchir aux conséquences. Nous pourrions donc être agréablement surpris d'apprendre que les Romains gaspillaient encore plus d'eau que nous.

Consommée...

Malheureusement, s'il est vrai que nous sommes toujours plus nombreux pour une quantité d'eau qui ne pourra jamais devenir plus grande, et qu'en la polluant trop nous la rendons toujours moins disponible, il serait certainement faux de croire que les eaux débitées par les aqueducs étaient toutes utilisées par les habitants. C'était en fait, comme dit Strabon[52], *de véritables rivières* qui pénétraient dans les villes et, même provisoirement rassemblées dans les châteaux d'arrivée, les eaux s'écoulaient sans fin ; s'il n'était pas finalement stocké comme à Istambul, à Tunis ou à Misène à l'intérieur de vastes citernes, le surplus de production débordait en effet librement des bassins et des fontaines et se perdait dans les égouts. L'abondance de ces eaux de trop-plein, ou *aquae caducae*, était telle qu'on les soumit toujours à une législation particulière et qu'elles furent même, sous la République, les seules que l'État réservât aux usages privés[53] ; comme il fallait en outre que l'utilisation qu'on pouvait alors en faire eût un caractère industriel, on voit que la quantité qui ruisselait ainsi devait être assez considérable. Une grande partie de ce qu'apportaient les aqueducs n'était donc pas consommée dans le sens où nous l'entendons de nos jours ; la division des mètres cubes par le nombre supposé des habitants n'est ainsi qu'un réflexe moderne et ne peut jamais fournir qu'une indication d'autant plus incertaine que la capacité journalière d'un aqueduc antique est à la fois variable et très difficile à connaître exactement.

... débitée

Si le débit moyen d'une adduction doit être en effet toujours corrigé des variations saisonnières, il est aussi fréquemment tributaire de la qualité même des eaux. Quand elles étaient fortement calcaires, la production tendait inévitablement à diminuer par suite des calcifications qui se produisaient alors dans les conduites et le *specus*. Les tuyaux de plomb que l'on peut encore voir au musée des Thermes avaient, par exemple, un diamètre de 39 centimètres que le tartre a réduit à 15, et leur section se trouve ainsi ramenée de 600 à 176 cm^2. Dans les *specus*, les dépôts atteignaient parfois une telle épaisseur qu'on put s'en servir par la suite comme de véritables carrières : près de Rome, au lieudit Les Campanelles, les aqueducs fournirent ainsi de quoi construire la villa de Casale di Marzio, et les moines au XIIe siècle utilisèrent semblablement les concrétions du canal nîmois pour édifier des églises aux alentours. En général, c'est cependant moins le resserrement du conduit que la rugosité des parois qui provoque des diminutions du débit parfois spectaculaires ; l'eau pouvait en effet reprendre en hauteur ce qu'elle perdait en largeur, mais sa vitesse était freinée par la multiplicité des petits obstacles qu'elle trouvait désormais sur son parcours.

A Nîmes, le débit serait ainsi passé de 124 000 mètres cubes à 91 000, puis à 14 500 par jour ; à Cologne, de 43 000 à 27 000, puis à 20 000 ; et à Saintes il serait tombé de 3 000 à 1 500 mètres cubes en l'espace de 50 ans. Dans cette cité, les édiles se virent ainsi contraints de construire une seconde adduction, dont le débit est à son tour et pour les mêmes raisons très rapidement descendu de 11 000 à 2 200 mètres cubes, alors qu'on espérait manifestement multiplier par cinq la production totale. Dans ce cas extrême la construction d'un nouvel aqueduc n'est ainsi que la substitution d'un débit à un autre et n'entraîne en fait aucun progrès dans l'alimentation. Ajoutés aux fraudes[54] et aux fuites provoquées par le vieillissement des structures et les malfaçons, ces phénomènes naturels inévitables rendent extrêmement variables et fort suspects les chiffres souvent proposés comme stables et définitifs ; pour l'aqueduc de Nîmes on trouvera par exemple tantôt les estimations les plus optimistes et tantôt des indications moyennes qui peuvent surprendre un lecteur attentif[55]. La vérité semble donc ici pratiquement insaisissable, et rien ne permet d'avancer dans l'absolu des chiffres trop souvent éphémères.

Même si les débits pouvaient être considérés comme continuellement stables, il resterait quand même une grande marge d'incertitude. Les données que nous possédons résultent en effet des estimations que les archéologues établissent essentiellement à partir de la pente moyenne des vestiges et de la dimension des canalisations ; elles sont donc toujours approximatives et permettent surtout d'apprécier d'une manière plausible l'importance relative d'une adduction donnée par rapport à une autre.

Dans le cas des neuf premiers aqueducs de Rome toutefois, les débits nous sont connus par Frontin[56], qui les avait très soigneusement calculés pour appuyer le rapport administratif qu'il remit en 97 à l'empereur Nerva[57]. Les chiffres qu'il propose ont été cependant établis d'après la section des tuyaux que l'eau traversait, mais nous savons maintenant qu'une telle méthode ne peut jamais donner que des résultats inexacts et que d'autres facteurs doivent être également pris en compte. Les techniciens romains l'avaient pressenti par l'expérience, et Frontin note, par exemple, que *la force de l'eau... augmente le débit par sa vitesse même*[58]. S'ils ne savaient pas faire mathématiquement intervenir dans leurs calculs les notions de charge, de vitesse ou de frottement, les Romains en avaient donc une connaissance empirique et s'efforçaient au moins d'en diminuer les effets. C'est ainsi que les relevés étaient effectués non pas dans le flux du *specus*, mais à l'entrée des bassins de décantation qui se trouvaient sur le parcours ; pour obtenir des mesures comparables, on ménageait des ouvertures calibrées qui rendaient plus régulier le courant, et les jauges étaient vraisemblablement toutes immergées à douze centimètres de profondeur. Ces précautions que dictait l'expérience ne mettaient cependant pas à l'abri de toutes les erreurs et, sans rejeter les chiffres de Frontin, il convient certainement de ne pas les admettre sans réserves ; destinés au contrôle et à la répression des fraudes, ils sont peut-être plus administratifs que véritablement techniques.

Les accepter sans discussion ne résoudrait d'ailleurs pas les problèmes ! Les mesures de Frontin sont en effet données en *quinariae*[59], c'est-à-dire dans une unité de volume que les uns estiment à 40 mètres cubes par jour et d'autres à 22 ; même si ce dernier chiffre paraît manifestement trop faible, il n'en reste pas moins que les quantités généralement admises pour les neuf aqueducs dépendent à la fois d'un mode de calcul encore aléatoire et d'une transposition contestée ; comme celles des archéologues, elles ne proposent en fait qu'un bon système de comparaison.

Rien ne permet ainsi d'affirmer avec certitude que les Romains disposaient réellement de plus d'eau que nous par jour et par habitant. La construction continuelle de nouveaux réseaux pourrait même signifier qu'à Rome au moins les besoins n'étaient jamais totalement satisfaits ; la fréquence des travaux et des réparations fait penser que l'alimentation n'était pas régulière et l'organisation de la société qu'elle n'était pas générale. Dire, en tenant compte aussi des adductions mises en place après Frontin, que chaque habitant de Rome disposait au IIIe siècle après J.-C. d'environ 1 100 litres d'eau par jour, c'est donc se fonder à la fois sur des calculs globaux ou contestés, sur une population qui n'est que probable et sur une conception trop moderne de la distribution.

La chose est peut-être de peu d'importance, et nous ne connaissons généralement pas nous-mêmes nos propres moyennes de consommation ; l'essentiel n'est pas en effet de savoir de combien d'eau l'on dispose, mais si elle suffit et ce qu'on en fait. Les fontaines, les bains et les robinets renseignent alors mieux que toutes les estimations théoriques.

III

Distribuer l'eau : tuyaux et châteaux d'eau

Quand, après avoir longuement cheminé sous terre ou sur des arcades et franchi parfois des vallées ou des montagnes, les eaux s'approchaient enfin des villes, elles étaient fréquemment accueillies d'abord dans des *piscinae limariae*, vastes bassins couverts tout à fait semblables à ceux qu'elles avaient traversés déjà près de leur source. C'est là qu'on les filtrait encore avant qu'elles s'engagent dans le réseau plus étroit des canalisations qui les conduiraient jusqu'au terme de leur voyage.

La présence de ces installations n'était cependant pas indispensable, et c'est ainsi qu'à Rome, au temps de Nerva, six aqueducs seulement sur neuf en étaient dotés : *Ni la Virgo*, dit Frontin[1], *ni l'Appia, ni l'Alsietina n'ont de réservoir, c'est-à-dire de bassin.* L'*Alsietina* ne desservait en effet que la naumachie d'Auguste[2], et les grilles ténues des *castellums* de distribution suffisaient sans doute à retenir les débris que l'*Appia*, comme la *Virgo*, pouvaient encore contenir après leur bref parcours.

Entrée des aqueducs à Rome

Plus que celui de leur ultime décantation, le problème que posait l'arrivée des aqueducs à Rome était certainement celui de leur concentration massive en un faible espace, et le spectacle qu'offrait la banlieue est de la capitale devait être à cet égard tout à fait saisissant.

Au milieu du IIIe siècle seuls l'*Alsietina* et l'*aqua Traiana*, qui venaient de la région du lac de Braciano, pénétraient dans la ville par l'ouest, et seule l'*aqua Virgo*, qui prenait naissance au nord-est, y entrait par le nord. Nés pour la plupart dans les monts Albains, les huit autres approchaient donc tous par l'est[3], et les six bassins de décantation que signale Frontin se trouvaient même tous regroupés *sur la via Latina en deçà du septième mille*[4] où l'on avait dû mettre en place un vaste complexe hydraulique dont le rôle était essentiel ; la *Tepula* et la *Julia*, par exemple, jusque-là conduites dans un même canal, y étaient déversées dans un seul bassin, mais en sortaient par deux *specus* distincts, et il fallait *donc considérer comme source* de la *Tepula le bassin de la Julia*[5]. En cet endroit, qui était en fait le point où les grands aqueducs sortaient de terre, étaient rassemblés sans doute un grand nombre d'ouvrages spécifiques et de bureaux administratifs, autour desquels vivaient et s'agitaient des centaines d'esclaves, de techniciens et de fontainiers. On y contrôlait tous les débits, on y faisait passer l'eau d'un aqueduc dans l'autre, on y préparait la distribution pour l'ensemble de la ville, et c'est de là qu'on pouvait certainement l'interrompre ou la modifier, quand de gros travaux devenaient nécessaires ; c'est de là aussi que partaient d'importantes dérivations, comme celle qui alimentait la villa des *Sette Bassi* sur la *via Tusculana* ou la grande villa *dei Quintili* dont les restes se dressent encore maintenant près de la *via Appia Antica*.

Comme, à l'approche de nos grandes cités modernes, se resserre inexorablement le tissu des autoroutes et des voies ferrées, l'espace devenait dès lors si restreint que les aqueducs se chevauchaient et se superposaient : les mêmes arches portaient ainsi la *Julia*, la *Tepula* et la

Marcia, et il avait pareillement fallu placer l'*Anio novus* sur la *Claudia*, dont les piles, qui n'avaient pas été prévues pour ce poids supplémentaire, furent l'objet de renforcements continuels et de constantes réparations. Ainsi, à l'est de Rome et sur quelques milles à peine, au-dessus des cultures et des jardins, les aqueducs surélevés qui suivaient la *via Latina* et la *via Labicana* toute proche se frôlaient, se croisaient et s'enjambaient au milieu des fermes et des habitations toujours plus nombreuses, et cet entrelacement de *specus* superposés, d'arcades suintantes et de canaux souterrains contrôlés sans cesse, entretenus et surveillés par une armée d'agents des eaux, convergeait vers un lieu de regroupement et de tri que Frontin, reprenant les noms oubliés qu'il trouve sur ses registres, nomme encore *Vieille Espérance*, bien que ce beau toponyme soit devenu désuet à son époque de progrès rapides et de désirs aussitôt satisfaits.

En ce point, très proche de la porte Majeure, les grandes adductions se divisaient pour pénétrer la ville et desservir ses quartiers ; une partie de la *Julia* se détournait ainsi vers les réserves du mont Caelius, et les arches de Néron dérivaient aux quartiers proches du Palatin celles de la *Claudia*, dont le terminal n'était qu'à 265 mètres en deçà de la porte Majeure. Aériens le long des rues, creusés en tunnels sous les collines ou grimpant à leur sommet par des siphons, franchissant les carrefours par des arcs et des ponts décorés, les aqueducs se ramifiaient dans toutes les régions de la capitale, et, si l'eau n'y était pas toujours également distribuée, elle y était partout également présente. Comme les amphithéâtres ou les temples, les aqueducs faisaient partie du décor de Rome.

LES CHÂTEAUX D'EAU (*castellum*)

Au cœur des villes, les *specus* étaient branchés sur de vastes réservoirs qui étaient à la fois le point d'aboutissement des aqueducs et le point de départ de la distribution urbaine ; à partir de ces bassins de répartition, l'eau commençait un dernier parcours qui, pour être généralement plus bref, n'en était pas moins complexe et contrôlé.

Pompéi

Presque tous ces ouvrages, et notamment tous ceux de Rome, ont été détruits par les hommes et par le temps. A Pompéi cependant, près de la porte du Vésuve, le *castellum* est encore visible au point le plus élevé de la ville et dans l'axe de la rue de Stabies. Malgré les trois pilastres qui décorent sa façade, c'est une construction massive et sans véritable esthétique ; de plan trapézoïdal, elle cache une salle circulaire à coupole d'une hauteur de 4,30 m et d'un diamètre de 5,70 m, dans laquelle se trouve un bassin de décantation que borde un petit quai. Pour y pénétrer l'eau traversait deux filtres successifs dont le second était beaucoup plus fin que le premier ; elle en ressortait en franchissant d'abord une barre de plomb de vingt-cinq centimètres de hauteur et en s'engageant ensuite à l'intérieur de trois conduits qui la menaient à trois canalisations de vingt-cinq et trente centimètres branchées sur le pied des murs de façade.

Nîmes

A Nîmes, les murs ont entièrement disparu ; seuls subsistent, au milieu des maisons de la rue de la Lampèze, le bassin du *castellum* et ses dépendances. Protégés par des grilles et parfois envahis d'herbes folles, ces vestiges semblent n'être restés là que pour offrir au visiteur têtu, qui les cherche et les trouve, le plan presque parfait d'un *château de répartition*. Le bassin circulaire y a sensiblement le même diamètre qu'à Pompéi ; l'eau pénétrait par un conduit rectangulaire de 1,20 m et en ressortait par dix canalisations de 40 cm chacune, placées de biais par rapport à l'arrivée du *specus* et protégées des impuretés par des grilles. Distribuant des volumes beaucoup plus importants que celui de Pompéi, le *castellum* de Nîmes était aussi mieux équipé : sa profondeur était nettement plus grande (1 mètre au lieu de 30 cm), le quai de service était muni d'un garde-fou métallique et le bassin de trois bondes de vidange utilisables en cas de nettoyage ou de trop-plein ; une vanne permettait en outre de contrôler la quantité d'eau qui sortait du *specus*.

Dans les deux cas cependant, le système était le même : entrée d'un côté par un seul gros conduit maçonné, l'eau ressortait de l'autre par un jeu de canalisations qui la conduisaient en se ramifiant jusqu'au lieu de son utilisation finale ; entre l'entrée et la sortie prenait évidemment place un bassin dont la capacité variait avec l'importance et le débit de l'aqueduc.

Avec ses cinq mètres de hauteur, le château d'eau de Pompéi, comme celui de Nîmes sans doute, n'était ainsi nullement semblable aux nôtres ; il n'avait pas en effet pour fonction de stocker beaucoup d'eau comme un réservoir, mais de répartir une eau qui coulait sans cesse, et cette distribution ne se faisait qu'en trois directions : celles des fontaines publiques, d'intérêt vital pour l'ensemble des populations, celle des thermes et autres grands services de l'État, celle des particuliers, parmi lesquels il faut ranger, outre les riches, les entreprises et les commerces utilisant de l'eau. Cette distinction fondamentale était très ancienne et ne fut jamais modifiée, puisque Agrippa, quand il réorganisa les adductions de Rome[6], *répartit les quantités à fournir aux services publics, aux fontaines et aux particuliers*[7], et que Frontin l'utilise encore, en y ajoutant seulement les besoins de la maison impériale, quand il établit la synthèse des consommations d'eau dans la capitale.

Cette triple distribution de base apparaît avec clarté dans la triple sortie du *castellum* de Pompéi, pour lequel on estime ordinairement que le tuyau le plus gros (30 cm) alimentait les fontaines publiques, et les deux plus petits (25 cm) les monuments collectifs et les particuliers. Elle se retrouve moins clairement à Nîmes, mais rien n'interdit de penser que les dix sorties se regroupaient en trois ensembles, quatre tuyaux au centre et trois sur chacun des deux côtés. A Nîmes en tout cas, comme à Pompéi ou à Sidé, où l'on peut voir un autre *castellum* en assez bon état, les sorties se faisaient toutes au même niveau.

Une idée de Vitruve

A peu près dans les mêmes temps où l'on construisait à Nîmes ou à Pompéi des châteaux d'eau qui se ressemblent, c'est-à-dire au Ier siècle après J.-C., Vitruve en faisait pourtant une description assez différente.

Quand l'eau sera arrivée aux murs de la ville, on fera un réservoir et l'on joindra à ce réservoir un triple bassin pour recevoir l'eau ; et l'on adaptera au réservoir trois conduits pénétrant, suivant une égale répartition, dans les bassins contigus, de manière que le trop-plein des compartiments latéraux se déverse dans celui du milieu.

Ainsi dans le compartiment du milieu on placera les conduits dirigés vers tous les bassins et les fontaines jaillissantes ; du second on les dirigera vers les bains — ce pour quoi sera payée à la cité une redevance annuelle ; c'est du troisième qu'on les dirigera vers les maisons particulières, pour que la consommation publique n'en souffre pas[8].

Au lieu d'un seul bassin de forme circulaire, le *castellum* en compte désormais quatre, inévitablement parallélipipédiques, dont trois sont en quelque sorte des chambres ou des compartiments de répartition qui permettent d'établir, à l'avance et précisément, les quantités à distribuer dans chacun des trois secteurs fondamentaux. A partir du bassin principal, qui n'est qu'un réservoir d'accueil, l'eau passe dans chacun des trois compartiments d'une manière égale. Lorsqu'on met le réservoir principal en charge, on voit donc les trois compartiments qui lui sont rattachés se remplir simultanément, mais quand les deux chambres latérales atteignent un niveau qu'on a pu déterminer lors de la construction, le trop-plein se déverse dans la chambre centrale ; si l'aqueduc donne en abondance, tout l'excédent se trouve ainsi réservé pour les fontaines et les égouts, mais, si le débit vient à diminuer, les mêmes baisses de niveau se produisent partout à la fois.

Il n'est ainsi jamais question dans le texte d'un étagement des canalisations qui placerait en haut les sorties pour les particuliers, au milieu les sorties pour les thermes, en bas les sorties pour les fontaines publiques et ferait qu'en cas de réduction des réserves les conduites du haut seraient d'abord coupées, puis celles du milieu, mais jamais celles du bas. Il ne s'agit donc pas de maintenir au détriment de tous les autres services et à tout prix l'alimentation des fontaines collectives, cependant favorisée par la grande capacité du bassin qui leur est attribué, mais plutôt d'assurer l'équilibre et la fiabilité de l'ensemble. Tous ceux qui peuvent payer doivent toujours pouvoir disposer à la fois d'un maximum contrôlé et d'un minimum garanti ; en compensation, les fraudes leur seront impossibles et leur argent devra servir à l'entretien des installations communes et profiter de ce fait à tous[9].

Le système imaginé par Vitruve assurait ainsi la tranquillité des uns par l'extrême confort des autres et redistribuait l'argent en distribuant l'eau ; il préconise en fait une forme originale et nouvelle d'intervention de l'État. L'archéologie ne permet pas encore de dire s'il reçut un jour une application concrète, mais il doit être considéré comme un signe avant-coureur de ce qu'on pourrait appeler la seconde révolution hydraulique[10], celle qui, succédant à la phase des constructions, va mettre au premier plan la gestion, la rentabilité et l'efficacité des adductions et dont Frontin sera sous Trajan le principal auteur. Priver d'abord d'eau les plus entreprenants, les plus riches et de ce fait les plus puissants constituait, dès l'époque de Vitruve, un non-sens politique, économique et social qu'il ne pouvait commettre.

Les canalisations

Quelle que fût la technique utilisée pour la distribution, l'eau était conduite à partir du *castellum* dans des canalisations qui pouvaient être soit des *tubuli* de bois ou de poterie, soit des *fistulae* de plomb.

En bois

Les canalisations de bois étaient de loin les plus rares et se rencontraient surtout dans les régions montagneuses et forestières. A côté des demi-billes, dans lesquelles on s'était contenté de dégrossir une rigole où l'eau circulait à l'air libre, on trouve assez fréquemment, comme sous la fontaine d'Argentomagus dans l'Indre, de véritables tuyaux fabriqués à partir de troncs bien droits qu'on évidait avec des tarières à longue mèche et qu'on raccordait ensemble par des mandrins de cuivre ou de métal maintenus par un support d'argile ou par un dé de pierre perforé. Bien que l'existence en soit indiquée par Pline et par Palladius[11], cette forme d'adduction reste cependant rustique et limitée sans doute aux bourgs dans lesquels ne s'étendaient pas d'importants réseaux de distribution.

En terre

Beaucoup plus nombreux, les tuyaux de poterie avaient généralement un diamètre de seize à vingt centimètres et, selon Vitruve et Pline[12], une épaisseur d'au moins 36 millimètres, qui devait en assurer la solidité. Ceux qu'on a découverts à Genève, Limoges, Éphèse ou Strasbourg sont en terre cuite rouge et revêtent souvent une forme tronconique ou cylindroconique, encore présente dans les canalisations médiévales qu'on a récemment retrouvées sous le Louvre ; d'une longueur moyenne de cinquante à soixante-dix centimètres, ils s'emboîtaient les uns dans les autres par étranglement de l'une de leurs extrémités, et l'on voit souvent dans la section la plus étroite un tenon qui favorisait encore la jonction des deux éléments.

Proposant en fait, d'une manière théorique et presque provocatrice, de remplacer le plomb par la pierre, comme il avait proposé de remplacer la pierre par le plomb dans les *specus*, Vitruve considérait ces tubulures comme assez résistantes pour être employées même dans les siphons[13] ; il fallait seulement en accroître encore un peu l'épaisseur et prévoir une protection spéciale des coudes par des ligatures de chanvre et le passage dans des dés perforés de porphyre qui pouvaient servir aussi de regards. Pour bien assurer l'étanchéité de l'ensemble, on devait cependant enrober les joints d'un enduit *de chaux vive détrempée avec de l'huile*, et l'on pouvait *en outre, avant que l'eau soit introduite à la source, y mettre de la cendre, pour que, si quelques joints ne sont pas suffisamment calfeutrés, la cendre les calfeutre*[14].

Ces types de tuyauteries furent donc toujours théoriquement très appréciés. Pline estime que *ce qu'il y a de mieux, ce sont les tuyaux en poterie*[15], et Vitruve leur trouve, outre leur prix de revient peu élevé, deux autres avantages : *Tout d'abord, si quelque défectuosité se produit dans l'ouvrage, n'importe qui peut y remédier ; de plus, l'eau qui vient de ces tuyaux est beaucoup plus saine que celle qui traverse les conduites de plomb*[16]. C'est que la matière première n'était pas coûteuse et que ni la fabrication ni l'entretien n'exigeaient le recours à une main-d'œuvre spécialisée ; la nature même de la terre cuite, dans laquelle on cuisinait et mangeait tous les jours, inspirait aussi plus de confiance que le plomb dont on pressentait les dangers.

Les Romains ne doutaient pas en effet que le plomb fût malsain. Ils en voyaient comme preuve le fait qu'il pouvait produire de la céruse *qui passe pour être nuisible au corps humain*. S'il engendrait un produit nuisible, il devait être dangereux lui-même, et c'est ce que montrait bien le mauvais état de santé des ouvriers qui travaillaient ce métal et *dont le teint* était *envahi par la pâleur*[17]. De même qu'on préférait manger dans de la vaisselle de terre, il valait donc mieux n'utiliser que des canalisations de même nature : elles étaient plus sûres et préservaient le goût de l'eau.

En pratique pourtant les tuyaux de poterie ne furent le plus souvent utilisés que pour l'irrigation des jardins, les citernes ou l'abduction des eaux sales, et c'est dans cette dernière fonction qu'on les voit presque toujours aux murs d'Herculanum ou de Pompéi. L'efficacité du plomb, plus solide, plus malléable, et de ce fait plus adaptable aux éventuelles sinuosités du parcours, fit ainsi toujours oublier l'angoisse qu'il inspirait.

LES TUYAUX DE PLOMB

Les dangers du plomb

Il n'apparaît pas *du tout opportun*, dit Vitruve, *que l'eau soit amenée par des conduits en plomb, si nous voulons avoir une eau salubre*[18]. La condamnation était pourtant radicale et les dangers réels. Nous rangeons nous-mêmes le plomb dans les produits toxiques, et nos lois, qui tardent à l'éliminer de l'air en imposant le carburant sans plomb, n'en tolèrent depuis longtemps qu'une infime proportion dans l'eau. En préférant malgré tout le plomb à la poterie, les Romains prenaient donc le risque de voir s'abattre sur eux ces maladies qu'on appelle saturnines, et l'on a pu montrer que les quantités de plomb contenues dans les os des victimes de l'éruption du Vésuve, retrouvées à Herculanum, étaient bien supérieures à celles qu'on juge actuellement excessives : quatre-vingt-quatre parties par million en moyenne, au lieu de trente à cinquante chez l'Américain le plus défavorisé par sa situation sociale et géographique.

Sans attribuer à la présence de plomb dans l'eau de consommation tous les maux dont les Romains eurent à souffrir, de la goutte à la folie des empereurs, et sans même aller jusqu'à faire de Claude un intoxiqué de naissance ou des *Roses d'Héliogabale*[19] un symbole de la décadence saturnine de l'Empire, il faut cependant reconnaître qu'il existait à Rome un certain nombre de manifestations pathologiques provoquées par l'ingestion de plomb. L'une d'entre elles, l'encéphalopathie saturnine, moins fréquemment signalée que les autres, et pourtant bien connue, se manifeste par des états comateux, des délires et des crises épileptiques localisées ou généralisées ; les troubles causés par cette forme spéciale d'épilepsie n'entraînent que rarement la mort et peuvent même entièrement rétrocéder ; ils ressemblent donc assez nettement à ceux qu'on signale chez beaucoup de comitiaux célèbres, à commencer par Jules César.

Il serait cependant bien excessif de croire que les Romains rendaient, sans le savoir, un culte à l'eau quand ils entouraient d'une margelle l'endroit où un homme était soudainement tombé du haut mal. Les citernes et les tuyauteries qui dépendaient des *impluviums* n'étaient en effet alimentées qu'en eaux pluviales. Riches en carbonates et bicarbonates, ces eaux ne produisent avec le plomb que d'autres carbonates ou bicarbonates qui se déposent et forment très vite un enduit protecteur ; contenant des nitatres, nitrites ou chlorures, qui peuvent devenir très toxiques au contact du plomb, les eaux de puits auraient été beaucoup plus dangereuses, mais elles n'étaient jamais canalisées. Nous savons aussi maintenant que les réactions qui rendent nocive la rencontre du plomb et de l'eau ne peuvent se produire qu'à l'air libre ; les cuves de plomb, les vannes de plomb totalement immergées dans les bassins, l'intérieur même des canalisations ne sont donc ni des agents ni des milieux favorables et ne souillent pratiquement jamais l'eau.

Le saturnisme dont ont pu souffrir les Romains ne venait pas de leurs conduites, et le péril n'était pas dans l'eau, mais dans la nourriture. Les vins, les olives et surtout les sirops de raisin, qui servaient très souvent à sucrer les plats, macéraient en effet dans des récipients de bronze, dont le fond était recouvert, en guise d'étamage, d'une mince couche de plomb que Pline appelle *stagnum* : *Une couche de stagnum appliquée sur des vases de cuivre les rend plus agréables au goût et empêche le poison du vert-de-gris de s'y former*[20]. Les mélanges réduisaient lentement à l'eau libre, et les acides organiques des fruits attaquaient alors tellement le métal qu'on a pu obtenir, en reproduisant la recette et l'expérience, des teneurs en plomb de huit cents milligrammes au litre !

Vitruve avait donc raison de se méfier du plomb, mais il avait tort de suspecter les canalisations ; ce n'était pas dans les fontaines, mais dans le fond des récipients et des cuisines que se trouvait un danger qui se cacha longtemps aussi dans les soudures en plomb de nos premières boîtes de conserve. Le saturnisme n'était ainsi même pas la juste rançon que devaient payer pour leur confort les citadins opulents dont l'habitation luxueuse était bien pourvue de tuyaux et de citernes : il frappait indistinctement tous ceux qui possédaient plus qu'un simple pot de terre. Parmi les malheureux qui moururent en 79, entassés sur les quais d'Herculanum, beaucoup sans doute ne connaissaient que l'eau vive des fontaines ; le plomb s'était pourtant déjà répandu dans leurs os et leur ménageait une mort plus lente que celles qu'ils connurent en cherchant à fuir le flot de lave qui submergeait leur ville.

La fabrication des tuyaux

Très répandu dans l'ensemble du monde antique, le plomb était le plus abondamment extrait des mines de Sardaigne, d'Espagne, de Bretagne et du Massif central. Le minerai était d'abord broyé dans des moulins, puis lavé à grande eau pour que la terre qui l'avait enrobé disparaisse et que le métal reste seul au fond des bassins. On le transportait alors jusqu'à des fours dans lesquels on le faisait fondre afin d'en séparer l'argent qui lui était fréquemment associé[21]. Ce qu'on obtenait à la fin ne représentait cependant qu'une faible part de ce qu'on obtient de nos jours par des procédés presque semblables ; on le coulait dans des moules de différents calibres, et de longues caravanes terrestres acheminaient le métal, sous forme de lingots soigneusement estampillés, vers les ateliers qui l'avaient acheté pour le transformer en objet fini.

Dans ces ateliers artisanaux, disséminés dans les provinces de l'Empire, le plomb était de nouveau fondu dans des creusets, puis coulé en lames plates dont l'épaisseur variait de 5 à 15 mm. On enroulait alors ces feuilles autour d'un mandrin de bronze calibré que l'on avait chauffé. La soudure entre les deux bords de la feuille se faisait parfois par simple martelage et le plus souvent par rapprochement des deux lèvres que l'on serrait dans un boudin d'argile et entre lesquelles on coulait un filet de plomb ; cette technique explique l'existence du double bourrelet qui caractérise toujours les tuyaux de Rome et l'aspect généralement piriforme de leur section, qui n'est donc pas seulement un moyen de renforcer leur résistance à la pression. D'une longueur moyenne de dix pieds (2,90 m), les tuyaux étaient raccordés entre eux par des manchons assez courts que l'on soudait aux deux extrémités ; l'étanchéité était ainsi presque toujours parfaite et les risques de rupture extrêmement rares en utilisation normale.

Résultat d'un travail de spécialiste et propriété de celui qui en avait payé les frais, le tuyau qu'on venait enfin d'achever recevait fréquemment, comme les produits céramiques, et surtout s'il était de fort diamètre, une estampille indiquant au moins le nom du propriétaire, qu'il s'agisse d'un particulier, de l'empereur ou de la communauté publique ; sur un fragment conservé au musée des Thermes, on lit ainsi *Aureli Caesaris* (propriété de Marc Aurèle) et, en abrégé, *Publ Pompe (usibus publicis Pompeianorum)* sur les adductions de Pompéi. Outre le nom du propriétaire, l'estampille pouvait donner aussi l'indication du monument auquel était destinée la pièce, celle de l'administrateur qui avait eu la responsabilité de l'ensemble et même celle du fabricant, le plus souvent un esclave ou un affranchi, dont le nom généralement banal et bref était suivi de son humble qualité de *serv(us)* (esclave) ou de *lib(ertus)* (affranchi) et se trouvait ainsi soudainement associé aux titres et aux noms prestigieux de *proc(urator)* (procurateur) ou même de *Caes(ar) Aug(ustus)* : *Imp(eratoris) Caes(aris) Traj(ani) Hadriani Aug(usti) sub cura Petroni Surae proc(uratoris) ; Martialis ser(vus) fecit*[22].

Pour que l'intérieur du tuyau reste lisse et que le calibre ne soit pas réduit, l'estampille n'était pas gravée en creux mais portée en relief, et l'on collait pour l'obtenir des lettres à l'extérieur. Dans un coin de l'atelier, non loin des creusets et des fours où le métal fondait et fumait, un homme avait ainsi devant lui toute une série de majuscules en plomb qu'il assemblait à chaud pour placer des formules et des mots sur les canalisations qu'on lui apportait au fur et à mesure de leur achèvement. L'encre qu'utilisaient les scribes et les ingénieurs n'était pas loin ; peut-être avaient-ils même à la ceinture un de ces petits encriers portatifs dont on a trouvé tant d'exemplaires. Jamais ne surgit cependant l'idée de réunir les lettres en plaque et de les tremper dans l'encre afin d'écrire, d'un seul coup et autant de fois qu'on voudrait, la même page sur du parchemin. Le besoin ne s'en faisait pas encore sentir et l'heure n'était pas venue d'inventer l'imprimerie ; elle aurait pourtant pu naître un jour dans l'un de ces ateliers sordides où des esclaves collaient lettre après lettre leur nom près de celui des empereurs.

Ces tuyaux de plomb, si répandus dans le monde romain, nous les foulons encore aux pieds dans la poussière des rues de Pompéi ; dans les musées, nous passons devant eux sans nous y arrêter, tant ils semblent négligeables en regard de la beauté des statues et des marbres. Ils sont informes en effet, comme usés et salis, souvent déchirés par les hommes et par le temps, presque ignobles et toujours ternes et sans éclat.

Pour les fabriquer pourtant des centaines d'hommes sont morts dans l'écroulement accidentel des mines et des centaines d'autres ont subi le martyre à faire tourner les moulins qui broyaient le minerai : c'étaient des *êtres chétifs, à l'épiderme tout zébré par les marques livides du fouet, et dont le dos meurtri de coups était demi-caché plutôt que protégé par un haillon rapiécé... Ils avaient le teint terreux, les paupières brûlées par l'ardeur ténébreuse d'une épaisse fumée, au point qu'ils y voyaient à peine*[23]. D'autres, par centaines encore, ont été lentement détruits par le saturnisme en respirant sans fin les vapeurs délétères qui s'échappaient des fours ; *en effet, lorsque le plomb que l'on coule entre en fusion, la vapeur qui s'en exhale pénètre toutes les parties du corps et, les consumant peu à peu, vide les membres de leur énergie sanguine*[24] ; d'autres ont coulé sans protection le plomb bouillant dans des moules de terre, d'autres ont souffert de la chaleur et du froid le long des lourds charrois qui remontaient les voies de l'Empire, d'autres ont toute leur vie façonné, martelé, soudé, d'autres enfin ont fabriqué, puis posé les lettres avec lesquelles ils ont parfois signé leur œuvre. Quand un esclave, ou même un affranchi, recevait ainsi l'extraordinaire privilège de se donner comme plus d'existence en écrivant son propre nom, c'est tout le douloureux travail des *plumbarii* au teint livide qui se trouvait d'un seul coup reconnu ; reconnaissance servile cependant, marquée sur du plomb vil et destinée le plus souvent à être aussitôt enfouie, mais don d'éternité quand même, puisque, près de la pierre et du marbre où sont gravés les titres des puissants, le nom d'un esclave luit encore dans les vitrines de nos musées.

Ce tuyau de plomb sans beauté que nous avons placé sous du verre et que nous éclairons, c'est le symbole de toutes les souffrances que nous oublions trop quand nous admirons sans y réfléchir les réussites dont elles furent le prix.

La réglementation des calibres

On déterminera, dit Vitruve, *en fonction du débit d'eau, le calibre des tuyaux*[25]. Ces calibres, qui variaient évidemment avec les quantités d'eau qu'il fallait conduire, furent d'abord établis d'une manière empirique et presque anarchique ; ils dépendaient en fait des besoins des fontainiers, qu'ils aidaient surtout dans leurs fraudes[26], et ne répondaient pratiquement jamais à une conception stricte et définie.

Vers 33 avant J.-C., Agrippa entreprit donc une première mise en ordre à laquelle il travailla peut-être avec Vitruve. La nomenclature qu'il instaura se trouvait en rapport direct avec la fabrication des tuyaux puisqu'elle définissait le calibre d'après la largeur et le poids de la feuille de plomb avant qu'elle ne soit façonnée[27].

Comme Frontin le signalera plus tard, le système était inexact en soi, puisqu'il n'était jamais certain que deux feuilles de même dimension, soudées à chaud par des bourrelets, donnent exactement le même calibre[28]. La nomenclature établie par Agrippa devint pourtant officielle à sa mort en 12 avant notre ère, et c'est vers cette époque aussi qu'on adopta la *quinaria* comme unité de base[29]. La *quinaria*, ou tuyau de 5, tirait son nom de son diamètre, qui était de cinq quadrantes, c'est-à-dire de 5/4 de pouce, et servait aussi de base à une progression régulière, qui allait de quadrante (0,4625 cm) en quadrante, du tuyau de 5 (cinq quadrantes ou 2,3125 cm) au tuyau de 15 (quinze quadrantes ou 6,9375 cm).

Le principe fut conservé par Frontin, qui fixa définitivement la normalisation des calibres en la fondant toutefois sur deux systèmes différents : du tuyau de 5 au tuyau de 15, les calibres s'accroissaient toujours en diamètre, au-delà ils s'accroissaient en section. On obtenait de la sorte un étalonnement rationnel et précis, qui reconnaissait l'existence de vingt-cinq calibres courants[30], mais qu'on pouvait en fonction des besoins prolonger presque à l'infini.

Au début du IIe siècle, on disposa donc d'une nomenclature standardisée. Dans l'esprit, elle était assez semblable aux normes que l'AFNOR (Association française de normalisation) établit maintenant chez nous et reposait sur l'idée que le calcul doit avoir *une valeur universelle* et que *tout ce qui relève de la mesure doit être déterminé, immuable et en accord avec soi-même*[31]. On put donc éditer des tables ou *commentarii* dans lesquelles les ingénieurs, désormais dispensés de longs et fastidieux calculs, trouvaient facilement tous les rapports entre les débits et les calibres ; on limitait en même temps les trafics des fontainiers qui détournaient fréquemment de l'eau pour leur profit personnel *tant en diminuant la vicenaria* (tuyau de 20), *avec lequel ils livrent souvent l'eau, qu'en augmentant la centenaria* (tuyau de 100) *ou le tuyau de 125, qui leur servent toujours à la recevoir*[32]. Comme le *castellum* de Vitruve, les calibres de Frontin portaient la marque d'une conception nouvelle et rationnelle de l'adduction des eaux.

La distribution à Pompéi

Le cheminement de l'eau du *castellum* principal au cœur des villes est en fait assez mal connu ; le plomb fut en effet toujours très recherché dans les temps de misère et, comme les joints qui tenaient les pierres des plus grands monuments, les tuyauteries ont très souvent disparu.

Il est évident toutefois que l'eau qui sortait du *castellum* empruntait d'abord des canalisations dont le module pouvait être, comme à Nîmes ou à Pompéi, nettement supérieur aux normes. Chacune d'elles étant affectée dès le départ à un réseau défini[33], elles alimentaient les thermes, les fontaines ou les artisans et les particuliers par l'intermédiaire de tuyaux ou de collecteurs secondaires qui étaient à chaque fois branchés directement sur elles.

A Pompéi, par exemple, la conduite qui desservait les bâtiments publics descendait la rue de Stabies en fournissant au passage les thermes centraux et ceux de Stabies, les théâtres et la palestre samnite ; il en partait deux branches qui empruntaient l'une la rue de la Fortune et l'autre la rue de l'Abondance pour atteindre les édifices orientaux et occidentaux de la cité.

Le système n'était ainsi différent du nôtre que d'un point de vue administratif, puisque le *castellum* était généralement construit en hauteur et que l'eau, qui avait circulé par gravitation dans l'aqueduc, était distribuée sous pression. On voit encore à l'extérieur de quelques maisons pompéiennes les tuyaux par lesquels on la faisait remonter jusqu'aux étages ; on trouvait, selon Strabon[34], le même système de siphons dans beaucoup d'habitations de Rome, et le poète Horace préfère l'eau *qui bondit en murmurant sur la pente d'un ruisseau* à celle qui dans les villes *cherche à faire éclater le plomb*[35] ; le risque de voir exploser les tuyaux explique d'ailleurs, autant que le besoin de calculer les débits, l'importance qu'on attachait toujours à l'établissement des calibres.

Les piles

Le problème était particulièrement sensible à Pompéi. Entre le *castellum* principal, installé près de la porte du Vésuve, à 42,50 mètres de hauteur, et la porte de

Stabies, qui se trouve pratiquement 32 mètres plus bas, la distance n'est en effet que de 750 mètres ; comme la pression de l'eau s'accroît d'un bar à peu près pour dix mètres de chute, on ne pouvait la conduire aux points d'utilisation qu'en élevant des séries de siphons en escalier, qui la faisait descendre en brisant à chaque fois son élan.

Sur le parcours des trois canalisations principales, on avait donc édifié des piles de maçonnerie dans lesquelles on avait ménagé des saignées pour y placer les conduits. L'eau montait ainsi d'un côté, puis redescendait de l'autre après avoir perdu de sa force en remplissant au sommet une cuve de plomb, nommée *castellum plumbeum*. Comme ces tours étaient disposées tout au long de la pente et qu'elles étaient à chaque fois moins élevées, l'eau descendait par paliers successifs et de telle manière qu'elle arrivait toujours au pied de chaque pile avec une pression moyenne de 1,5 à 2 bars. La distribution se faisait évidemment à partir des canalisations descendantes, et des robinets, installés en amont, permettaient d'en interrompre éventuellement le flux pour des nettoyages ou des réparations.

Treize de ces piles sont encore visibles à Pompéi. Étroites et austères, évidemment dépourvues de leurs conduites et le pied toujours appuyé sur une fontaine, elles se dressent au milieu des rues comme de grands pilastres gris. La plus haute (6,75 m) se trouve rue de Nola, la plus basse (1,60 m) rue de l'Abondance et c'est la seule qu'on a retrouvée munie de son *castellum plumbeum*, une cuve parallélipipédique (56 × 65 × 65 cm) de 6 mm d'épaisseur, équipée de robinets en bronze qui permettaient de la vidanger. La première de la série, qui se trouvait à 139 mètres seulement du *castellum* principal, était déjà sept mètres plus bas que lui, mais les ingénieurs, qui ne maîtrisaient pas toujours le nivellement[36], lui avaient donné trop de hauteur et elle ne servait pratiquement à rien. En bas de la rue de Mercure on avait préservé l'esthétique et fait l'économie d'une pile en utilisant l'arc de Caligula, dont les pylones dissimulaient des tuyaux et dont l'attique abritait une cuve ; au pied se trouvaient deux fontaines, dont on ne voit plus aujourd'hui que les trous d'arrivée, car elles ont sans doute été défaites au moment du tremblement de terre de 62.

A partir de ces tours, l'eau était presque uniquement distribuée aux thermes, aux latrines, à tous les bâtiments publics et aux artisans comme les foulons, qui étaient de gros consommateurs. Rares étaient en effet les simples particuliers qui avaient engagé les frais d'une adduction privée ; c'est que les coûts devaient en être élevés, que l'aqueduc était relativement jeune et que le réseau des fontaines accessibles au public était particulièrement bien conçu.

Les fontaines

Élément essentiel de la distribution, ces fontaines sont omniprésentes à Pompéi : on les rencontre à peu près tous les quatre-vingts mètres et elles tendent sur la ville un réseau dense et homogène qui permettait à chaque habitant d'être toujours à quarante mètres au plus d'un point d'eau. Au nombre de quarante environ dans la zone actuellement explorée, ce sont des bassins rectangulaires installés moitié sur la chaussée, moitié sur le trottoir et surmontés d'un cippe décoré, du haut duquel l'eau jaillissait continuellement ; ils sont en lave, en travertin, en tuf ou en marbre et présentent tous à la partie la plus basse un trou de vidange ordinairement obstrué ; le rebord supérieur est en revanche muni d'un canal de trop-plein par lequel l'eau s'écoulait sans trêve dans la rue. L'ensemble était parfaitement étanche, et de gros blocs de pierre, disposés du côté de la voie, préservaient en outre d'éventuels chocs avec les roues des chars.

De semblables fontaines se trouvaient dans d'autres villes d'Italie, comme Herculanum ou Paestum ; on en voit même en Bretagne ou en Gaule, mais elles n'ont jamais ni la fréquence ni la présence de celles de Pompéi ; toujours semblables en apparence et toujours différentes par le motif — tête d'animal, bouclier, rosace, amphore, ou Silène, Hermès ou Mercure —, qui décorait la borne d'où l'eau ne cessait pas de surgir, elles étaient comme le cœur permanent d'une vie quotidienne et toujours renouvelée. *C'est vers ces fontaines que vont les femmes, portant avec une grâce altière l'amphore sur une épaule ou une hanche. C'est autour d'elles qu'elles bavardent, tandis que les enfants demi-nus font mille facéties et profitent de l'inattention pour s'ébattre dans leur bassin*[37].

Comme toutes les canalisations de Pompéi, celles qui alimentaient ces bassins étaient enterrées à soixante centimètres de profondeur et cachées sous les rues et les trottoirs ; l'eau circulait dans la fraîcheur du sol, et les tuyaux n'étaient visibles qu'au moment où ils escaladaient les piles ou surgissaient au pied des maisons. Dans cette ville sans sources et sans puits, l'eau des fontaines arrivait ainsi comme un constant miracle, et la corne d'abondance élégamment ciselée, qui donne son nom moderne à la rue la plus importante de la ville, exprimait avec art toutes les prospérités qu'elle apportait chaque jour.

Le tremblement de terre

En 62, les fontaines cessèrent brutalement de murmurer dans le silence. Le tremblement de terre qui venait de ravager la ville avait en effet profondément détérioré l'ensemble du réseau : des piles s'étaient effondrées, des canalisations avaient éclaté, l'alimentation était interrompue, les riches Pompéiens devaient recourir aux citernes qu'ils avaient heureusement préservées sous les dalles de leurs atriums lézardés.

Pour que la vie de la cité pût reprendre, il fallait pourtant que l'eau fût au moins partiellement rétablie ; en même temps qu'on restaurait les édifices publics et que les particuliers redressaient lentement leurs demeures, on répara l'aqueduc, les piles et le *castellum* et, sans attendre qu'on eût fini de percer les rues pour ressouder les conduites, on installa directement sur le sol un réseau provisoire fait de tuyaux de plomb qu'on protégeait sommairement en les rapprochant des façades et des trottoirs, en les couvrant de quelques tuiles et en les soutenant par des points de maçonnerie. Ce sont eux que le visiteur attentif découvre parfois dans les herbes et la poussière. Il ne doit cependant pas en déduire, comme on le fait parfois, que *l'installation et l'entretien des conduits étaient souvent faits avec une négligence frappante*[38] : plutôt que le signe d'un laisser-aller méridional, ces canalisations qui rampent sur le sol ne sont, comme tant d'autres détails à Pompéi, que la trace d'une première catastrophe dont la cité n'était pas remise quand survint la seconde.

L'adduction d'eau de la ville avait été faite au temps d'Auguste, au moment où l'on construisait l'aqueduc de Serino, qui se terminait à Misène et dont un embranchement alimentait la ville. On avait construit la dérivation qui amenait l'eau à quarante-cinq mètres de hauteur, bâti le *castellum*, calculé les pentes et dressé les piles, installé toutes les fontaines et creusé le sol pour y placer des conduits qu'on avait nécessairement dû raccorder sur place en les chauffant pour souder les manchons ; en 62, cinquante ou soixante ans plus tard à peine, le tremblement de terre avait pratiquement tout ruiné. Comme des fourmis, les Pompéiens s'étaient remis pendant dix-sept ans au travail, et l'eau avait de nouveau pu couler abondamment aux fontaines et chez les artisans, partiellement aux thermes et dans les habitations privées ; rien n'était achevé quand la ville fut en 79 engloutie par l'éruption du Vésuve. L'installation qui avait demandé tant de science, de peine et d'argent n'avait pas vécu cent ans.

Avec les statues du Forum et beaucoup d'objets précieux, l'exploration systématique ordonnée par Titus après la catastrophe enleva les tuyauteries et les cuves de plomb des piles qui étaient les plus accessibles. Recherchant avant tout les peintures et les œuvres d'art, les archéologues du XVIIIe et du XIXe siècle retrouvèrent pourtant des quantités de matériel qu'ils abandonnèrent sur place ou reléguèrent sans précaution dans le fond des musées : les dernières cuves, les robinets de bronze et les tuyaux de plomb disparurent. De l'adduction de la ville où chantaient tant de fontaines, il ne reste plus que des vestiges de pierre sèche et quelques tuyaux oubliés par les pilleurs.

Les robinets

A Rome cependant, comme dans toutes les grandes cités qui apprirent, stupéfaites, la catastrophe ou virent passer dans leur ciel un nuage de cendre et de poussière, l'eau jaillissait toujours. Captée, conduite et distribuée, elle était partout calibrée, contrôlée, puis répartie ; à tout instant des vannes pouvaient en modifier le cours et des robinets en arrêter le flux.

Un de ces robinets, qu'un bateau transportait avec des tuyaux et d'autres matériels, a été retrouvé dans le fond du lac de Nemi ; conçu pour s'adapter aux tuyaux de 90, c'est un *nonagenarius* dont le diamètre est de 198 mm et qui pourrait sans doute être encore mis en service. Un autre, dont le diamètre est de 250 mm, est visible au musée d'Ostie. Toujours très rigoureusement fabriqués, ces robinets sont dans la pratique assez semblables aux nôtres ; la noix et le boisseau étaient le plus souvent de bronze et façonnés au tour ; la clef, quand elle était travaillée, représentait presque toujours une tête d'animal, dont le nom est resté : les Allemands appellent « coq » (Hahn) leurs robinets, nous les appelons « petit mouton », du mot « robin » qui désignait jadis cet animal. Tous n'étaient cependant pas aussi luxueux ; celui qu'on voit toujours au jardin des Vettii ne possède qu'une clef très simple en forme de croix ; pour que les plantes et les fleurs soient arrosées dans la fraîcheur de la nuit, ce n'est que le soir sans doute qu'un esclave se penchait vers lui pour l'ouvrir, comme nous pourrions encore le faire.

Amenée de si loin par tant d'hommes et de labeur, l'eau de Rome n'était ainsi jamais gaspillée. Seules coulaient sans trêve les fontaines où bavardaient les femmes et jouaient les enfants, mais l'excès de leurs eaux pures, en nettoyant les rues, donnait à la cité l'hygiène et la propreté : *Il est indispensable*, dit une ordonnance impériale[39], *qu'il tombe des châteaux d'eau une partie de leur eau ; non seulement cela importe à l'hygiène de notre ville, mais cela sert aussi à purger les égouts.*

IV

Évacuer l'eau : les égouts

C'est en effet par les égouts que tout se termine et c'est par eux que tout avait commencé. Comme l'aqueduc porte le flot des eaux claires, ils emportent le flux des eaux noires ; ils sont l'écoulement sombre et mystérieux par lequel l'eau retourne à la terre dont elle était sortie. Leur présence souterraine étonne autant que celle des plus hauts *specus*, et la *Cloaca maxima* n'est pas moins célèbre que le pont du Gard.

Le mince filet d'eau qui dans une ville jaillit d'une fontaine peut en effet suffire à désaltérer, mais ce qui n'est pas bu se perd dans un sol où se développent les puanteurs, les miasmes et les épidémies ; pour que la cité soit florissante, il faut un courant plus abondant et plus fort. L'aqueduc crée l'égout, mais l'égout produit l'aqueduc, et l'eau qui ruisselle au long des trottoirs est aussi utile que celle que l'on boit ; l'une permet de vivre et l'autre de survivre : *Même les eaux d'écoulement ne restent pas oisives : les causes du mauvais air sont enlevées, l'aspect des rues est propre, l'atmosphère plus pure*[1]. Au terme de leur parcours, et sans rien perdre de leur fonction nourricière et politique, les eaux retrouvent ainsi, quand elles vont s'engloutir, le caractère sacré qu'elles avaient à leur source : elles sont purificatrices.

Assainir et drainer

L'eau pourtant peut elle-même être gênante, et c'est en l'évacuant pour assainir que les Romains, héritiers des Étrusques, avaient appris d'abord à creuser des canaux. L'Italie comporte en effet beaucoup de plaines dont la pente est faible et le sous-sol imperméable ; pour cultiver les campagnes et rendre plus habitables les bourgades où se rassemblaient les premières populations, il fut donc très souvent nécessaire d'en chasser les eaux qui rendaient la terre infertile et le ciel lourd, comme on dit en latin (*grave caelum*). Des entreprises de Claude[2] et de ses successeurs pour faire disparaître le lac Fucin, jusqu'à la suppression des marais Pontins vers 1930, l'assèchement des terres italiennes fut ainsi toujours une grande entreprise nationale, dont le but était à la fois d'augmenter l'étendue des sols productifs et de réduire la fréquence des fièvres et des malarias.

On se contenta tout d'abord de tracer dans les champs des canaux à ciel ouvert, et ce travail fut sans doute, avec l'irrigation des sols trop secs et le percement des puits, le premier de tous les aménagements hydrauliques. L'homme exprime en effet en creusant des rigoles un rapport spécifique avec l'eau : quand il la voit prendre, en hésitant parfois, le chemin qu'il lui impose, il la sent comme vivante en même temps qu'il se découvre plus fort.

Simples fossés de fabrication relativement commode et assez rudimentaire, ces canaux ne rassemblaient toutefois que les eaux de surface et ne suffisaient pas à les évacuer ; la pente étant souvent trop faible, ils se transformaient vite en de longues mares où stagnaient des flaques toujours infestées. Ils furent pourtant continuellement utilisés comme technique agricole ; Caton, par exemple, et Columelle en recommandent encore l'usage pour certains types de plantations arboricoles[3].

Cuniculi

Il apparut donc assez tôt qu'on assécherait plus efficacement la terre en y installant des galeries souterraines qui la draineraient en profondeur, et cette nécessité fut particulièrement sensible en Étrurie méridionale et dans le Latium. Ces régions ne disposent en effet que d'une mince couche arable, qui repose sur d'épaisses formations de tufs et de débris volcaniques divers ; retenant l'eau qui tombe du ciel et attirant celle qui circule en profondeur, la terre devient marécageuse et se trouve en même temps soumise à une forte érosion qui tend à l'entraîner vers les parties les plus basses. Pour l'assainir, on aménagea, sous les couches perméables et dans le tuf, un réseau de petites canalisations qui devaient assécher le sol en y faisant circuler l'air et en soutirant l'eau.

Appelées *cuniculi*, comme les lapins dont les Romains avaient découvert en Espagne les étonnantes qualités de mineurs, ces galeries étaient munies de regards, qui avaient d'abord servi pour l'extraction des déblais lors du creusement[4] et qu'on utilisait ensuite comme puits de curage et d'aération ; leur voûte était plutôt circulaire quand le sol était ferme, et plutôt triangulaire quand il était plus tendre ou risquait de s'effondrer. On pouvait ou bien les installer sur de grandes distances et en faire de véritables petites rivières qui remplaçaient sous terre celles qui n'existaient pas en surface, ou bien les établir en réseaux plus restreints sur les pentes d'une colline et en faire des collecteurs qui conduisaient les eaux jusqu'aux fleuves et au fond des vallées ; en les juxtaposant, voire en les superposant, on traçait ainsi dans le sous-sol un véritable labyrinthe, et l'on finissait par cultiver des champs posés, si l'on peut dire, sur un vide sanitaire.

Égouts et *cuniculi*

La technique de construction de ces drains, qui ressemblent tant aux *specus* et aux tunnels, ne fut pourtant appliquée que très tardivement aux égouts urbains, et Rome ne doit qu'à sa situation géographique d'avoir été très tôt une *ville suspendue*[5]. Installée sur des collines qui dominaient un site humide et insalubre, elle fut en effet dotée par nécessité d'un système qui n'avait d'abord été prévu que pour les champs. Son premier réseau souterrain fut sans doute ainsi celui des *cuniculi* qui conduisaient au Tibre les eaux collectées sur les pentes du Viminal et de l'Esquilin, et le premier grand égout, dont la tradition historique attribue la mise en place à Tarquin l'Ancien[6], s'apparente plus au drainage des terres qu'à l'assainissement des cités : traversant l'Argilète, l'emplacement du Forum et le Vélabre, quartiers paludéens dont l'assèchement était indispensable au développement des activités commerciales, il ne fut longtemps qu'un simple canal à ciel ouvert qui rassemblait les eaux stagnantes ou résurgentes et les ramenait jusqu'au fleuve. C'est grâce à lui pourtant que vers 600 avant J.-C. s'installa, sur un lit de cailloux d'abord, la place qui allait devenir le centre du monde occidental. Initialement semblable aux fossés qu'on trouvait aussi dans les campagnes, ce canal ne fut que très tardivement couvert : au IIe siècle avant J.-C., le grammairien Cratès de Mallos y tomba par excès de concentration intellectuelle ou pure inadvertance.

Le sol à bâtir de Rome ne fut ainsi traité d'abord que comme un sol à cultiver. La ville n'était d'ailleurs, au temps des rois étrusques et des premiers grands constructeurs, qu'une bourgade où vivait un peuple de paysans et de bergers. Elle ne disposait que de la production des sources et des puits, qui, pour abondante qu'elle fût, n'aurait pu fournir la chasse nécessaire au bon fonctionnement d'un véritable égout ; c'était donc l'eau du sol, plutôt que celle d'une ville, qui s'évacuait dans un réseau de canaux souterrains qu'il suffit plus tard d'étendre et d'améliorer pour y faire passer le trop-plein des aqueducs. Par la densité, le nombre et la solidité des *cuniculi* sur lesquels un hasard géographique l'avait contrainte à s'édifier, Rome était prête par nature à disposer un jour du plus grand des cloaques. Sur ce point, comme sur tant d'autres, elle était exceptionnelle.

Villes modernes et villes anciennes

Pour la plupart des villes anciennes, qui ne disposaient pas déjà de galeries souterraines et dont la structure était à la fois anarchique et bien affirmée, évacuer l'eau ne signifiait pas toujours disposer d'un grand égout. Sans adduction le courant ne pouvait en effet suffire et, quand on avait engagé les frais d'un aqueduc, il n'était que rarement possible d'entreprendre en outre des travaux pareils à ceux des rois, dont la mémoire gardait un souvenir quasi fabuleux. Faute de pouvoir défoncer les rues, on se contentait donc d'y ménager des rigoles, et l'eau descendait au long des trottoirs en charriant avec elle un flot d'immondices ; elle n'était le plus souvent collectée qu'à l'extérieur des murs pour se perdre dans la mer, dans un fleuve, ou servir à l'irrigation des champs.

Pompéi, ville ancienne

A l'inverse de Rome dont le sol était, si l'on peut dire, spongieux, Pompéi, par exemple, était tout entière édifiée sur une coulée de lave absolument imperméable.

L'assiette de la ville étant heureusement inclinée vers la mer, les eaux usées qui provenaient des citernes et des rares puits qu'on avait pu forer s'évacuaient vers les remparts et vers le port en suivant le tracé des rues. Avant l'installation de l'aqueduc, elles ne disposaient pas de l'abondance indispensable et descendaient en stagnant parfois et en s'évaporant, laissant des coulées nauséabondes qui devaient s'épaissir à la longue en croûtes infectes ; l'ensemble ne pouvait être emporté qu'au moment d'un violent orage ou quand les foulons, très nombreux dans la cité, vidangeaient leurs bassins. Dans toutes les grandes villes, le système était en gros le même, et ce fut très longtemps celui de nos cités « modernes » : le Paris du XVIIIe siècle était encore sale et empuanti parce que, s'il ne manquait pas d'eau à boire, il en manquait pour drainer ses égouts. A Rome, avant les aqueducs, et dans certains quartiers, même au temps des adductions les plus fortes, la situation devait être semblable[7].

A Pompéi, quand l'aqueduc fut mis en place et que l'eau put se déverser jour et nuit par-dessus toutes les fontaines publiques, l'aspect de la cité changea profondément, mais on n'en modifia pas l'infrastructure : aucun égout ne fut spécialement construit, et les édiles n'envisagèrent pas d'en établir, même après que la ville eut été bouleversée par le tremblement de terre de 62. Les eaux salies ne furent donc toujours conduites qu'à la rue. Quand elles provenaient des étages, elles étaient descendues par de grosses canalisations de poterie[8], très visibles encore au long des murs et souvent encastrées pour éviter des chocs et des cassures accidentelles ; quand elles provenaient des rez-de-chaussée, elles s'échappaient en passant sous les trottoirs, et tous ceux qui ne disposaient d'aucun écoulement individuel jetaient directement leurs immondices au caniveau. Quelques latrines restèrent branchées sur des fosses et des puisards qu'on vidangeait régulièrement et dont on récupérait le contenu pour l'engraissement des cultures maraîchères, mais la plupart furent également, et plus commodément, raccordées à la rue que balayait maintenant le courant propre et continu des trop-pleins.

Au lieu d'un mince filet d'eau toujours plus ou moins croupissante, ce fut alors un flux continuel et sans cesse alimenté par le débit des fontaines qui se déversa sur les pavés. Le promeneur qui flâne aujourd'hui dans les ruelles blanchies et desséchées n'imagine pas sans mal ce ruissellement douteux, odorant sans doute et parfois coloré. Il se représente les enfants et les femmes aux bassins des fontaines et ne pense pas qu'on ne pouvait y accéder que par les trottoirs ; il croit que les grosses pierres qu'il voit au travers des chaussées ne servaient que les jours d'orage et ne se dit pas que leur mise en place eût été dans ce cas bien superflue ; il ne songe pas que les rues, quelquefois transformées en ruisseaux, charriaient l'eau des latrines avec celle des foulons ou des thermes, et que ces gros blocs servaient presque tous les jours pour traverser à pied sec. Encore n'étaient-ils pas tout à fait sûrs : comme ils ne laissaient entre eux que d'étroits intervalles par où se glissaient les roues des chariots, les débris s'y entassaient fréquemment, et il fallait souvent dégager le passage pour que les pierres demeurent sèches et que les trottoirs ne soient pas inondés. Ceux des Pompéiens qui se souvenaient du passé savaient pourtant que cette eau, dans laquelle ils pataugeaient parfois avec leurs charrettes et leurs mules, apportait à la cité plus d'hygiène et de propreté que le mince et malodorant écoulement qui s'y desséchait autrefois.

L'égout ne descendait pourtant pas ainsi jusqu'à la mer. À l'occasion d'une réfection du Forum, on avait en effet construit sous les dallages un canal souterrain dans lequel ce qui venait de plus haut s'engouffrait par des bouches aménagées comme de nos jours au bas des trottoirs et encore visibles à plus d'un endroit. Le conduit se terminait près des portes au pied des murailles, et c'est en passant sous les remparts que les rejets allaient se perdre dans les flots.

La grande place et toutes les rues situées plus bas qu'elle étaient donc aussi sèches que celles d'Herculanum, dont la partie visitable se trouve également entre Forum et mer ; c'est la raison pour laquelle sans doute on voit moins de fontaines à Herculanum et pour laquelle aussi, bien que les orages y soient probablement les mêmes, aucune pierre n'aide à traverser les rues. La ville paraît ainsi plus chic et plus moderne que Pompéi, sa voisine ; encore faudrait-il savoir si le réseau d'évacuation s'étendait au-delà du Forum ou s'il ne concernait aussi que les parties les plus basses de la cité. La réponse est pour très longtemps encore enfouie sous les immeubles d'Ercolano.

Les villes modernes

Vers la fin du Ier siècle, on ne concevait pourtant plus qu'une ville importante ne fût pas traversée par un puissant courant d'eau qui puisse à la fois la nourrir et la nettoyer. Celles que l'on construit ou reconstruit à cette époque et que l'on peut appeler modernes, en les comparant à Rome ou à Pompéi qui ont presque un demi-millénaire de plus qu'elles, sont donc toujours équipées d'un aqueduc et d'un égout souterrain.

Bâtie vers 100 après J.-C., c'est-à-dire au temps de Trajan et de Frontin, Timgad est, par exemple, le type même des villes dites carrées ou en damiers, parce que toutes les rues sont tracées parallèlement à deux rues principales et perpendiculaires, dont l'une, le *cardo*, est orientée nord-sud, et l'autre, le *decumanus*, est-ouest. Conçus d'une manière aussi rigoureuse que le plan de la ville, et en même temps que lui, les égouts s'y présentent comme des galeries souterraines de 0,80 à 1 mètre de hauteur sur 0,40 de largeur, qui suivent toutes les rues sans exception. Ces galeries, auxquelles étaient évidemment raccordées toutes les évacuations urbaines, sont munies de regards de visite et par endroits de bouches où s'engouffraient les eaux d'orage ; directement pour les rues décumanes et par l'intermédiaire du *decumanus* pour les autres, elles aboutissaient au canal collecteur, plus large et plus profond, qui cheminait sous le *cardo*. Pour entretenir et faciliter l'écoulement, leurs radiers sont en pente légère et se trouvent toujours à un niveau supérieur à celui du collecteur central auquel parvenaient finalement tous les rejets de la ville ; un canal extérieur les conduisait alors jusqu'aux vallées des oueds voisins dont les crues les balayaient et les emportaient plus loin.

Des systèmes semblables ont existé dans la plupart des grandes villes qui furent soit construites, soit plutôt totalement refaites, à une époque où l'aqueduc et son corollaire l'égout faisaient en quelque sorte obligatoirement partie du décor. Beaucoup de petites cités gallo-romaines se trouvent pour cette raison beaucoup mieux équipées que des villes plus importantes, mais plus anciennes, qui reculaient, comme Pompéi, devant l'embarras et le coût des travaux ; les eaux salies s'écoulaient ainsi depuis longtemps sous les pavés d'Arles, de Metz ou de Vaison, quand les habitants d'Amastris réclamaient encore à leur gouverneur de faire couvrir le canal à ciel ouvert qui empestait leur ville au lieu de la purifier[9].

A Saint-Romain-en-Gal, à Trèves, à Nîmes ou à Besançon, les galeries souterraines ont à peu près partout les mêmes formes et les mêmes dimensions que celles qu'on peut voir à Timgad ; qu'elles soient couvertes en tuiles ou en dalles plates, qu'elles aient des voûtes en encorbellement ou en berceau, elles se ressemblent toutes, comme elles ressemblent aux *specus* et aux *cuniculi* dont elles répètent partout la forme primitive. Héritières d'une tradition millénaire, elles sont aussi le symbole d'une forme nouvelle d'urbanisme qui allie le confort à l'hygiène et nous apparaît comme très moderne ; ce n'est, par exemple, qu'à la fin du XIXe siècle que Paris disposera d'un réseau d'évacuation semblable à ceux sans lesquels on n'imaginait pas, deux mille ans plus tôt, de faire vivre une grande cité !

Le cas de Rome

Le cas de Rome est cependant à la fois plus complexe et plus grandiose.

Au prix d'importants et cruels travaux, Tarquin l'Ancien avait rendu, vers 600 avant J.-C., la zone du Forum habitable. Il en avait écarté les sépultures, asséché la terre et recouvert le sol d'un lit de cailloux ; l'érection du temple de Jupiter Capitolin avait en outre affirmé l'unité de la plaine et des trois collines du Quirinal, du Capitole et du Palatin. Pour que la ville pût commodément s'étendre, il restait pourtant encore à transformer ce qui n'était qu'un drainage en véritable égout.

Vers 520 sans doute, Tarquin le Superbe entreprit donc de rénover le canal de Tarquin l'Ancien, qui s'étendait sur 800 mètres environ, du centre du Forum au Tibre ; il en fit probablement recreuser profondément le lit qu'il rendit totalement souterrain en le couvrant partout de voûtes en pépérin ou en pierres de Stabies. Bien que les envasements successifs et les remontées du Tibre empêchent aujourd'hui d'en connaître exactement la hauteur, on peut penser que les dimensions de l'ouvrage étaient considérables ; il devait en effet désormais recevoir, avec les eaux collectées des collines et du sol, toutes les immondices d'une ville en plein développement et tout ce qu'apportaient maintenant les nouveaux canaux que l'on creusait surtout à ciel ouvert en suivant le tracé des rues. Seule cependant l'eau des pluies pouvait, avec celles des sources, assurer l'écoulement.

Une histoire

De ces grands travaux naquit le très grand égout de Rome, la *Cloaca maxima* ; il n'est en fait que l'organisation progressive autour du grand canal de tout un réseau plus ancien de drains et de galeries qu'on adapta sans cesse aux besoins toujours croissants de la cité. Sa construction fut donc si longue et si difficile, mais le résultat si grandiose, que l'empreinte en reste encore dans les mémoires et que la tradition s'attacha vite à en faire une œuvre immense et fabuleuse. Pline trouve, par exemple, les jardins suspendus de Thèbes *moins extraordinaire*[s] *que le passage d'un fleuve en plein centre de la ville*[10], et rapporte *que Tarquin fit donner aux galeries une largeur telle qu'on pût y faire passer une charrette largement chargée de foin*[11]. Le bon sens des Romains les détourna probablement toujours de transporter leur fourrage dans les égouts plutôt que dans les rues, mais l'image évoque un volume, une forme et des galeries élevées et rondes qui seraient comme des voies tout à la fois rustiques et royales ouvertes dans le sol même de la ville.

Près du forum Boarium, le grand ouvrage débouchait dans le Tibre, et l'on a longtemps pensé que la sortie voûtée, qu'on peut encore voir sous les quais près du ponte Rotto, était avec la muraille de Servius Tullius un des vestiges les plus antiques de Rome. On le croyait d'autant plus facilement que cet arc lourd et presque noyé frappa aisément l'imagination : la voûte solide et basse est de celles qui semblent éternelles, et la bouche d'ombre qu'elle dessine au ras des flots paraît ouvrir sur les entrailles de la terre et sur la nuit des temps. L'archéologie moderne est cependant moins impressionnable, et l'on sait maintenant que ni cet exutoire ni ce qui reste çà et là du grand canal ne furent contemporains des rois : avec ses cinq mètres de diamètre, l'arc à claveaux superposés du Tibre n'est pas archaïque, et les extrados des voûtes du canal se trouvent en plusieurs endroits plus hauts que le pavement républicain du Forum. Ce qu'on peut encore voir de la *Cloaca maxima* ne date ainsi probablement que de la République tardive, et sans doute même du temps d'Agrippa. L'œuvre des Tarquins est finalement moins présente dans les pierres que dans les esprits.

Il serait pourtant faux de croire qu'elle n'a pas été durable : les rois étrusques avaient en effet doté la ville d'un système d'égouts à la mesure de la grande cité qu'elle allait devenir et *la construction continue à résister... Au-dessus l'on traîne d'énormes charges sans que cela fasse écrouler les galeries de l'ouvrage. Elles sont frappées par les bâtiments qui s'écroulent d'eux-mêmes ou que les incendies jettent bas ; les tremblements de terre ébranlent le sol, et pourtant elles demeurent à peu près invincibles depuis les sept cents ans qui nous séparent de Tarquin l'Ancien*[12]. Dix-neuf siècles ont encore passé depuis que Pline écrivait ces lignes, et les galeries tiennent toujours !

Quand, en 390 avant J.-C., les Gaulois détruisirent la ville de fond en comble, les égouts subsistèrent. Mais lorsque Camille eut persuadé les Romains accablés de rebâtir leur ville au lieu d'aller s'installer à Veies, l'enthousiasme fut soudainement tel que la reconstruction se fit dans un total désordre. *Cette hâte dispensa du soin d'aligner les rues et de bien distinguer son terrain de celui d'autrui : où il y avait du vide on bâtissait. Voilà pourquoi les vieux égouts, primitivement établis sous la voie publique, passent aujourd'hui par endroits sous les maisons particulières*[13]. L'histoire est belle et sans doute en partie vraie : dès l'origine pourtant, le Forum et les premières habitations s'étaient établis sur les drains souterrains qui rendaient possible leur existence. Rome, ses maisons et ses places avaient toujours reposé sur un vide bien plus ancien qu'elles, et ses rois avaient organisé sous le sol un réseau qui ne serait jamais fondamentalement remanié par la suite.

Pendant deux siècles en effet on se contenta d'entretenir et de curer les galeries qui suffirent sans doute aux besoins de la ville jusqu'à l'arrivée des aqueducs.

La mise en place, dès 312 avant J.-C., de l'*aqua Appia* n'eut probablement qu'une influence bénéfique et très limitée : l'apport en eau n'était pas très considérable et ne pouvait qu'améliorer le flux d'évacuation. L'ouverture, en 272, de l'*Anio vetus*, qui débitait beaucoup plus que l'*Appia*, rendit en revanche assez rapidement indispensable l'exécution d'importants travaux. Le décret qui réservait aux égouts le trop-plein des adductions fut sans doute adopté vers cette époque, et le passage dans les galeries d'un courant plus puissant et plus régulier, s'il assurait une meilleure chasse, eut cependant aussi plus d'un effet pervers sur des constructions dont l'âge devenait respectable. Les *cuniculi* des quartiers désormais dotés de fontaines devenaient en outre trop étroits, et le fond des canaux devait être assez fortement envasé par les limons du sol et les remontées régulières du Tibre ; on devait enfin prévoir la mise en service d'un troisième aqueduc, que l'extension de la ville et son besoin de confort rendait de plus en plus nécessaire ; elle se fit en 144 avant notre ère avec l'*aqua Marcia*.

Ce n'est pourtant qu'en 184 avant J.-C., près d'un

siècle après la mise en eau de l'*Anio vetus*, que les travaux nécessaires furent décidés par les censeurs P. Porcius Cato et L. Valérius Flaccus : on ouvrit de nouvelles galeries, dont l'une passait sous l'Aventin, on répara les plus anciennes, on nettoya l'ensemble et l'on fit aboutir un nouvel émissaire au Tibre en aval du grand cloaque.

Quelle qu'ait été leur importance, ces travaux ne modifièrent pourtant pas aussi profondément la physionomie de la *Cloaca maxima* que ceux qui furent entrepris, quatre-vingt-dix ans plus tard environ, pour préparer l'arrivée de deux nouveaux grands aqueducs et mettre en place à Rome un nouvel urbanisme. A partir de 33 avant J.-C., les galeries, dont l'entretien n'avait pas été régulièrement assuré pendant les troubles de la fin de la République, furent systématiquement remaniées par Agrippa : les murs et les voûtes, y compris sans doute ceux de l'exutoire du forum Boarium, furent restaurés ou refaits, et de nouveaux canaux furent creusés sous le champ de Mars dont le programme augustéen modifiait l'usage et la structure. Pour débarrasser les galeries des immondices et des limons qui les encombraient, Agrippa détourna le cours de sept rivières et les fit surgir ensemble dans les égouts ; pour suivre et diriger les travaux, il se déplaça lui-même en barque sous la terre, et son œuvre parut alors plus fabuleuse encore que celles des rois. Rome était bien *une ville suspendue au-dessous de laquelle on navigua au cours de l'édilité de Marcus Agrippa qui suivit son consulat. Sept rivières amenées la traversent et leur cours rapide comme celui des torrents les force à entraîner et emporter tout avec elles. De plus, quand l'eau amassée des pluies accélère leur course, elles ébranlent les fonds et les voûtes latérales. Quelquefois, elles reçoivent le Tibre qui y reflue et, à l'intérieur des conduits, les courants fougueux et opposés des eaux se livrent bataille*[14].

Le volume et la hauteur des galeries provoquent ici moins d'admiration que la puissance maintenant impériale d'un homme capable d'engloutir des rivières et d'y circuler comme à plaisir. Vaguement assimilé d'abord à des enfers aménagés dans lesquels passaient de lents et volumineux charrois, les égouts sont devenus comme l'illustration d'un ordre supérieur et tout-puissant qui dompte les éléments maléfiques et remet le monde en ordre jusque dans ses entrailles.

Une œuvre éternelle

Dès le règne d'Auguste, Rome disposa donc de trois grands réseaux d'égouts : la *Cloaca maxima* drainait depuis toujours la région du Forum ; un second ensemble, qui se jetait dans le Tibre au nord de la *Cloaca*, desservait la zone comprise entre l'Aventin et le Palatin, un troisième, qui débouchait au sud du ponte Rotto, assainissait toutes les constructions du nouveau champ de Mars.

Chacun de ces réseaux s'organisait autour d'un canal collecteur principal auquel aboutissaient des galeries souterraines plus petites, ou *cloacula*, qui suivaient le tracé des rues. La plupart des adductions débouchaient sur des canalisations secondaires qui recevaient aussi l'eau des pluies et des trop-pleins par des bouches en général munies de grilles et régulièrement disposées sur leur parcours. Dans les maisons, les thermes ou les cours, ces ouvertures étaient petites et souvent très décorées ; sur la voie publique, elles étaient toujours assez larges pour qu'un homme pût y passer : elles devaient être en effet utilisées par les ouvriers chargés des travaux de surveillance et d'entretien, mais le furent aussi quelquefois par des émeutiers ou des brigands : on tenta, par exemple, d'y jeter le corps, malheureusement trop large, d'Héliogabale, on y jeta celui de saint Sébastien. « *A l'égout, les deux cadavres, le cadavre d'Héliogabale, à l'égout*[15] *!* »

On avait également construit sous terre des bassins de dérivation semblables à ceux qu'on avait établis pour les aqueducs, mais qui fonctionnaient en quelque sorte à l'envers : y pénétrant par plusieurs petits canaux, les eaux salies en ressortaient par un seul, évidemment plus gros, après s'y être décantées. Certaines de ces chambres souterraines avaient des dimensions considérables : découverte au XVIe siècle, et toujours en service, la *Chiavica della Rotonda* fait, par exemple, quatre mètres de largeur sur trois de hauteur.

Une œuvre imparfaite

Il serait cependant excessif et certainement faux de croire que ces égouts fonctionnaient aussi bien que ceux dont nous ne disposons d'ailleurs que depuis un siècle à peine. D'une part, il arrivait sans doute que ces galeries, si bien surveillées fussent-elles, s'effondrent sous le poids des véhicules ou par l'effet des chocs et des mouvements de terrain ; au Ier siècle avant J.-C., par exemple, Scaurus dut fournir une importante caution pour obtenir le droit de charroyer dans les rues les colonnes de trente-huit pieds dont il voulait décorer sa demeure et, quand on les amenait d'Ostie, le trajet des obélisques évitait toujours les voies qui reposaient sur trop de vide. A Rome, d'autre part, les immeubles, évidemment bien plus nombreux qu'à Timgad ou Pompéi, n'étaient pas tous reliés à l'égout, et, quand ils l'étaient, ne l'étaient jamais totalement ; à côté des 1 800 *domus*[16] équipées d'un confort presque moderne, il existait ainsi dans la ville, au IVe siècle, environ 47 000 *insulae* qu'aucun réseau ne desservait ; qu'il s'agisse des eaux domestiques ou des latrines, seuls étaient en effet directement raccordés les rez-de-chaussée des habitations qui se trouvaient directement sur le passage des *cloacula* ; les étages et les *insulae* plus en retrait ne disposaient pas plus d'évacuation qu'ils ne disposaient d'eau courante. Certains quartiers enfin, comme le Trastevere, qu'un aqueduc n'alimenta spécialement qu'en 109 après J.-C., ne furent jamais équipés d'un véritable égout. Beaucoup d'habitants de Rome furent donc toujours contraints de recueillir leurs immondices et leurs rejets dans des récipients qu'ils allaient vider sur les dépôts les plus proches, ou qu'ils jetaient dans les caniveaux, quand ce n'était pas directement par les fenêtres[17].

Pour nombreuses qu'elles soient, les imperfections d'un système qui fut construit comme nous aurions pu le faire, mais dans un esprit totalement différent du nôtre, ne doivent cependant pas nous masquer les splendeurs et la force de l'ouvrage. Bien entretenus et bien administrés, les égouts durèrent en effet plus longtemps que la cité toujours plus grande et toujours plus belle qu'on avait en même temps construite au-dessus d'eux ; il n'y avait plus d'empereur et pratiquement plus de ville quand, à la fin du Vᵉ siècle après J.-C., Théodoric nomma l'un des derniers curateurs des égouts, et le cloaque ne cessa de fonctionner qu'au VIIIᵉ siècle, mille deux cents ans après sa création.

Des *cuniculi* primitifs aux constructions d'Agrippa, les Romains avaient ainsi produit sous terre comme un obscur reflet de leur réseau d'aqueducs, *un puissant chef-d'œuvre auquel collaborèrent, avec la longue expérience amassée par les Étrusques dans le drainage de leur marasme, la hardiesse et la patience du peuple romain*[18].

Rendant au Tibre les eaux venues d'autres fleuves, il marquait aussi, comme les arches, les canaux, les siphons et les ponts, l'extraordinaire succès d'hommes dont le courage et le savoir s'étaient appliqués sans cesse à vaincre les obstacles et à réussir ce qu'ils entreprenaient. Comme les artistes et les artisans, dont ils avaient la patience et le talent, ces ingénieurs n'ont jamais signé leurs œuvres, et leurs noms sont presque tous perdus ; seules une stèle, comme celle de Nonius Datus[19], une épitaphe, comme celle de Quintus Candidus Benignus, qui était d'Arles et y mourut vers 250 après J.-C., les tirent un instant de l'ombre et offrent aux Modernes l'occasion de leur rendre l'hommage tardif et respectueux qu'ils méritent.

Aux dieux manes de Quintus Candidus Benignus, membre de la corporation des charpentiers d'Arles, qui excella dans l'art de construire par son goût de la science et sa modestie, que les grands créateurs ont toujours considéré comme leur maître. Personne ne fut plus savant que lui ; personne ne le surpassa dans la construction des machines ni dans la conduite du cours des eaux. Ce fut un agréable convive, sachant régaler ses amis, un esprit porté à l'étude, une âme bienveillante. Candida Quintina à son père tant aimé et Valeria Maximina à son très cher époux[20].

Aux masses si nombreuses et si nécessaires de tant d'aqueducs, écrit Frontin[21], *allez donc comparer des pyramides qui ne servent évidemment à rien, ou encore les ouvrages des Grecs, inutiles, mais célébrés partout.* Du puits des origines à la citerne publique ou privée, puis à l'aqueduc et à l'égout, l'œuvre hydraulique de Rome est évidemment tout à fait considérable, mais l'orgueil, à la fois naïf et insolent, du curateur n'est pourtant pas entièrement justifié : des savants comme Archytas, Ctesibios ou Philon de Byzance avaient depuis longtemps défini les grands principes de l'hydraulique et, dès le IIe siècle avant J.-C., par exemple, Héron d'Alexandrie proposait, pour le calcul précis des débits, des solutions que ni Vitruve ni Frontin ne semblent connaître, ou qu'ils appliquent mal.

Bien avant la naissance de Rome, les Assyriens et les Chaldéens savaient, comme les Égyptiens, pratiquer l'irrigation de leurs terres et dresser des barrages. Les Hébreux creusèrent de vastes réservoirs sous Jérusalem[22], et l'on connaît l'histoire du tunnel d'Hézékiah[23] ou celle des citernes de Masada[24]. Les Grecs avaient équipé d'aqueducs leurs cités les plus importantes ; à Samos l'eau progressait dans un long tunnel depuis le VIe siècle avant notre ère, et le général Curion, ami de Sylla, mais père du tribun de César, avait, en 88 avant J.-C., pris l'Acropole d'Athènes aux troupes de Mithridate en coupant les canalisations qui ravitaillaient la place forte. Les habitants de Rome ne disposaient encore que de deux aqueducs lorsque Eumène (197-159 avant J.-C.) dota la citadelle de Pergame d'une adduction qui alignait 200 000 tuyaux sur 40 km de longueur et franchissait en siphon une dépression de 200 mètres !

L'aqueduc n'est donc pas, tant sans faut, une spécificité romaine. Comme pour le glaive qu'ils empruntèrent aux Hibères ou le drainage qu'ils tenaient des Étrusques, la force des Romains fut en effet moins d'inventer que d'accroître et de savoir utiliser. Ce qui est spécifiquement romain, c'est ainsi la multiplicité des aqueducs, l'énormité des distances qu'ils faisaient parcourir à l'eau, l'abondance des débits qu'ils obtinrent et l'audace des ouvrages qu'ils mirent en place pour franchir les obstacles naturels ; ce qui est spécifique encore, c'est la densité du réseau qu'ils tramèrent au-dessous et en dessus d'un tissu toujours plus serré de routes et l'importance des moyens en hommes et en argent qu'ils y consacrèrent à toutes les époques de leur longue histoire ; ce qui est nouveau surtout, c'est la puissance qu'ils donnèrent à leurs administrateurs et la qualité du rôle politique qu'ils ne cessèrent jamais de confier à l'ensemble de leurs adductions.

Ils bénéficièrent pour cela d'une situation historique qui plaça le début de leur essor au moment où les grandes découvertes de l'époque hellénistique étaient faites et ne demandaient en somme qu'à être mieux exploitées ; ils appliquèrent aussitôt à cette exploitation leurs qualités maîtresses qui étaient la gestion et l'administration de l'utile ; ils connurent enfin une évolution politique telle que le pouvoir qui les dirigeait trouva bientôt dans la multiplication des aqueducs un intérêt qu'il avait d'abord placé dans une fructueuse extension territoriale. L'histoire, le droit et les conceptions d'un État toujours plus attentif au bien-être matériel des citoyens contribuèrent de ce fait, autant que les ingénieurs, au prodigieux développement des techniques de l'eau romaine.

TROISIÈME PARTIE

L'eau du pouvoir

I

Les aqueducs et l'histoire : le cas de Rome

En 312 avant J.-C., *sous le consulat de M. Valerius Maximus et de P. Decius Mus, trente ans après le début de la guerre sammite*[1], le censeur Appius Claudius Crassus, dit plus tard Caecus, procéda à la mise en place d'un vaste programme de travaux publics. Comme le pouvoir de Rome commençait à s'étendre aux terres de l'Italie du Sud, il fit ouvrir et descendre vers la Campanie la grande voie qui porte encore son nom ; il fit en même temps venir de l'est, et profondément sous terre afin d'en garantir la sécurité, le premier de tous les aqueducs romains.

Même si elles ne sont pas construites l'une près de l'autre, la *via Appia* et l'*aqua Appia* montrent d'emblée ce que sera désormais la politique romaine : améliorer les voies qui permettront de quitter Rome ou d'y venir, et fournir en même temps les moyens d'y subsister ; aérée par les routes et alimentée en eau, la ville ne peut maintenant que s'accroître en même temps que les terres toujours plus vastes sur lesquelles elle étend son pouvoir.

Des origines à la fin de l'Empire, l'histoire des aqueducs est ainsi très étroitement liée à l'évolution de Rome ; elle est comme le reflet sinon de l'histoire elle-même, du moins de ses tendances profondes et, si l'on peut dire, de son esprit.

Quatre aqueducs républicains

Aqueducs et conquête

Les premiers aqueducs, en effet, sont nés de la conquête, et les dates sont ici très caractéristiques.

Rome s'engage en 327 avant J.-C. dans la seconde guerre sammite et l'*Appia* naît en 312 ; Rome triomphe de Pyrrhus en 275 et l'*Anio vetus* est construit en 272 ; Rome détruit à la fois Corinthe et Carthage en 146 et l'eau pure de l'*aqua Marcia* jaillit des fontaines en 144 ; Rome installe en 129 son pouvoir en Asie et peut s'offrir en 125 le petit complément qu'apporte la *Tepula*.

Déjà parlantes en elles-mêmes, ces dates trouvent encore une confirmation dans les intervalles de temps qui les séparent. Entre l'*Appia* et l'*Anio vetus* quarante ans s'écoulent, et seulement dix-neuf entre la *Marcia* et la *Tepula* : ce sont les moments heureux et riches où tout réussit à Rome, et l'histoire semble s'accélérer ; mais les cent vingt-huit ans qu'on trouve entre l'*Anio vetus* et la *Marcia* portent en creux la marque noire des guerres contre Carthage, comme les cent deux ans qui s'étendront entre la *Tepula* et la *Julia* porteront celles des guerres civiles.

Si les dates de mise en eau des quatre aqueducs de la République jalonnent malgré tout, comme des arcs de triomphe pacifiques, les grandes étapes de l'expansionnisme de Rome, c'est que les Romains victorieux ressentirent bientôt le besoin de hausser leur ville à la hauteur de la gloire qu'elle était en train d'acquérir et qu'ils en obtinrent en même temps les moyens.

Avec les victoires militaires, les prisonniers de guerre arrivèrent en masse dans les marchés d'esclaves et apportèrent aussitôt les bras qui étaient nécessaires à la réalisation d'œuvres toujours plus grandioses. Le butin pris à Pyrrhus finança la construction de l'*Anio vetus* ; la bataille de Pydna, la prise de la riche Corinthe et même celle de Carthage amenèrent à Rome des capitaux considérables, auxquels s'ajoutèrent bientôt les tributs que devaient régulièrement verser les pays nouvellement conquis. Signe des temps de puissance et de richesse, Rome émit en 289 ses premières monnaies de bronze, en 269 des didrachmes d'argent, en 214 les premiers deniers du même métal qui allaient ajouter la domination économique à la suprématie militaire.

L'esprit nouveau

Mais, en même temps que s'affirmait le rayonnement sans conteste de Rome, un esprit nouveau s'y répandait. Le peuple enrichi, dont les monnaies portaient déjà la mention *Dea Roma*, désirait plus de confort et plus de luxe, et les cités récemment conquises de Sicile ou d'Asie en offraient sans rechigner le modèle admirable. Les conquêtes faisaient ainsi naître des besoins qu'elles donnaient aussitôt les moyens de satisfaire ; l'argent et les occasions de le dépenser arrivaient ensemble.

Après les horreurs et les dévastations sans nombre des guerres puniques et malgré les profonds tiraillements que provoquaient dans les esprits les progrès évidents de l'hellénisme et d'un nouvel art de vivre, le pouvoir politique se devait pour sa part de faire entrer Rome dans le concert des grandes cités méditerranéennes. Pour répondre aux nouveaux besoins, il lui fallait jeter les bases d'un véritable urbanisme et favoriser sans perdre de temps l'embellissement et l'extension d'une ville qui devenait la maîtresse du monde ; entretenir les canalisations existantes et restaurer les égouts, amener l'eau dans les quartiers qui en manquaient encore, augmenter sensiblement le nombre des fontaines et des bassins répartis partout dans la ville était alors une tâche prioritaire et l'on vit, dans Rome, à la fois la population s'accroître, le Forum s'enrichir, les belles villas se multiplier, le réseau d'aqueducs s'étendre et se rénover à grands frais. *Comme l'accroissement de la ville exigeait visiblement une augmentation de la quantité d'eau, le Sénat le* [Marcius Rex] *chargea également de faire amener dans la ville toutes les autres eaux qu'il pourrait... Pour ces travaux, on vota à Marcius un crédit de 180 millions de sesterces et, comme la durée de sa préture ne suffisait pas pour achever la tâche, il fut prorogé d'un an*[2].

Un premier réseau

Favorisée par une réelle volonté politique, l'extension des aqueducs répondit ainsi de façon spectaculaire à l'augmentation des moyens et des besoins. L'*Appia* ne captait l'eau qu'à seize kilomètres de Rome, mais l'*Anio vetus* parcourt soixante-trois kilomètres et la *Marcia* quatre-vingt-onze ; l'*Appia* n'apportait que 73 600 m^3 par jour, mais l'*Anio* en déverse 175 900 et la *Marcia* 187 600. À proportion que Rome était plus sûre d'elle et craignait moins qu'un ennemi ne vînt les rompre, la longueur sur arches connut un progrès semblable et passa de quatre-vingt-dix mètres pour l'*Appia*, soit 0,54 % de la longueur totale, à dix mille mètres pour la *Marcia*, soit 10,96 % du parcours. Quant à la *Tepula*, avec ses deux kilomètres et ses 17 800 m^3, elle ne fut jamais qu'une force d'appoint dont le rôle n'est significatif que dans la mesure où elle s'ajoute à tous les autres et répond à de nouveaux afflux de population dans les quartiers est de Rome.

Aussi longs déjà que ceux qui viendraient plus tard, les aqueducs de la République étaient seulement moins abondants et plus bas qu'eux, *soit que l'art de calculer les niveaux n'ait pas encore été amené à la perfection,* *soit* [qu'on ait] *fait exprès d'enfoncer les aqueducs sous terre pour éviter qu'ils ne fussent coupés par l'ennemi, car on soutenait encore de nombreuses guerres contre les Italiens*[3].

Quoi qu'il en soit, Rome était entièrement pourvue d'eau dès 125 avant J.-C. Chaque nouvel aqueduc était venu soit desservir un nouveau quartier, soit combler les vides qu'avaient laissés les autres, et même le Capitole, ou l'Aventin peut-être, étaient depuis 144 alimentés par des siphons[4]. Bien que ses ingénieurs aient sans doute plutôt manqué d'audace que de moyens techniques, la République avait su conduire à son terme une œuvre fondamentale : elle avait pu répondre au besoin de confort des habitants sans tomber dans l'ostentation du luxe, et elle avait équipé la ville d'un réseau d'adductions tel qu'il ne serait plus possible ensuite de ne pas l'entretenir ou de ne pas l'étendre.

Cinq aqueducs julio-claudiens

La République avait construit quatre aqueducs en deux siècles et demi ; sur le bref espace de soixante-quinze ans, les empereurs julio-claudiens en installèrent cinq autres, qui ne répondaient plus aux progrès de la conquête, mais à l'accroissement rapide et continuel des besoins de la capitale.

Auguste et Agrippa

Établis par Auguste et son gendre Agrippa[5], les premières adductions impériales portent la marque de l'urgence. La succession des guerres civiles et l'affaiblissement de l'autorité centrale avaient profondément désorganisé l'administration d'un pouvoir agonisant, et les aqueducs avaient été sans doute aussi mal entretenus que les égouts[6]. Le retour de la paix attirait d'autre part dans la cité des populations toujours plus nombreuses, et la nouvelle autorité tenait à rendre rapidement sensible son aptitude à rétablir l'ordre et la prospérité. Pour aller plus vite, et probablement aussi pour ne pas aggraver les problèmes d'encombrement qui commençaient à se poser dans les banlieues est de Rome, on fit d'abord plus d'aménagements que de grandes constructions.

L'*aqua Julia* reprit, par exemple, les arches déjà dressées de la *Tepula* qui ne redevint indépendante qu'à son entrée dans la ville ; elle ne lui ajouta que les trois kilomètres qui séparent les anciennes sources des nouvelles et n'apporta qu'un débit supplémentaire d'environ 48 000 m^3. L'*Alsietina* ne conduisit à la naumachie d'Auguste, près du Tibre, que 15 680 m^3 d'une eau qu'on ne pouvait boire, et même l'*aqua Virgo*, qui contourne la cité pour y pénétrer par le nord et piquer droit sur le champ de Mars, ne fournit pas, avec ses 100 000 m^3, une quantité comparable à celle des aqueducs républicains.

Avec ces adductions, qui n'atteignent même pas à elles trois la seule production de l'*Anio vetus*, Auguste et Agrippa se préoccupaient surtout d'améliorer le réseau déjà existant en le complétant pour le rendre partout plus dense, et c'est dans cet esprit qu'ils étendirent aussi la portée des aqueducs en les dotant de sources et de ramifications nouvelles.

L'*Anio vetus* reçut ainsi, dès 33, une branche supplémentaire, appelée l'*Octavianum*, qui devait alimenter les régions du sud-est, et la *Marcia* le *rivus Herculaneus* qui se dirigeait vers le Caelius et la porte Capène ; la *Julia* fut prolongée vers le Viminal, et même l'*Alsietina* fut dotée d'une extension, dite *forma Mentis*, destinée à l'irrigation des terres et des jardins de la banlieue. Les débits furent en même temps augmentés chaque fois qu'on le pouvait ; l'alimentation de l'*Appia*, puis celle de la *Marcia*, furent ainsi renforcées par l'adjonction de prises d'eau nouvelles, appelées toutes deux *Augusta*, parce qu'elles furent l'œuvre de l'empereur après la disparition d'Agrippa. L'*Appia* recevait, par exemple, son aqueduc d'appoint au lieudit pour cette raison « les Jumeaux ».

Toutes ces mesures se plaçaient dans le droit-fil de la tradition républicaine ; comme le travail d'Agrippa dans les égouts, elles consolidaient et renforçaient les acquis de la période précédente, dont elles respectaient l'esprit en favorisant d'abord tout ce qui était d'intérêt public. A la mort d'Auguste, Rome était ainsi munie d'adductions plus abondantes et en bon état de marche, et le nombre des fontaines dépassait déjà cinq cents. Dans ce domaine, comme dans tous les autres, le premier empereur avait assuré une continuité véritablement régénératrice.

Une première révolution

Comme toute l'œuvre politique d'Auguste cependant, cette continuité, pour réelle qu'elle fût, portait en même temps les marques d'un profond changement et amorçait en fait une véritable révolution, qui commençait à transformer l'intérêt public en plaisirs du peuple et l'accroissement des aqueducs en faveur impériale. C'est que le même esprit qui avait incité jadis à demander plus de confort poussait maintenant à réclamer plus de luxe, et les fontaines d'Agrippa, plus monumentales et plus décorées que celles de la République, se dressaient désormais dans la perspective des bassins, des portiques et des jardins qu'installait partout un nouvel urbanisme ; dans les plaisirs de l'eau, souvent moins utiles et toujours plus riches, l'antique liberté se noyait lentement.

Au cours de son édilité[7], *Agrippa fit construire sept cents réservoirs, établir cinq cents fontaines d'eau vive, élever cent trente châteaux d'eau, et maints de ses ouvrages furent d'un luxe inouï. Sur eux il fit dresser trois cents statues de bronze ou de marbre, quatre cents colonnes de marbre, et tout cela en l'espace d'un an*[8].

En même temps en effet qu'il affirmait, en 33 avant J.-C., le principe de la gratuité des bains qui ne dépendaient que de lui, en multipliait le nombre et renforçait l'administration centrale des eaux, le nouveau pouvoir s'appropriait en quelque sorte les aqueducs, qui cessaient d'un seul coup d'appartenir à tous pour n'être plus que la possession de ceux qui les faisaient construire. L'*aqua Virgo* ne fut, par exemple, installée que pour alimenter l'euripe et les thermes dont, en les dédiant à la jeunesse et au sport, Agrippa décorait alors le nouveau champ de Mars[9] ; elle fut donc administrée par une équipe spéciale qui ne dépendait que du gendre d'Auguste et ne rendait plus aucun compte au Sénat ; même si la création de cette *familia Caesaris* était sans doute une préfiguration expérimentale de ce qu'allait pratiquement devenir toute l'administration des aqueducs, elle était aussi le premier signe d'une mainmise de l'empereur, qui allait rapidement s'accentuer.

Quant à l'*Alsietina*, qui ne transportait que de l'eau trouble, elle ne fut installée que pour desservir la naumachie qu'Auguste inaugurait près du Tibre, et cette initiative étonne apparemment Frontin : *Quelle raison amena Auguste, cet empereur si prévoyant, à construire l'aqueduc de l'*Alsietina, *qu'on appelle* Augusta, *c'est ce que je ne comprends guère ; cette eau n'a aucun agrément ; bien plus, elle est même malsaine et, pour ce motif, ne coule nulle part à la disposition du public*[10]. On imagine aisément ce qu'un Tacite aurait écrit s'il avait voulu raconter l'histoire d'Auguste, et l'on peut penser qu'il n'aurait pas proposé sans ironie les excuses qu'avance Frontin : *Peut-être toutefois, au moment où il entreprit la construction de sa naumachie, ne voulut-il rien prélever sur les autres adductions plus saines et amena-t-il celle-ci par des travaux spéciaux, concédant aux jardins voisins et au service des particuliers pour l'irrigation ce qui était en excédent pour la naumachie*[11]. Il reste que l'*Alsietina* ne fut évidemment installée que pour permettre l'organisation de jeux nautiques exaltant la bataille d'Actium[12] : les plaisirs du peuple justifiaient déjà les droits du prince.

Claude ou l'abondance

Soixante et un ans après l'adduction de la *Virgo*, c'est en effet Caligula lui-même, et non pas le Sénat, qui décida de mettre en chantier les deux gigantesques aqueducs par lesquels devait s'achever l'œuvre des Julio-Claudiens : commencés en 38, l'*Anio novus* et la *Claudia* furent terminés quatorze ans plus tard *de la façon la plus magnifique*[13] et inaugurés ensemble, le 1er août 52, par l'empereur Claude à l'occasion de son soixante et unième anniversaire.

> *Tiberius Claudius César, fils de Drusus, César, Auguste, Germanicus, Grand Pontife, 12 fois investi de la puissance tribunicienne, 5 fois consul, 27 fois imperator, père de la patrie, fit amener à la Ville, à ses frais, « l'eau Claudia », depuis les sources qu'on appelle Caerulea et Curtia, à compter du milliaire 45, ainsi que « l'eau du Nouvel Anio » à compter du milliaire 62*[14].

Bénéficiant à la fois des avantages de la paix romaine

et des progrès de la technique, les deux nouveaux aqueducs étaient plus hauts, plus directs et plus abondants que leurs prédécesseurs : l'*Anio novus*, qui est le plus élevé de tous, franchissait, par exemple, à trente mètres au-dessus du sol, la vallée de l'Empolitana sur un pont de trois cents mètres ; il approchait ensuite de Rome sur des arches dont la hauteur atteignait parfois trente-six mètres[15] ; elles dressent toujours dans la campagne romaine des silhouettes que leur taille et leur isolement rendent encore plus frêles et comme plus romantiques.

Les deux adductions provenaient cependant l'une et l'autre de la haute vallée de l'Anio ; sur l'essentiel de leur parcours, et spécialement aux abords de la ville, elles empruntaient donc des itinéraires qui étaient déjà ceux de tous les autres, à l'exception de l'*aqua Virgo*. Pour gagner de la place et maintenir l'élévation de l'*Anio novus*, on installa son canal sur les arches de la *Claudia* qui n'avaient probablement pas été prévues d'emblée pour ce double usage et durent être par la suite assez fréquemment restaurées ou renforcées. Les deux canaux superposés entraient dans Rome en coupant l'embranchement de la *via Labicana* et de la *via Praenestina*, qu'ils passaient sur deux arcades qu'on eut l'idée d'aménager en porte triomphale : au sommet de la porte Majeure, sur l'attique ainsi constitué par les parois extérieures des *specus*, Claude avait placé la dédicace des deux aqueducs, et ses successeurs y inscrivirent plus tard les restaurations qu'ils avaient dû faire, transformant curieusement de la sorte en titre de gloire ce qui était plutôt l'indice d'une faiblesse de la construction.

César Imperator Vespasien, Auguste, Grand Pontife, 2 fois investi de la puissance tribunicienne, 6 fois imperator, 3 fois consul, 4 fois désigné père de la patrie, rétablit pour la Ville, à ses frais, les eaux

Curtia et Caerulea, amenées par le divin Claude, et qui, par la suite, pendant 9 ans, avaient été interrompues et dispersées.

César Imperator Titus, Vespasien, fils du divin Vespasien, Auguste, Grand Pontife, 10 fois investi de la puissance tribunicienne, 17 fois imperator, père de la patrie, censeur, 8 fois consul, fit rénover à ses frais les eaux Curtia et Caerulea, amenées par le divin Claude et rétablies ensuite par le divin Vespasien son père, alors que la vieillesse des ouvrages, atteints à partir de leur base, laissait les eaux se dissiper depuis leurs sources[14].

Quoi qu'il en soit, l'augmentation des débits quotidiens[16] était frappante : la République avait apporté 454 320 m^3 en quatre aqueducs, les deux créations de Claude en ajoutèrent 373 800 d'un seul coup et chacune produisait à elle seule un peu plus que les trois adductions d'Auguste réunies. On avait le sentiment que c'était maintenant l'*Anio* tout entier qui devait couler dans Rome.

Si on évalue avec exactitude le volume des eaux qu'il déverse sur les places publiques, dans les bains, les piscines, les canaux, les maisons, les jardins, les propriétés de banlieue, et si on considère aussi les distances parcourues par le courant d'eau, les arcs élevés, la percée des montagnes, le comblement des vallées, on conviendra que jamais le monde entier n'a présenté plus grande merveille[17].

L'œuvre de Claude achevait ainsi de façon spectaculaire le travail entrepris dès le début de l'Empire, et les nouveaux aqueducs constituaient pour toujours la solide armature d'un réseau dont il suffirait désormais d'augmenter au besoin la densité.

Néron et ses successeurs

Néron fit, par exemple, construire après 64 les hautes arches qui portent son nom et s'élèvent encore çà et là dans Rome entre la porte Majeure et Saint-Jean-de-Latran. A l'entrée de la ville, elles détournaient une partie des eaux de la *Claudia* pour les conduire dans les quartiers proches du Caelius et du Palatin, dont on augmentait les défenses en tirant les leçons du grand incendie. Leur fonction principale était cependant d'alimenter le *stagnum Neronis* qui agrémentait, sur l'emplacement de l'actuel Colisée, les jardins de la Maison dorée ; après le comblement du lac, Domitien put en prolonger le parcours jusqu'au Palatin qui fut desservi par un siphon auquel servaient de pont les arches dont les plus basses ont été restaurées à l'époque mussolinienne et passent encore au-dessus de la via San Gregorio.

Si elles rendaient bien plus serré le réseau désormais tendu dans Rome, ces adjonctions renforçaient aussi les tendances qui s'étaient toujours plus nettement exprimées sous le règne des Julio-Claudiens : l'abondance était devenue celle que réclamait le luxe, et les aqueducs se déversaient dans les fontaines publiques autant que dans les bassins des empereurs ou les thermes qu'on ne cessait plus maintenant d'édifier partout dans la ville. On construisait pour le service autant que pour les plaisirs et, même s'ils n'avaient pas tous le faste insolent d'un Néron, les princes, en bâtissant à leurs frais (*sua impensa*), se donnaient aussi le droit de songer d'abord aux bains et aux pièces d'eau qui faisaient, au sommet du Palatin, le charme opulent des palais impériaux[18].

Signe de force et de prospérité, l'eau vive s'imposait en même temps partout où Rome étendait son pouvoir, et beaucoup de réalisations provinciales, comme le pont du Gard ou les premiers aqueducs de Lyon, datent probablement de cette époque[19]. Dans ces villes cependant, dont les prétentions étaient moindres, l'utilité l'emporta toujours sur un luxe qu'on limitait souvent à l'intérieur des thermes et aux façades enrichies des fontaines et des nymphées ; plus qu'à Rome sans doute, on restait encore sensible au caractère précieux et divin de l'eau.

TRAJAN OU LA SECONDE RÉVOLUTION

Quand, tout à la fin du Ier siècle, la dynastie des Antonins se mit en place et que Frontin commença la rédaction du rapport administratif qu'il devait remettre au nouvel empereur Nerva, le réseau de Rome avait en apparence atteint la perfection.

Pour assurer l'abondance, on avait muni les adductions principales d'apports complémentaires, comme le *rivus Herculaneus*[20], qui venait, par exemple, renforcer l'*Anio novus*. Pour éviter de trop longues coupures en cas de travaux importants, on s'était aussi donné la possibilité de passer les eaux d'un aqueduc à l'autre à l'intérieur de grands bassins d'échange et de décantation semblables à celui qu'on peut encore voir près de Gallicano : long de quarante-sept mètres, large de onze et construit en briques, il recevait à la fois les eaux de la *Marcia*, de l'*Anio novus* et de la *Claudia*, qui traversaient des chambres séparées qu'on pouvait au besoin mettre en communication. Tous les quartiers de la ville étaient ainsi pratiquement desservis, et Rome était partout pourvue d'arcades, parfois suintantes, qui faisaient désormais partie du nouveau paysage urbain.

Quelques ombres persistaient pourtant. Le Trastevere ne disposait, par exemple, d'aucun aqueduc autonome et n'était alimenté qu'en fin de parcours par une branche de la *Marcia*, un prolongement de la *Virgo* et les ramifications tardives de l'*Anio novus* et de la *Claudia*. Le quartier ne recevait ainsi que ce que lui laissaient tous les autres, et les conduites n'y parvenaient en outre qu'après avoir franchi des ponts qu'il fallait sans cesse entretenir ; les baisses de débit et les coupures étaient donc fréquentes et parfois si durables qu'il fallait assez souvent recourir aux eaux proches, mais malsaines, de l'*Alsietina* : *C'est l'habitude, pourtant, au Trastevere, chaque fois qu'on répare les ponts et que les aqueducs venant de l'autre rive sont interrompus, de donner l'eau de l'*Alsietina, *par nécessité, en remplacement pour les fontaines publiques*[21].

Dans les bassins de réception, d'autre part, les aqueducs perdaient à la fois leur indépendance et leurs qualités. Les eaux de la *Claudia*, naturellement très pures, étaient ainsi gâtées par leur mélange avec celles, en général troubles et boueuses, de l'*Anio novus* ; le passage répété d'un aqueduc à l'autre dans des bassins divers et des *specus* différents rendait aussi possibles bien des fraudes et des erreurs : on finissait par ne plus savoir où allait l'eau, d'où elle venait, ni même, et surtout, à qui elle était[22].

Les empereurs julio-claudiens avaient ainsi fourni l'eau dans une abondance et une profusion qui produisaient finalement un certain désordre et même, dans la région moins favorisée du Trastevere, un sentiment d'injustice. Possédant désormais le nécessaire avec le superflu, les Romains voulaient maintenant ne plus jamais être privés, ne fût-ce qu'un instant, d'un confort auquel ils s'étaient tant habitués qu'ils le considéraient comme un droit fondamental. Une seconde révolution devenait nécessaire et c'était celle de la gestion.

Aqua Traiana

Vers 109, Trajan fit pourtant construire un dixième aqueduc auquel il donna son nom, mais que Frontin, mort en 102, ne put connaître. On lui attribue un débit approximatif de 118 000 m^3 par vingt-quatre heures et une longueur d'environ cinquante-sept kilomètres. Encore muni d'une soixantaine de gros tuyaux estampillés, son château de répartition a été retrouvé près de la porte Saint-Pancrace au Janicule, et la belle fontaine Pauline en perpétue l'existence.

L'originalité de l'*aqua Traiana* était d'abord de prendre sa source à l'ouest de Rome, au lac de Braciano, en captant l'eau, pour qu'elle fût plus pure, non pas au lac lui-même, comme le fit plus tard l'aqueduc de Paul V, mais aux sources nombreuses qui l'entourent ; elle était aussi d'aboutir directement au Trastevere et d'équiper enfin ce quartier d'un aqueduc autonome.

Renouant, ici comme ailleurs, avec une certaine tradition républicaine, l'empereur avait financé l'ouvrage sur les conquêtes qu'il venait, en 107, d'achever en Dacie : avec les arcs de triomphe d'Ancône ou de Bénévent, le Forum et la célèbre colonne Trajane, l'eau de Trajan célébrait ainsi la victoire sur les Daces auxquels on avait pris l'or et l'argent nécessaires au redressement économique et aux grands travaux qui donnaient à la ville un splendide et dernier éclat.

Le rapport de Frontin

Le désir de Nerva, puis de Trajan, était cependant d'affirmer leur pouvoir en se plaçant sous le signe de la *Libertas* et en collaborant davantage avec le Sénat, afin d'assurer que jamais plus ne reviendraient les temps d'autocratie, d'horreur et de tyrannie dont Tacite avait déjà commencé la peinture. Pour restaurer la confiance et montrer qu'un autre esprit régnait au Palatin, il était nécessaire de réorganiser l'administration centrale, et l'on décida, entre autres mesures importantes, de ramener la rigueur et la clarté dans la gestion des eaux de Rome.

Homme d'appareil et haut fonctionnaire intègre et scrupuleux, l'instigateur des réformes et leur maître d'œuvre fut évidemment Frontin. Nommé *curator aquarum*[23] par Nerva, avec mission de définir la stratégie du nouveau régime en ce domaine, il procéda, dès l'été 97, à une inspection minutieuse des services dont il venait de prendre la direction. Le rapport qu'il remit dès le début de l'année suivante au nouvel empereur devait donc proposer des réformes qui étaient à la fois de nature administrative et de portée politique, car elles montraient que la nouvelle équipe était prête à prendre des mesures en rapport avec l'idéologie qu'elle défendait ; c'est la raison pour laquelle il fut rendu public en mars 98. Heureusement conservé sous le titre *De aquae ductu urbis Romae*, il nous renseigne encore abondamment aujourd'hui.

Accablant pour ses prédécesseurs, l'« audit » de Frontin mit très vite en évidence le désordre qui régnait depuis longtemps dans l'administration des eaux de Rome. Sur le parcours extra-urbain des aqueducs, par exemple, les riverains perforaient impunément les canalisations ; le personnel de l'État *était régulièrement détourné de sa tâche par des travaux privés*[24] ; dans les bassins, l'*Anio novus* était sans cesse mêlé par incompétence à la *Claudia*, et l'on allait jusqu'à gaspiller sans vergogne les eaux si pures de la *Marcia* : *La* Marcia *elle-même, que sa fraîcheur et son éclat rendent si agréable, je l'ai trouvée utilisée pour des bains, des blanchisseries et des usages que l'on ne saurait honnêtement nommer*[25].

Appuyé d'emblée sur une refonte et un reclassement

systématique des calibres de tuyauterie[26], le rapport révélait aussi l'étonnante et volontaire inexactitude des documents dont disposait le service. On ne savait même pas combien d'eau entrait exactement dans les conduites, et le contrôle rigoureux des registres révéla qu'ils indiquaient, en sortie, des débits supérieurs de 1 263 quinariae[27] à ceux qu'ils portaient en entrée !

Étonné de ce fait, et estimant que le principal devoir de ma charge consistait à m'assurer de l'honnêteté de la gestion des aqueducs et de leur débit, je fus vivement incité, dit alors Frontin, *à rechercher comment on pouvait distribuer plus d'eau que, pour ainsi dire, il n'y en avait dans la maison*[28] *!*

Ayant entrepris de mesurer toutes les têtes d'aqueducs, le nouveau curateur put rapidement établir que la somme totale des entrées était en fait bien supérieure et que c'était en réalité 10 000 quinariae, soit près de 400 000 m^3 d'eau, c'est-à-dire les deux cinquièmes de la production totale, qui se perdaient chaque jour à Rome entre la source et la distribution. A *l'erreur de ceux qui, dès l'origine, n'avaient pas mis assez de soin à évaluer le débit de chacun des aqueducs*[29] s'ajoutaient manifestement les fraudes qu'une gestion trop laxiste et l'intérêt des fontainiers rendaient inévitables.

Les réformes

Dans ces conditions, il était évidemment nécessaire de restructurer tout le service des eaux, afin de retrouver la quantité réelle de production, d'améliorer sensiblement la qualité de la distribution et de rendre l'ensemble à la fois plus rentable et plus efficace. Immédiatement approuvées par Trajan, dont elles soutenaient la politique, les profondes réformes proposées par Frontin furent aussitôt mises en œuvre.

L'ensemble du personnel fut d'abord rappelé *à la*

discipline et au service de l'État[30] et l'on établit un cahier des tâches à faire et un pointage quotidien des travaux réellement effectués ; en même temps, les débits furent exactement et continuellement contrôlés au début et à la fin de chaque aqueduc. *Tout ce qui était intercepté par les fraudes des fontainiers ou gaspillé par incurie* vint alors accroître les quantités d'eau dont disposait Rome, et ce fut *comme si l'on avait découvert de nouvelles sources*[31].

Presque doublée par ces dispositions, la quantité totale d'eau disponible fut aussi mieux distribuée. On réforma le système des concessions faites aux particuliers en les plaçant sous la tutelle unique et bienveillante de l'empereur[32] et l'on augmenta le nombre des bassins, des fontaines et des châteaux d'eau mis à la disposition du public.

Pour renforcer la sécurité de la ville et lutter plus efficacement contre les incendies[33], on mit partout en place des équipes qui devaient pouvoir faire face aux circonstances imprévues, *afin que l'on puisse envoyer de grandes quantités d'eau de plusieurs régions au secours de celle où le besoin s'en fait sentir*[34].

L'eau fut d'autre part *distribuée selon une répartition si exacte que l'on put donner plusieurs aqueducs aux régions qui n'étaient desservies que par un seul... En outre, dans chaque partie de la ville, les fontaines publiques, aussi bien les nouvelles que les anciennes, furent, pour la plupart, dotées chacune de deux bouches alimentées par des aqueducs différents afin que, si un accident arrêtait l'une ou l'autre, l'autre la remplaçât et que le service ne fût point interrompu*[35]. Ce doublement des principaux conduits assurait la continuité des fournitures, et nos modernes stations de pompage disposent pareillement de groupes électrogènes utilisables en cas de pannes prolongées du secteur et de grands bassins de réserve à mettre en service au cas peu probable où les pompes ne seraient plus alimentées ni par l'électricité ni par les groupes de secours. On répondait de la sorte à une exigence que nous avons toujours et qu'Auguste avait formulée dès le début de son règne : l'eau devait désormais couler de jour et de nuit dans toutes les fontaines de Rome.

Il fallait cependant que cette eau fût aussi d'excellente qualité. On s'occupa donc d'améliorer sensiblement l'*Anio novus* en remontant ses sources, au prix d'importants travaux, jusqu'au lac toujours pur des environs de Subiaco, et l'on décida de *séparer tous les aqueducs et de les reclasser un par un, de façon que d'abord la* Marcia *fût tout entière utilisée pour la boisson et ensuite que chacun d'eux, selon ses qualités propres, se vît attribuer l'emploi qui lui convenait : que l'eau de l'*Anio vetus, *par exemple, pour plusieurs raisons, et parce qu'il est d'autant moins sain qu'il est capté plus bas, servît à arroser les jardins et aux usages les moins nobles de la ville*[36].

Même si la sollicitude infinie du meilleur des princes en prenait évidemment l'essentiel à sa charge, de telles réformes étaient cependant très coûteuses ; il fallait donc s'efforcer aussi de réduire les dépenses et d'augmenter visiblement les recettes. Le vieux droit de l'eau, souvent trop négligé, fut ainsi remis en vigueur et les fraudes punies d'amendes très alourdies[37] ; pour les grands travaux, on relançait en même temps le principe fondamental des appels d'offre et l'on rappelait au curateur, dont les pouvoirs étaient nettement renforcés, qu'*il ne faut pas toujours se fier à ceux qui cherchent à exécuter un ouvrage ou à le faire durer ;* pour *juger ce qui est à faire aussitôt, ce qui est à différer et aussi ce qui doit être exécuté soit par des adjudicataires soit par des ouvriers à lui*[38], il devait consulter d'abord non pas seulement les *architectes de son bureau*, mais aussi des spécialistes et des experts étrangers à ses propres services.

Près d'un demi-siècle après les grandes adductions de Claude, les réformes de Frontin venaient ainsi corriger les abus qu'avait produits l'abondance et donner, avec la qualité, l'hygiène et la sécurité. Bien soutenues par une volonté politique efficace, elles furent si profondes et si profitables que les successeurs de Trajan n'eurent théoriquement plus qu'à entretenir ce qu'on leur avait si bien légué : construits de 312 avant notre ère à 109 après et bien gérés depuis 97 après J.-C., les aqueducs allaient fonctionner pendant quatre siècles encore.

De l'entretien à la décadence

Une nouvelle dérivation

Si l'entretien fut, dès la première moitié du Ier siècle, la tâche principale des curateurs, le pouvoir central fit cependant aussi construire à l'occasion quelques adductions d'intérêt secondaire.

Trois cent soixante ans après sa mise en eau, le vieux tronc toujours vert de la *Marcia* produisit par exemple un rameau que M. Aurelius Antoninus, dit Caracalla, fit greffer vers 217 sur le bassin de l'antique adduction pour alimenter ses grands thermes, et dont les restes demeurent visibles au long du viale Guido Bacelli. Aux limites de la ville, l'*aqua Antoniniana* franchissait la *via Appia* sur l'arc dit de Drusus qu'Aurélien devait plus tard incorporer dans sa muraille et qu'on découvre encore avec plaisir dans l'ombre et la fraîcheur verdoyante de la porte San Sebastanio. Pour utiliser sa dérivation sans diminuer le rendement de la *Marcia*, Caracalla en fit aussi renforcer le débit en y ajoutant l'apport du *fons Antoninianus* qui naissait près d'Arsoli.

L'esprit de Frontin était cependant bien loin. Alimentée par des sources qui la gâtaient peut-être, l'eau si pure de la *Marcia* retournait aux bains dont il l'avait tirée deux siècles auparavant.

Un dernier aqueduc

Caracalla venait à peine d'achever sa dérivation quand Sévère Alexandre éleva le onzième et dernier aqueduc de Rome, l'*aqua Alessandrina*, qu'il inaugura en 226, c'est-à-dire cent dix-sept ans après l'adduction de l'*aqua Traiana*[39]. Ce délai, qui avait jadis été celui des temps de crise, était sans doute ici celui de l'abondance, mais, si la construction d'un nouvel aqueduc annonçait autrefois le retour à la prospérité, celle de l'*aqua Alessandrina* marquait plutôt l'apparition des jours de catastrophes.

Comparé à ses grands prédécesseurs, l'aqueduc ne déméritait pourtant pas. Il avait même bénéficié des ultimes progrès de la technique, et l'usage de la brique lui donnait une légèreté que n'avaient pas connue les autres ; il parcourait ainsi l'essentiel de son trajet sur de belles arches qui pouvaient atteindre, à Case Calde où elles étaient cent vingt et à Centocelle où elles étaient cent quarante, la hauteur de vingt-cinq mètres. Né sur les pentes des monts Albains, il n'avait cependant qu'une longueur de vingt-deux kilomètres et n'apportait chaque jour que les 22 000 m^3 qui suffisaient amplement pour la tâche unique à laquelle on l'avait destiné : l'*aqua Alessandrina* n'alimentait en effet lui aussi que des bains. Pénétrant dans la ville en passant par la porte Majeure, il descendait droit au champ de Mars et n'aboutissait qu'à ces thermes que, sous le nom d'« Alexandrins », l'empereur avait établis par-dessus ceux de Néron[40] : le dernier aqueduc de Rome était beau, mais superflu.

Peu nécessaire à l'évidence, il avait cependant l'utilité

des grands symboles. Son élégance et sa gratuité servaient en effet de force, elles disaient la grandeur de Rome et signifiaient aussi qu'elle allait bientôt mourir. En ces temps d'incertitude, elles faisaient croire à la puissance et à l'éternité d'une ville que tout menaçait déjà : tant qu'elle serait ainsi capable d'élever pour son plaisir des monuments splendides et sans objet, Rome pourrait offrir au monde l'illusion de son pouvoir et demeurer la plus sainte et la plus juste, parce qu'elle était la plus belle. En alignant sans protection ses hautes séries d'arcades régulières, l'*aqua Alessandrina* donnait à ceux qui s'approchaient l'image d'une beauté qui faisait peur, car elle exprimait toute la gloire de la ville et suggérait l'immensité des ressources qu'elle avait toujours su tirer d'elle-même au dernier instant.

Pour conjurer les périls à venir, Rome jetait ainsi vers le ciel, avec l'éphémère scintillement des jets d'eau, la provocation de ses coupoles et de ses arches ; dans les fontaines et les euripes[41] où elle mirait sans fin son luxe et sa splendeur, elle n'était pourtant déjà plus que l'incertain reflet d'elle-même. Aurélien dut bientôt la protéger d'un rempart : les arches s'alourdirent en murailles et les arcs sur lesquels les aqueducs franchissaient les rues comme en triomphe devinrent des portes fortifiées qu'on fermait tous les soirs. Immobiles dans la vapeur opaque de leurs thermes, les Romains ne regardaient plus dehors.

Une longue survie

Le dernier aqueduc exprimait ainsi ce que les Romains ne devaient plus cesser de faire : plus le danger se précisait, plus ils s'abandonnèrent aux charmes et aux plaisirs que leur offraient les eaux.

Aux temps de la tétrarchie, quand l'Empire se divisait en croyant encore renaître, Dioclétien fit ainsi construire des thermes encore plus grandioses que ceux de Caracalla[42] ; pour les alimenter, il détourna une dernière fois le cours antique de la *Marcia* sur les arches de l'*aqua Giovia*. A la même époque, les 591 fontaines qui faisaient l'orgueil de Frontin étaient devenues 1 352, et le nombre total des établissements de bains, qui était déjà de 170 au temps d'Auguste, approchait de 950. Rome voulait ainsi toujours plus nombreux et plus vastes les monuments qui avaient le mieux exprimé jadis l'extension de sa puissance et, les reproduisant sans trêve, elle cherchait l'éternité dans l'écoulement continu de ses eaux.

Elle y réussit presque : l'Empire romain proprement dit se disloqua en 395, mais Rome lui survécut et l'eau des aqueducs y coulait encore un siècle plus tard. A la fin du ve siècle, en effet, Théodoric, roi des Goths, entretenait encore les égouts de la ville et faisait restaurer les *specus* éprouvés par le temps ; la prestigieuse cité n'avait alors presque rien perdu de son administration ; elle gardait intacts, avec sa population, ses bains, ses thermes et ses fontaines, et les aqueducs qui l'alimentaient toujours n'avaient jamais été coupés.

La main de Vitiges

Ils le furent en 537. *Enfin, on entendit un craquement ; une pierre énorme, en ricochant sur les arcs inférieurs, roula jusqu'en bas — et tout à coup une cataracte, un fleuve entier tomba du ciel dans la plaine. L'aqueduc, coupé par le milieu, se déversait*[43]. Comme Spendius, le barbare Vitiges, assiégeant la ville que défendait Bélisaire, en coupa les adductions pour la réduire et tenta même d'utiliser le canal de la *Virgo* pour entrer dans la place ; Bélisaire fit alors obstruer tous les *specus* asséchés par lesquels l'assiégeant pouvait naturellement surgir. Rome n'avait plus d'aqueducs.

Fait étonnant, c'est dans le cercle incertain que dessinait, sur un diamètre d'environ trois cents mètres, la double intersection de la *Marcia* et de la *Claudia*[44] que Vitiges avait installé ses 70 000 Goths ; pour se protéger lui-même et mieux contraindre la ville, il s'était fortifié dans l'extraordinaire succession d'arcs, d'arcades et de lourds piliers qui se dressaient à cet endroit qu'on appelle encore aujourd'hui Campo Barbarico. Les deux aqueducs qui avaient le plus contribué à la splendeur de Rome durent ainsi servir de remparts à ceux qui venaient la détruire !

Rome en effet ne put survivre aux vingt ans de guerre qui, de 535 à 555, opposèrent en Italie les Goths aux Grecs de Byzance ; prise et pillée, reprise et dévastée plusieurs fois, désormais privée de vie économique et d'infrastructure administrative, elle s'engloutit dans la misère et fut lentement réduite à la dimension d'une bourgade où les habitants construisaient leurs abris dans les ruines de leur grandeur perdue. Dès le milieu du VIe siècle sans doute, on n'eut plus les moyens, ni même le besoin, d'entretenir de grands aqueducs. Plus de ces thermes où se retrouvaient les hommes, plus de ces fontaines où bavardaient les femmes ; on revint aux sources, aux puits et aux porteurs d'eau. A Rome, et dans tout ce qui avait été l'Empire, les canaux souterrains furent lentement écrasés par le poids des déblais et des ruines ; vestiges entartrés d'un luxe impossible, envasés, lézardés, perforés, démantelés par tous ceux qui cherchaient des pierres, les aqueducs aériens s'effondrèrent l'un après l'autre sur la campagne en friche.

Partout s'élèvent des ruines d'aqueducs et des tombeaux —, ruines qui semblent être les forêts et les plantes indigènes d'une terre composée de la poussière des morts et des débris des empires[45].

Une mort lente

La main de Vitiges n'avait pourtant porté qu'un coup qui ne fut pas aussitôt mortel. De même, en effet, que l'Empire romain ne meurt pas vraiment en 395, de même les aqueducs de Rome ne disparurent pas soudainement en 537. Leur mort fut beaucoup plus lente.

L'*aqua Traiana*, que Vitiges avait rompu, fut, par exemple, aussitôt redressé par Bélisaire ; à nouveau coupé par le Lombard Aistulfe, il fut restauré par le pape Hadrien Ier en 772, puis par Grégoire IV en 846 ; il fonctionnait encore au IXe siècle et, dévalant toujours des hauteurs du Janicule, il anima, probablement dès le VIe siècle, une série de moulins à blé ; plus tard, il continua d'alimenter, mais sporadiquement, le palais du Vatican. Destiné d'abord à fournir le quartier populeux du Trastevere, il devait renaître au XVIIe siècle et devenir l'aqueduc des Papes !

Vers l'an mil toutefois, la plupart des adductions romaines avaient sans doute partout cessé de fonctionner. Dans la ville même leur existence avait duré huit cents ans, leur agonie presque un demi-millénaire : ce n'est qu'au XVIe siècle que le pape Sixte V rendit des fontaines à la ville en ranimant l'*aqua Alessandrina*, qui fut ainsi le dernier des aqueducs antiques et, sous le nom d'*aqua Felice*, le premier des modernes.

Souvent rompus, mais plus fréquemment encore obstrués dès leur tête par le manque d'entretien, les aqueducs ne moururent donc pas dans les convulsions d'une apocalypse de pierre et d'eau : on ne vit jamais, dans des campagnes lentement transformées en lacs et en marais, les fleuves qui cheminaient dans leurs flancs jaillir à gros bouillons de leurs *specus* éventrés et béants.

II

L'administration des eaux

C'est évidemment le progrès dans l'art d'édifier des arcades qui favorisa le développement des aqueducs ; ils furent naturellement plus nombreux et plus longs quand on fut plus apte à leur faire franchir aisément toutes les difficultés qu'opposait la nature. Mais la technique était connue depuis longtemps et c'est, par exemple, depuis le IIe siècle avant J.-C. que le *pons Aemilius* tendait à Rome une arche de vingt-quatre mètres au-dessus du Tibre. Ce sont donc plutôt l'accroissement des richesses, le désir de confort et surtout l'extension de la paix romaine qui furent à l'origine de leur formidable développement. La technique permit de construire mieux et plus vite, mais le pouvoir de Rome, en apportant la sécurité, permit de découvrir sans risques des conduits qui devaient auparavant rester cachés à d'éventuels ennemis.

Toute faite de constructions, de réfections, d'extensions, de ramifications, d'adjonctions diverses et de consolidations, la vie longue et mouvementée des aqueducs dépendit ainsi toujours non seulement du talent des ingénieurs, mais surtout de la présence d'une volonté politique efficace et de la continuité d'une administration qualifiée.

L'organisation administrative

La République

Sous la République, le peuple élisait tous les cinq ans deux censeurs. On les choisissait pour leur compétence et leur rigueur qu'un parcours sans faute de toutes les autres charges avait ordinairement mises en valeur, et ils ne restaient en fonction que dix-huit mois. Leur tâche était essentiellement de mettre en ordre et d'organiser pour les cinq années à venir toute la vie morale, économique et sociale de Rome, et ils devaient à ce titre établir le plan quinquennal des grands travaux publics. La construction ou l'extension des monuments, des ponts, des routes et des aqueducs se trouvait ainsi dans leurs attributions : quand le besoin s'en faisait sentir, et quand les fonds nécessaires étaient disponibles, ils pouvaient, en accord avec le Sénat, décider d'ouvrir une voie nouvelle ou d'augmenter le nombre des adductions. La *Marcia* fit seule exception : elle fut mise en chantier par le préteur Marcius auquel les sénateurs avaient confié le soin de rénover tout le réseau laissé à l'abandon pendant toute la durée des guerres puniques.

Quand les censeurs s'étaient retirés, les travaux qu'ils avaient mis en adjudication étaient généralement suivis par le pouvoir exécutif, et spécialement par les édiles curules, magistrats municipaux qui avaient en charge la gestion de la ville, ou *cura urbis*, et devaient de ce fait en administrer les eaux ; cette partie plus spécifique de leurs fonctions, déjà nommée *cura aquarum*, consistait à surveiller les travaux de construction, puis à s'occuper de la maintenance des aqueducs et, de façon générale, à veiller (*curare*) au bon fonctionnement du réseau de distribution en assurant les travaux d'entretien nécessaires et en réprimant, sous l'autorité du préteur, les fraudes qu'ils pouvaient découvrir.

C'étaient ainsi deux très grands personnages, arrivés au plus haut point de leur carrière et dont l'honnêteté ne pouvait guère être mise en cause, qui prenaient la décision d'engager l'argent de l'État dans la construction d'un aqueduc, et c'était deux hommes, jeunes encore, débutant presque et soucieux de réussir, qui devaient les entretenir : la jeunesse et l'ambition géraient ce qu'avaient décidé la sagesse et l'expérience.

La République ne construisit cependant que quatre aqueducs et les entretint près de trois siècles : pour modeste qu'elle fût apparemment, la tâche des édiles était donc essentielle, et l'importance de la fonction fut une dernière fois soulignée quand Agrippa l'exerça en 33 avant J.-C.

Un consul-édile : Agrippa

Maître de l'Occident, Octave entreprit en effet dès 34 avant J.-C. de rendre en quelque sorte visible l'esprit de ses réformes en achevant certains des travaux qu'avait commencés Jules César et en redessinant du même coup l'urbanisme de Rome ; un tel projet supposait évidemment la rénovation complète des aqueducs et des égouts. Pour maintenir ce qui devenait déjà la fiction des institutions républicaines, on devait cependant confier ce travail à un édile et, pour en assurer la réussite, il fallait désigner Agrippa.

M. Vipsanius Agrippa était en effet, depuis les débuts de l'aventure, le conseiller talentueux et préféré d'Octave et l'homme de tous les succès. Énergique et autoritaire, mais volontairement effacé devant le futur empereur, il avait mené pour lui la campagne victorieuse de Pérouse et venait de remporter pour lui la bataille navale de Nauloque. En 34 avant notre ère, il était consul avec Octave ; au grand étonnement de Rome, il redevint édile en 33.

C'était évidemment redescendre dans un cursus traditionnel et hiérarchisé, qui commençait cependant à ne plus jouer son rôle ; c'était aussi placer l'édilité plus haut que le consulat même et, sans la supprimer vraiment, déjà la mettre à part avant de la réformer totalement ; c'était enfin marquer nettement tout le prix qu'Octave et son équipe attachaient au succès de l'entreprise.

Édile après avoir été consul, Agrippa reçut la mission de s'occuper des travaux publics, des eaux et des jeux de Rome. Toute la réorganisation de la ville passa de la sorte entre ses mains, et il en célébra la réussite en donnant, en 32 avant J.-C., des jeux superbes qui durèrent cinquante-neuf jours. Après Pérouse et Nauloque, et juste avant de remporter, dès 31, la victoire fondatrice d'Actium, il se révélait aussi grand administrateur qu'il était excellent général. Devenu plus tard gendre d'Auguste, il aurait même pu lui succéder si la mort ne l'avait enlevé prématurément, en 12, à l'âge de cinquante et un ans. *Capax imperii, nisi obiisset*[1].

Velut perpetuus curator[2]

Après des années de guerres civiles, le problème majeur qui se posait à la Ville était certainement celui de son approvisionnement en eau. Agrippa lui donna donc une absolue priorité. Qu'il s'agît d'aqueducs, d'égouts, de fontaines ornementales ou d'administration, son intense activité allait complètement démanteler la vieille édilité : de républicaine elle devint d'un seul coup consulaire et déjà presque impériale.

Agrippa décida, par exemple, lui-même de tous les projets à entreprendre et prit ainsi la place des censeurs. Soucieux de plaire à leurs électeurs et d'achever brillamment leur cursus, les édiles payaient naguère encore les jeux qu'ils offraient aux loisirs du peuple, mais Agrippa prit en charge, avec les jeux, tous les travaux qu'il faisait faire en y ajoutant même la gratuité de ses thermes et de ceux qu'il avait rénovés : bâtissant et restaurant à ses frais, il érigeait pour la première fois le système de la *largitio edilitia* (générosité des édiles) en principe politique et lançait le slogan *sua impensa* qu'on retrouvera trois fois au bas des inscriptions de la porte Majeure. Enfin, bien que sa charge n'ait réglementairement duré qu'un an, il resta jusqu'à sa mort responsable de ce qui lui appartenait en fait, et toute la partie de l'édilité qui concernait les eaux se trouva transformée de la sorte en *cura*, charge qui, sous la République, ne désignait qu'une tâche particulière, confiée à titre provisoire et pour l'accomplissement de laquelle on jouissait d'une grande autonomie. Disposant ainsi légalement de très vastes pouvoirs qu'il exerçait à son gré sans avoir jamais de comptes à rendre au Sénat, Agrippa devint en effet *une sorte de curateur à vie de ses propres adductions et de ses fontaines monumentales*[2].

Encore renforcée par la gestion privée de l'*aqua Virgo*, cette appropriation n'était pourtant pas personnelle ; elle ramenait tout à celui qui l'autorisait et la validait, c'est-à-dire à la personne d'Octave qui devait en même temps gérer le reste de pouvoir : les aqueducs ou leurs ramifications s'appelèrent ainsi *Octavianum*, *Julia* ou, plus tard, *Augusta*, mais jamais *Vipsania*.

Inspirée des traditions républicaines et les resserrant autour du *Princeps* à venir, l'édilité d'Agrippa mettait en place un nouveau système administratif qui deviendrait bientôt celui de l'Empire.

Le *curator aquarum*...

Lorsque Agrippa mourut en 12 avant J.-C., toutes les décisions qu'il avait prises furent en effet codifiées et regroupées dans un seul senatus-consulte qui fut publié dès l'année suivante, *sous le consulat de Q. Aelius Tubero et de Paulus Fabius Maximus*. Signe évident de la première révolution des eaux, ce texte fondamental, que Frontin nous a transmis intégralement[3], mettait en place un service impérial, la *cura aquarum publicarum*, dirigé par une commission de trois membres, dont le président recevait, avec tous les honneurs dus à son rang, les moyens nécessaires à l'exécution de sa tâche.

Véritable ministre d'État, le *curator aquarum* était obligatoirement un ancien consul, près duquel on plaçait deux adjoints, de rang sénatorial, qui devaient avoir, de préférence, exercé la préture.

Comme la personnalité du curateur, la durée de son mandat, que la loi ne fixait pas, dépendait essentiellement de l'empereur, qui devait seulement agir en accord avec le Sénat. Le premier de tous fut ainsi Messala Corvinus qu'Auguste désigna sans doute parce qu'il avait reçu, avec Agrippa, les récompenses de la guerre (*praemia belli*) et possédait à ce titre les jardins de Lucullus, appelés à devenir l'un des points de regroupement obligé des aqueducs avant leur entrée dans la ville ; installé dans sa charge en 12 avant notre ère, il y resta pendant près de vingt-quatre ans, comme Acius Aviola, prédécesseur de Frontin, qui fut curateur de 74 à 97. Essentiellement chargé de réformer l'institution, Frontin n'y demeura en revanche qu'un an, et la durée moyenne de la charge fut, entre 12 avant notre ère et 97, d'à peu près quatre ans.

De rang égal au curateur de l'annone[4] et à celui des routes, le curateur des eaux percevait un important traitement, toujours indexé sur le cours du blé, et pouvait bénéficier de congés qui l'autorisaient à n'exercer sa fonction qu'une partie de l'année. Comme celles des autres curateurs, son équipe était composée d'huissiers, de crieurs publics chargés de la communication, de deux licteurs qui veillaient à sa sécurité quand il se déplaçait hors de la ville et de trois chefs de service, tous esclaves publics hautement qualifiés, dont l'un était secrétaire particulier, l'autre architecte et le troisième secrétaire général pour les cahiers et les registres. Chacun de ses deux adjoints disposait du même personnel, et c'était de la sorte un cabinet d'une quinzaine de personnes qui gérait au sommet les eaux de Rome.

L'administration centrale des aqueducs disposait évidemment de nombreux centres de contrôle (*stationes aquarum*) et son siège central était, au IVe siècle, installé sur le Forum, au pied même du Palatin, dans l'espace étroit qui s'étendait entre la fontaine Juturre et le palais impérial. Au IIe siècle cependant, elle se trouvait, avec le service de l'annone, au sud du champ de Mars, dans le portique de Minucius. Outre les bureaux du curateur et de ses adjoints, on devait y voir les archives et les dossiers que Frontin avait minutieusement dépouillés pendant son « audit » de 97 et le plan précis et détaillé des aqueducs qu'il avait fait établir à la même époque afin d'*avoir en quelque sorte la situation d'un seul coup sous les yeux*[5] et de pouvoir prendre ses décisions comme s'il était sur place.

... et son personnel

Tous les fontainiers de Rome, ou *aquarii*, recevaient évidemment leurs ordres du curateur. A l'époque de Frontin, ils se répartissaient cependant en deux groupes, dont l'origine historique était différente. Les employés de l'État, ou *familia publica*, étaient issus de l'ancienne *familia propria*[6] d'Agrippa, qu'Auguste avait transférée dans le service public en créant la curatèle, et ils étaient environ deux cent quarante. Les services de l'empereur, ou *familia Caesaris*, avaient été mis en place en 52 par Claude et comptaient à peu près quatre cent soixante employés.

Destinés aux mêmes tâches, les deux groupes étaient organisés de la même manière et comportaient chacun les mêmes catégories de personnels : des ouvriers non qualifiés, des surveillants de châteaux d'eau, des stucateurs, des paveurs, des intendants chargés de la paye et de l'administration, des inspecteurs pour surveiller tout l'ensemble. Les plus favorisés d'entre eux étaient sans doute les paveurs : parce qu'ils plaçaient les conduites sous les voies et les trottoirs, ils effectuaient en effet un travail mieux rétribué de spécialistes et pouvaient encore améliorer leur ordinaire en installant, à la demande et discrètement, des tuyaux clandestins[7].

Qu'ils appartiennent à l'un ou l'autre groupe, les ouvriers des eaux se trouvaient en outre répartis en deux services, l'un pour l'extérieur de la ville et l'autre pour l'intérieur. A l'extérieur, les responsabilités étaient moindres et les travaux plus longs et plus pénibles. A l'intérieur, les charges étaient moins lourdes et plus astreignantes : répartis dans des permanences installées aux points les plus sensibles et les plus accessibles du réseau, les *aquarii* devaient en fait assurer de jour et de nuit les urgences et la continuité du service ; il leur fallait, par exemple, couper aussitôt l'alimentation en cas de rupture des conduites ou détourner rapidement les eaux d'un quartier vers un autre en cas d'incendie ; ces tâches de sécurité, de maintenance et d'entretien, en les rendant indispensables à tous et précieux aux plus riches, les exposaient plus que d'autres aux trafics et aux corruptions.

Presque en tous points semblables et soumis à la même autorité, les deux services ne différaient en fait que par l'administration qui les rétribuait ; les employés de la *familia publica* dépendaient en effet de l'*aerarium Saturni*, c'est-à-dire du trésor public traditionnel géré par le Sénat, tandis que les personnels plus nombreux de la *familia Caesaris* émargeaient directement au budget de l'empereur, appelé *fiscus*. Le matériel nécessaire était semblablement financé par les deux caisses : l'*aerarium* fournissait les tablettes, les feuillets et les plaques de bronze indispensables au fonctionnement des bureaux de la curatèle, dont il assurait aussi les traitements ; le *fiscus* prenait en charge toutes les dépenses, bien plus considérables, qu'entraînaient l'entretien ou l'installation des bassins, des conduites et des châteaux d'eau.

En rétribuant ainsi plus de la moitié des personnels et en assurant en outre l'attribution de toutes les grosses fournitures, y compris celle du plomb, dont le coût fut toujours très élevé, les empereurs avaient pris, depuis Claude, le contrôle des eaux de Rome. Sans aller, comme Zénon de Constantinople, jusqu'à faire tatouer leur nom dans la main des *aquarii* pour empêcher qu'on les détourne à d'autres tâches, ils marquaient ainsi tout le prix qu'ils attachaient au bon fonctionnement du service des eaux de leur capitale.

L'évolution de la curatèle

L'enjeu était même si considérable que l'empereur et le Sénat s'affrontèrent à plusieurs reprises. En 52, par exemple, Claude mit en place, à côté du curateur de rang sénatorial, un procurateur, qui fut d'abord un affranchi, puis un membre de l'ordre équestre. De formation purement technique et spécialiste de l'hydraulique, il était en droit le subordonné du curateur, mais, ne prenant ses ordres qu'auprès de l'empereur, il était en fait plus puissant que lui ; la curatèle gardait ainsi toute son importance, mais le curateur perdait la sienne et l'empereur contrôlait seul toute l'administration. Les employés et les huissiers du curateur furent progressivement détournés vers d'autres services, les licteurs disparurent, et le supérieur en fut réduit à gérer sa charge *d'après les instructions de ses subordonnés*[8].

Cette « mise au placard » du curateur ne prit fin qu'avec le retour, en 97, d'empereurs soucieux de gérer les affaires en collaborant avec le Sénat. La nomination de Frontin, lui-même grand serviteur sénatorial de l'État, l'enquête précise qu'on lui demanda d'effectuer, le ton de son rapport et les réformes auxquelles il devait aboutir[9] sont, à cet égard aussi, très caractéristiques de la seconde révolution des eaux. Dès 97 le curateur avait retrouvé tous ses pouvoirs ; de même cependant que Claude n'avait pas supprimé le titre, on ne fit pas disparaître le procurateur, mais on le remit à sa place en ne lui confiant plus que des tâches précises et en le rendant toujours dépendant de celui qui n'aurait jamais dû cesser d'être son chef.

Ainsi restauré, le principe de la curatèle allait subsister jusqu'à la fin de Rome. Au début du IVe siècle cependant, Dioclétien remplaça le curateur et le procurateur par un consulaire des eaux (*consularis aquarum*) et un comte (ou commis) des aqueducs (*comes formarum*), qui dépendaient directement du préfet de la ville, c'est-à-dire du personnage le plus important de Rome après l'empereur qui ne s'y trouvait pratiquement jamais. L'époque était différente et les titres avaient changé, mais, en ces temps où l'on bâtissait les plus grands de tous les thermes, l'importance de la charge était toujours la même.

La gestion des aqueducs

Qu'ils fussent édiles, curateurs ou procurateurs, tous les fonctionnaires chargés des eaux reçurent en effet toujours la triple mission de veiller à la construction des aqueducs, d'assurer l'entretien régulier des conduites et de gérer la concession des eaux.

La construction

Entreprise essentiellement politique, la construction des aqueducs ou leur extension se décidait au sommet de l'État[10]. Une fois le tracé bien établi par les ingénieurs, la première tâche des administrateurs était de libérer les terrains sur lesquels on allait installer le *specus*.

Faire passer

La propriété privée des citoyens de Rome était cependant rigoureusement inviolable et le concept d'expropriation pour cause d'utilité publique inconnu de la législation romaine. Si le propriétaire refusait le passage ou n'acceptait pas de vendre une parcelle, il fallait donc soit faire un détour, soit acheter l'ensemble du fonds ; cette procédure, dont César avait, par exemple, fait la coûteuse expérience en acquérant les uns après les autres tous les vieux atriums qui encombraient l'emplacement nécessaire à son forum, était évidemment très lente et très onéreuse. Pour diminuer la dépense en respectant scrupuleusement la notion de propriété privée, on préférait parfois acheter tout le terrain d'un particulier, puis le lui revendre en ne gardant que la partie prévue pour la construction et l'entretien de l'aqueduc.

Selon la solution retenue, revente partielle ou achat total, on aboutissait soit à la détermination de limites précises à l'intérieur desquelles État et propriétaires avaient *chacun leurs pleins droits*[11], soit la création de vastes domaines publics aptes à produire des redevances qui alimentaient l'*aerarium* et contribuaient au paiement des *aquarii*.

Les particuliers pouvaient aussi vendre sans rechigner

des parcelles et même laisser passer les aqueducs dans leurs champs, moyennant une exonération des charges qu'ils payaient ordinairement ; dans ce dernier cas, ils devaient cependant se soumettre à des obligations qui pouvaient être, par exemple, d'entretenir et de nettoyer les canaux ; s'ils ne s'en acquittaient pas, l'État se réservait le droit de saisir les terrains riverains de l'aqueduc.

Protéger

Quelles qu'aient été les conditions de leur acquisition, les surfaces occupées par le *specus* étaient en outre élargies d'un périmètre de protection, qui était de cinq pieds (148,5 cm) de chaque côté des canaux souterrains et de quinze pieds (445,5 cm), ramenés à cinq en ville, de chaque côté des arches. Pour préserver l'intégrité des conduites et rendre l'entretien plus commode, toutes les constructions et toutes les plantations, notamment celles des arbres dont on craignait les racines, étaient interdites dans cette zone ; s'il s'en trouvait, par négligence ou par fraude, elles étaient aussitôt détruites, et les responsables punis d'amende. Seule était parfois accordée, dans les campagnes et à titre exceptionnel, *l'autorisation de laisser en place les vignes, les arbres qui sont compris dans des fermes, des bâtiments ou enclos murés et les murs que les curateurs des eaux, après enquête régulière, ont permis aux propriétaires de ne pas démolir*[12] ; dans ce cas cependant, le nom du curateur devait être toujours lisiblement gravé sur une stèle ou sur un des murs qu'on préservait. Partout ailleurs s'appliquait une législation précise et rigoureuse qu'on avait plusieurs fois minutieusement reformulée[13]. Les limites à ne pas franchir étaient, dans tous les cas, régulièrement balisées par des cippes gravés, semblables à ceux qu'on a retrouvés pour l'aqueduc de Venafro :

Jussu Imp(eratoris) Caesaris Augusti circa eum rivom qui aquae ducendae causa factus est octonos ped(es) ager dextra sinistraq(ue) vacuus relictus est[14].

Pouvoirs publics et particuliers

Même si elles résultaient de traditions parfois très anciennes, la plupart de ces prescriptions, que Frontin rassemble à la fin de son rapport, étaient assez récentes et n'avaient été précisément établies qu'à l'époque d'Agrippa. La préoccupation du législateur était manifestement d'affirmer les droits du secteur public en ne lésant jamais les particuliers ; le nouveau pouvoir avait en effet besoin de satisfaire le plus grand nombre et de ménager en même temps les intérêts puissants de ceux qui soutenaient le mieux son entreprise et possédaient en général de grands domaines aux environs de Rome.

Comme il fallait, une fois l'aqueduc construit, pouvoir encore y accéder pour procéder aux réparations toujours indispensables, un senatus-consulte de 11 avant J.-C., rappelait, par exemple, l'existence du droit de passage (*jus actus*) en insistant sur le fait que son exercice ne devait en aucun cas causer de tort aux propriétés : *Pendant les réparations des conduits, canaux et arches... que l'on puisse, dans les propriétés particulières, se faire céder, prendre, extraire, emporter, à estimation d'honnête homme, de la terre, de l'argile, de la pierre, de la brique, du sable et du bois et tout ce qui est nécessaire pour ces travaux, partout où chacun de ces matériaux pourra, au plus près, et sans dommage pour les particuliers, être pris, extrait, emporté ; et que, pour le transport de ces matériaux et pour ces réparations, chaque fois qu'il sera nécessaire, le libre droit de passage pour les hommes et les véhicules soit accordé à travers les propriétés particulières sans leur causer de dommage*[15].

L'entretien

C'est que l'entretien des *specus* était une nécessité permanente et réclamait presque plus de dépense et d'attention que leur construction.

L'usure naturelle ou les agissements des riverains, les malfaçons et les problèmes techniques inhérents à la conception même des aqueducs[16] obligeaient en effet à des interventions continuelles, et les débits ne furent maintenus que par la présence d'une administration dotée de responsables efficaces et d'importants moyens. La fragilité des canaux exigeait en effet qu'on fût à la fois capable d'agir vite et de prévoir, car il fallait répondre tous les jours à l'urgence et planifier, en même temps, les grosses réparations préventives.

La plupart des gros travaux ne se faisaient en outre ni en plein hiver ni pendant l'été. Pour la maçonnerie, par exemple, on devait éviter que la chaleur, aussi néfaste que le gel, ne compromette la prise des ciments, dont la qualité devait être excellente ; pour les réfections sur les conduites, l'automne et le printemps, pendant lesquels l'eau semblait moins nécessaire, étaient aussi les meilleures saisons. Dans tous les cas, il fallait agir *avec la plus grande hâte, une fois tout préparé à l'avance*[17], en procédant aqueduc par aqueduc, et la prescription majeure était toujours de couper l'eau le moins souvent et le moins longtemps possible ; pour maintenir le courant, on installait parfois une canalisation de plomb qui se substituait provisoirement au *specus* de pierre et permettait de travailler au sec.

De la République à l'Empire, la plupart des aqueducs furent continuellement remis en chantier, et leur durée ne fut assurée que par la permanence de leur entretien. La *Marcia* fut ainsi restaurée, dès le Iᵉʳ siècle avant J.-C., par les descendants de Marcius Rex ; Agrippa, Auguste et Titus y travaillèrent au Iᵉʳ siècle après, Septime Sévère à la fin du IIe, Caracalla au début du IIIe, Dioclétien, Arcadius et Honorius aux IIIe et IVe siècles.

De réfection en réfection, de pierre en pierre, les aqueducs ne vécurent ainsi qu'en se transformant sans cesse, et nous n'en connaîtrons jamais que le dernier état ; ceux qui nous sont partiellement parvenus ne contiennent probablement plus rien de leur matériau d'origine et, comme tous les monuments antiques, ils ne livrent que leur forme.

Le système des adjudications

Pour accomplir une telle œuvre, le personnel de l'État ne suffisait évidemment pas. Pour entretenir, aussi bien que pour construire, on eut donc recours, dès la République, aux services d'entreprises privées auxquelles on affermait tous les grands travaux publics.

Une commission financière estimait d'abord le coût de l'opération qu'on voulait entreprendre et les sénateurs en fixaient le budget. Les censeurs ou, par exception, les consuls et les préteurs lançaient ensuite un appel d'offres et procédaient à l'adjudication des travaux (*locatio*), dont la réception (*probatio*) était faite, après contrôle, par les censeurs eux-mêmes, s'ils étaient encore en charge, ou le plus souvent par les édiles.

Les grandes entreprises spécialisées dans la construction et la réfection des égouts (*redemptores cloacarum*) et des aqueducs (*redemptores aquarum*) travaillaient alors sous contrat avec l'État et devaient, à ce titre, respecter un cahier des charges. Il leur était, par exemple, imposé *d'avoir en permanence un nombre déterminé d'esclaves de métier affectés aux conduits hors de la ville et un nombre déterminé à l'intérieur*[18] ; le nom de ces ouvriers devait être porté sur un registre officiel indiquant également les ouvrages auxquels ils étaient affectés et les quartiers dans lesquels ils se trouvaient.

Les affaires

Vers la fin de la République, avec le développement du luxe et l'accroissement en coût des campagnes électorales, le système des adjudications perdit cependant beaucoup de sa rigueur initiale. Outre les fraudes et les malfaçons dont les entrepreneurs se rendirent souvent coupables, les pots-de-vin et les avantages en tout genre vinrent fréquemment aider le choix des responsables qui, lorsqu'ils sortaient de charge, étaient souvent poursuivis pour corruption par leurs adversaires politiques. Cicéron défendit ainsi Fonteius soupçonné *d'avoir tiré de l'argent de la réparation des routes, soit pour dispenser les travaux à faire, soit pour approuver ceux qui étaient faits*[19], mais il avait brillamment accusé Verrès d'avoir adjugé l'inutile réfection du temple de Castor pour 560 000 sesterces, au lieu de 80 000, dans la seule intention de partager l'énorme différence avec l'entrepreneur.

En quoi consistait-il, en effet, ce travail ? Vous l'avez vu. Toutes ces colonnes que vous voyez blanchies ont été, sans aucune dépense, au moyen d'une machine établie contre elles, démontées et remises en place avec les mêmes pierres. Voilà l'entreprise que tu as affermée cinq cent soixante mille sesterces. Et, parmi ces colonnes, il y en a, je le déclare, que ton entrepreneur n'a pas remuées ; je déclare qu'il y en a une dont on s'est contenté de faire tomber l'ancien enduit de stuc pour en appliquer un nouveau[20].

Il en allait certainement des aqueducs comme des routes et des temples : en multipliant les « affaires », le système, pourtant économiquement fiable, de l'adjudication devint une des plaies de la démocratie romaine et en accéléra probablement la décadence.

Très florissantes sous la République, les entreprises sous contrat existaient toujours sous l'Empire et travaillaient alors auprès des *aquarii* du service public, dont l'organisation fut manifestement calquée sur celle qu'on imposait aux concessionnaires de l'État. Les employés de la curatèle s'occupaient cependant plutôt de la gestion générale et de l'entretien courant, et c'était toujours au curateur que revenait le soin de décider de ce qui devait *être exécuté soit par des adjudicataires, soit par ses ouvriers à lui*[21].

L'armée

Le recours aux sociétés des *redemptores* restait toutefois très coûteux, et l'on vit, à partir du IIe siècle surtout, et d'abord dans les provinces, l'État se tourner de plus en plus souvent vers l'armée qui disposait de matériel et d'hommes dont il n'était pas mauvais d'occuper l'inaction. Sur réquisition de l'autorité civile, les légions stationnées dans toutes les régions de l'Empire eurent alors sans doute assez souvent l'occasion d'appliquer aux adductions d'eau toute la compétence des bûcherons, des charpentiers, des forgerons, des maçons et même des ingénieurs qui servaient dans leurs rangs. En les consacrant à des tâches qui n'étaient pas étrangères à leur mission, c'était reconnaître l'importance qu'avaient prise les militaires et mieux rentabiliser les cinquante ou soixante pour cent du budget national qui leur étaient consacrés.

Bien entraînée, surtout quand elle avait séjourné près des frontières, et disposant surtout de techniciens qualifiés dans le domaine de la gestion, des finances et de la construction, l'armée ne fut cependant employée, comme il est naturel, que dans les cas difficiles : on l'envoyait comme au secours des cités qui ne pouvaient plus faire face aux problèmes qu'elles rencontraient. Dès la fin du Ier siècle sans doute, elle contribue probablement à construire l'aqueduc de Fréjus en mettant le rempart au niveau nécessaire ; au IIe siècle, elle intervient à Césarée de Palestine et à Cherchell, au IVe à Lambèse, et l'on sait dans quelles conditions le tunnel de Saldae fut creusé par l'ingénieur militaire Nonius Datus[22]. Même si les exemples en sont encore peu nombreux, le rôle joué par la troupe fut sans doute plus important que les traces qui en restent, et le rhéteur Eumène pouvait, en 298, à Autun, remercier ainsi les Romains : *Ils font séjourner chez nous les légions les plus dévouées, sans recourir à leur force invincible... : ils veulent... qu'elles s'emploient à notre profit et fassent couler dans les entrailles presque desséchées de la ville épuisée les eaux dont le cours s'était interrompu, ainsi que des sources nouvelles*[23].

La concession des eaux

La République

Les eaux qu'on avait ainsi conduites étaient, en effet, théoriquement destinées au plus grand nombre et devaient d'abord alimenter les fontaines installées dans les rues[24]. Dès la construction du premier aqueduc il fut toutefois possible à Rome de les concéder à des particuliers, moyennant certaines conditions bien définies. Seul pouvait être en effet accordé l'usage des eaux de trop-plein qui coulaient par-dessus le bassin des fontaines et se trouvaient de ce fait à la fois sans possesseur et sans utilité (*aquae caducae*) ; ne pouvaient en outre en disposer que les propriétaires de blanchisseries ou de bains qui devaient s'acquitter d'une *redevance de tarif à payer à l'État*[25] et les transporter à leurs frais. Même ainsi livrées à de simples particuliers, elles restaient de la sorte à la disposition de tous, puisqu'elles enrichissaient le trésor public et servaient à des commerces dont chacun pouvait bénéficier.

A titre exceptionnel, et après approbation du Sénat, l'eau pouvait être aussi gratuitement conduite aux maisons de certains citoyens importants. Là encore, et malgré les apparences, elle gardait son caractère commun : le public disposait en effet à son gré d'un bien qui lui appartenait en propre et dont il usait comme d'une récompense un peu semblable à celle du Prytanée dans lequel on logeait et nourrissait gratuitement les grands hommes d'Athènes.

Il arrivait aussi que certains fonds, traversés par les aqueducs et toujours situés hors de Rome, bénéficient de servitudes anciennes et que leurs propriétaires aient le droit de prendre l'eau des canaux. Les restrictions étaient cependant très nombreuses : il était notamment interdit d'utiliser des machines, d'installer des prises ou de pratiquer des forages, et l'on ne pouvait en fait recueillir que ce qui coulait des fissures ou prendre aux sources et aux bassins quand ils étaient à l'air libre. Les quantités récupérables étaient faibles et les sanctions très fortes en cas d'abus : toute irrigation, ou tentative d'irrigation, même commise par un esclave irresponsable, était, par exemple, punie d'une amende de 100 000 sesterces[26]. Le droit de faire passer des conduites d'eau (*jus aquae ducendae*) constituait malgré tout à lui seul un avantage qui donnait plus de valeur aux propriétés : *Césius affirme qu'en en prenant l'eau, en nous assurant la propriété de cette eau par un acte juridique et en imposant à ce domaine une servitude, nous pouvons tout de même tirer du domaine, si nous voulons le vendre, le prix que nous l'avons payé*[27].

L'Empire

Ces grands principes furent en apparence appliqués sous l'Empire, mais l'abondance et la nouvelle conception du pouvoir en modifièrent profondément l'esprit.

L'augmentation du nombre des aqueducs permit d'abord de mettre en place trois secteurs de distribution bien distincts[28]. Cette décision d'Agrippa fut affinée par Frontin qui distingua les palais et jardins impériaux, les particuliers, puis l'ensemble des services collectifs, fontaines et bassins décoratifs, casernes et grandes administrations, bâtiments publics tels que théâtres, cirques, amphithéâtres ou thermes.

Dès 11 avant J.-C. les concessions aux particuliers, qui dépendaient autrefois des édiles et surtout des censeurs, approuvés par le Sénat, ne dépendirent plus que de l'empereur, c'est-à-dire de la volonté d'un seul. Toujours senties comme un privilège ou comme un honneur qu'on accordait à ceux qui l'avaient mérité, elles devinrent des *beneficia principis*, des faveurs, des récompenses ou des bienfaits dont le maître gratifiait son peuple en gage d'estime ou de reconnaissance et sur lesquels il fondait une partie de son pouvoir.

Des concessions gratuites...

Dès Agrippa l'accroissement des débits et la mise en place de la distribution cloisonnée permirent aussi de prendre l'eau directement sur les aqueducs et de rendre les concessions gratuites. Quelque temps plus tard, l'utilisation des eaux de trop-plein, que seule autorisait la République, fut même absolument interdite : *L'eau de trop-plein, je veux que personne ne la dérive, sinon ceux qui en ont reçu la concession de moi ou des princes précédents ; car il est indispensable qu'il tombe des châteaux d'eau une partie de leur eau : non seulement cela importe à l'hygiène de notre ville, mais cela sert aussi à purger les égouts*[29].

Les concessions furent en même temps soumises à une réglementation très stricte, dont le principe était hérité de la République et dont l'application ne cessait de rappeler l'autorité souveraine du *Princeps*.

Les adductions devaient d'abord être demandées à l'empereur lui-même qui délivrait un brevet de concession ; muni de ce document, le curateur faisait alors le nécessaire auprès de ses services. *Quiconque voudra dériver de l'eau pour des usages privés devra en obtenir la concession et apporter au curateur une lettre de l'empereur ; le curateur ensuite donnera rapidement effet à la concession impériale et désignera aussitôt par écrit un affranchi impérial comme son procurateur pour cet office*[30]. Les adverbes *rapidement* et *aussitôt* trahissent certainement plus l'angoisse et la scrupuleuse bonne volonté de Frontin qu'ils n'expriment la réalité : passant des bureaux de l'empereur à ceux du curateur, souvent en congé, puis à ceux du procurateur, lequel donnait ses ordres à un intendant, qui transmettait à un chef d'équipe dont les travaux dans les rues dépendaient probablement d'une autorisation du préfet de la ville ou du curateur des routes, sinon des deux, la demande ne pouvait sans doute aboutir qu'avec une lenteur typiquement administrative !

Ainsi accordée, la concession restait en outre rigoureusement personnelle : elle n'était transmissible ni aux héritiers éventuels ni à l'acheteur du bien dont elle autorisait l'alimentation. Cette disposition, dont on pourra penser qu'elle permettait aux « renseignements généraux » de contrôler les bonnes intentions politiques des demandeurs, fut encore aggravée par Frontin quand il supprima les concessions perpétuelles dont bénéficiaient les établissements de bains : en cas de cession, les nouveaux propriétaires durent obtenir le renouvellement des droits nécessaires au fonctionnement de leur établissement. Si elles permettaient sans doute de maîtriser la distribution des eaux dans la ville, les concessions devenaient aussi des brevets de civisme.

Un adoucissement fut en revanche apporté par la suppression de la coutume qui voulait que la distribution fût suspendue dès le décès du bénéficiaire ; à partir de Frontin on accorda en effet un délai systématique de 30 jours pendant lesquels on pouvait procéder aux formalités réglementaires. L'eau pouvait ainsi n'être jamais interrompue dans une maison qui venait, par héritage ou par achat, de changer de propriétaire ; les *aquarii* se trouvaient du même coup dispensés d'effectuer des travaux que le maintien du bénéfice aurait évidemment rendus inutiles et qu'il aurait même fallu recommencer. Quand il s'agissait d'une société, le problème ne se posait qu'au moment de la disparition du dernier membre de l'association.

... mais contrôlées...

Le droit de disposer gratuitement de l'eau des aqueducs ne signifiait pourtant pas qu'on pût en user librement et sans limites : à la générosité de l'empereur, la raison du législateur avait évidemment mis des bornes.

Quelle que fût la qualité de l'utilisateur privé, les branchements directement effectués sur la canalisation qui le concernait devaient être précisément contrôlés. Les dérivations ne pouvaient donc se faire que par l'intermédiaire d'une prise calibrée, nommée *calix*, que l'administration poinçonnait pour en attester la conformité aux débits accordés. *La prise est un calibre de bronze que l'on fixe au conduit ou au réservoir ; c'est à elle que l'on adapte la tuyauterie. Sa longueur doit être au moins de douze pouces, son ouverture (c'est-à-dire sa capacité d'absorption) égale à celle qui a été fixée. Cette prise a évidemment été faite ainsi à dessein parce que le bronze, qui est rigide et ne peut être aisément fléchi, ne saurait être facilement élargi ou rétréci*[31]. Quelques-uns de ces calibres se trouvent au musée des Thermes ou à celui d'Agrigente, et l'adduction des vieux quartiers de Marseille en connaissait encore de semblables il y a quelques années.

L'installation de ce *calix* était à son tour l'objet de prescriptions minutieuses. Poinçonné par les services du procurateur, il ne devait être mis en place que par des niveleurs accrédités (*libratores*), c'est-à-dire par des fonctionnaires spécialisés dans le contrôle et la vérification des mesures ; les ouvriers devaient en outre installer la prise au bon emplacement et ne raccorder devant et derrière elle que des tuyaux également poinçonnés.

Le procurateur doit faire poinçonner par l'intermédiaire des niveleurs une prise calibrée à la quantité concédée ; il doit porter la plus grande attention à la façon dont sont faites les mesures... et se rendre compte de la position de la prise pour que les niveleurs n'aient pas la faculté de valider une prise tantôt d'ouverture supérieure, tantôt d'ouverture inférieure selon l'intérêt qu'ils portent aux personnes. Et qu'il ne leur laisse pas non plus la faculté de fixer à cette prise n'importe quel tuyau de plomb mais un tuyau de la même section que celle pour laquelle la prise est poinçonnée[32].

Pour les gros utilisateurs, ou pour les plus petits qui s'entendaient entre eux, la distribution pouvait se faire aussi par l'intermédiaire de châteaux d'eau privés, qui permettaient d'obtenir à la fois un contrôle plus strict et une meilleure régulation de l'ensemble ; leur existence explique sans doute le nombre considérable de *castella* dont Frontin signale la présence à Rome à la fin du Ier siècle. C'est probablement dans les mêmes conditions que l'aqueduc pouvait alimenter aussi des citernes ou des réserves privées qu'on emplissait à la demande et dont le volume était précisément connu. Comme les *castella* privés, elles étaient évidemment construites aux frais des particuliers qui devaient en bénéficier.

Contrôlées par *calix* ou par châteaux d'eau, les concessions étaient en outre fréquemment limitées dans le temps ; elles pouvaient n'être attribuées que pour certaines saisons, certains jours, voire certaines heures, et ces restrictions étaient portées dans les registres des curateurs, gravées dans la pierre ou inscrites sur les tuyaux qui nous ont gardé le souvenir des *aquae quotidianae* (eau pour la journée) et des *aquae aestivae* (eau pour l'été). Bien qu'en mauvais état, une inscription nous donne même des renseignements encore plus précis : elle nous apprend en effet que, dans le domaine d'Aufidanum, Julius Hymetus avait droit chaque jour à deux tuyaux de la deuxième à la sixième heure (*aquae duae ab hora tertia usque ad horam tertiam*[33]).

... et des concessions payantes

Si ce tableau de répartition provient, comme on l'a dit parfois, de la région de Tusculum, il concerne probablement l'*aqua Crabra* que *toutes les maisons de campagne de cette région reçoivent à tour de rôle, distribuée à heures fixes, selon des quantités fixes*[34], et par laquelle était de la sorte alimentée la célèbre villa de Cicéron ; pour obtenir cette eau, le grand orateur payait cependant une taxe à laquelle il fait rapidement allusion dans un de ses discours : *Je paierai un droit dans ma terre de Tusculum pour l'*aqua Crabra[35].

Ces pratiques anciennes se sont de-ci de-là conservées. Dans les environs de Salon-de-Provence, on distribue toujours les eaux d'irrigation d'une manière semblable ; aux Huertas de Séville la répartition se faisait, il y a quelques années encore, en public ; à Valence un tribunal des eaux tranche les litiges au pied de la cathédrale.

C'est que l'eau gratuite n'était destinée qu'au plaisir

des citoyens qui n'en faisaient pas commerce. Les artisans, les industriels et les propriétaires terriens devaient en revanche payer les adductions dont ils tiraient bénéfice et s'acquitter d'une redevance appelée *vertigal formae*[36], qui maintenait, théoriquement du moins, le principe républicain de la vente des eaux de trop-plein.

Pour les simples particuliers, ce *vertigal* existait aussi dans les provinces : les décurions des municipalités moins prestigieuses et moins nanties que Rome étaient en effet contraints de vendre l'eau qu'ils n'auraient pu donner sans augmenter lourdement le poids des impôts. On continuait ainsi d'appliquer dans les campagnes les principes qui avaient été, à Rome, ceux de la République ; la générosité des empereurs ne dépassait pas, sur ce point, les limites administratives de la ville.

Les fraudes

Sous l'Empire comme sous la République, cependant, l'existence d'un système ambigu dans lequel l'eau se trouvait tantôt accordée, tantôt refusée, tantôt payante et tantôt gratuite, entraîna très tôt l'apparition d'un grand nombre de fraudes et la mise en place d'un système répressif de plus en plus structuré.

Pratiques ordinaires

Dans les propriétés situées hors de la ville, certains riverains perçaient, par exemple, les canalisations qui longeaient leurs terrains, *si bien que les aqueducs publics suspendent leur route pour les particuliers ou même le service des jardins*[37].

En ville surtout, les *aquarii* de l'État pratiquaient des dérivations abusives et installaient des branchements clandestins en faisant des « piqûres » sur le réseau principal ou en ne fermant pas les prises anciennes, quand une concession parvenait à son terme ; ils pouvaient alors vendre l'eau publique à leur profit, et ce trafic était considérable. *Il y a un peu partout de longues distances pour lesquelles les tuyaux cheminent dans toute la ville, cachés sous la pierre. Je me suis aperçu que ces tuyaux étaient percés çà et là par les soins de celui qu'on appelait « le préposé aux piqûres » et, sur leur parcours, fournissaient de l'eau par des tuyaux particuliers à tous ceux qui voulaient en trafiquer, si bien qu'un faible débit seulement parvenait au bout pour l'usage du public. La masse d'eau détournée de la sorte apparaît au fait qu'une quantité appréciable de plomb a été récupérée par l'enlèvement des branchements de cette nature*[38].

Soudoyés par de riches particuliers qui disposaient déjà de concessions mais désiraient les accroître encore, ils pouvaient aussi trafiquer les *calix* destinés au contrôle : ils les plaçaient, par exemple, très bas pour qu'ils aspirent davantage d'eau, ils n'en respectaient pas les calibres ou les inséraient dans des tuyaux trop larges appelés « tuyaux volants », parfois même, avec la complicité des intendants, ils ne les installaient pas du tout ; dans tous ces cas, les *aquarii* se partageaient évidemment des récompenses en rapport avec l'importance des risques à prendre et des services rendus.

Caton et Caelius Rufus

Pratiquées dès la République, ces fraudes provoquèrent très tôt la réaction des pouvoirs publics. En 184 avant J.-C., par exemple, Caton le Censeur rendit à leur destination la plupart des eaux qu'on détournait sans vergogne et finança même ses grands travaux par le seul produit des amendes qu'il fit percevoir à cette occasion.

Édile en des temps plus relâchés, Marcus Caelius Rufus eut moins de chance et de succès. Catilinien sans doute, cicéronien quand même et césarien fidèle à ses principes de *popularis*[39], il entreprit, en 50 avant J.-C., de lutter contre les abus et les détournements qui se commettaient partout dans Rome à la fin de la République ; violemment pris à parti par les *aquarii* menacés dans leurs trafics, et surtout par ceux qui avaient les moyens de financer à la fois les fraudes et les hommes politiques, il fut arrêté par la guerre civile. Il publia cependant un discours qui se lisait encore un siècle et demi plus tard et dont Frontin nous a rapporté le titre et le sens général : *Au sujet d'abus de ce genre, on ne saurait en dire plus ni le dire mieux que les paroles de Caelius Rufus dans son discours au peuple qui a pour titre « Les aqueducs*[40] *»*.

Enthousiaste et fougueux, passionné, mais irréfléchi, Caelius ne pouvait pas plus triompher dans son combat pour une eau juste qu'il ne réussit plus tard dans la lutte qu'il engagea, comme préteur, contre les créanciers abusifs ; destitué par le dictateur César, qui adaptait alors ses principes à son nouveau pouvoir, il mourut misérablement sur les routes italiennes en essayant de lever des troupes contre l'homme qui l'avait abandonné. A la fin du Iᵉʳ siècle, les Catons n'étaient plus censeurs, et l'autorité centrale n'avait ni les moyens ni le désir d'ajouter encore aux troubles en réprimant les abus.

Il fallut attendre la mise en ordre d'Auguste et surtout le retour à l'esprit républicain des Antonins à leur début pour que renaisse avec vigueur le besoin de combattre les fraudes. Aussi nécessaire à la bonne gestion de l'eau que l'entretien des canaux, la répression des abus devint même avec Frontin comme l'une des tâches essentielles du curateur, et c'est sur un appel à la rigueur qu'il voulut achever son ouvrage : *La législation de l'adduction des eaux... a pour objet de contenir les particuliers dans les limites de la concession obtenue... A l'avenir, je souhaite que l'exécution de la loi ne soit pas nécessaire ; mais les devoirs de ma charge doivent être exercés même au prix de mesures de rigueur*[41].

La répression des fraudes

A son époque existait en effet tout un système de contrôle et de répression qu'on avait progressivement mis en place et dont il avait soigneusement rappelé l'essentiel afin de le remettre en vigueur après des années de mollesse et d'inertie.

Hors de la ville, la loi prévoyait, par exemple, des confiscations de terre et des amendes parfois très importantes. A Rome, les édiles curules avaient le pouvoir de désigner, dans chacun des quartiers, deux habitants chargés de la surveillance et de la protection des fontaines et des bassins. Des décrets permettaient de poursuivre les *aquarii* pour complicité, de condamner les maîtres pour les délits commis par leurs esclaves et même de reconnaître et d'accepter la délation : *Toute infraction entraînera, pour chaque contravention, une amende de 10 000 sesterces, dont la moitié sera donnée en récompense à l'accusateur qui aura été l'agent principal de la condamnation de celui qui aura transgressé le senatus-consulte, et l'autre moitié sera encaissée par le trésor*[42]. L'arrosage illicite et la pollution des eaux publiques étaient également réprimés : *Que personne ne souille l'eau sciemment et malignement là où elle jaillit pour l'usage public. Si quelqu'un la souille, que l'amende soit de 10 000 sesterces*[43].

Des débuts de la République à la fin de l'Empire, la concession des eaux fut ainsi toujours régie dans un certain esprit qui n'avait pas changé dans le principe. En même temps que son caractère public et collectif, la nécessité de protéger l'eau contre toutes les entreprises des particuliers fut en effet toujours hautement affirmée ; *aqua publica, aqua populi romani*, l'eau des citoyens ne devait être ni détournée, ni souillée, ni gênée dans son parcours par des individus isolés ; elle n'appartenait qu'à tous, et c'est le peuple seul qui devait d'abord en disposer dans l'abondance des fontaines ou la splendeur des thermes.

Avant les réformes impériales cependant, le surplus des aqueducs se perdait ou était vendu. Après elles, il fut recensé, contrôlé, puis généreusement distribué par l'empereur : l'intention qui demeurait de ne jamais gaspiller l'eau publique était toujours républicaine, l'application devenait absolutiste, et le prince, en s'attribuant la mission de donner et de protéger les eaux, se voulait semblable à un dieu bienfaisant.

Révélatrice de la transformation des idéaux, du changement des mentalités romaines et de l'évolution des méthodes et des formes du pouvoir, la gestion des eaux de Rome avait toujours été bien plus qu'une simple tâche administrative.

L'évergétisme de l'eau

Les ambiguïtés républicaines

Sous la République déjà, quand l'intérêt public l'emportait visiblement sur les plaisirs privés, les plus éminents citoyens pouvaient pourtant bénéficier de dérivations particulières[44], et c'était marquer d'emblée l'existence d'une hiérarchie des eaux, fondée sur le mérite de quelques-uns et la reconnaissance de tous les autres. Parallèlement, les adductions devinrent, dès la construction du premier aqueduc, un moyen privilégié de promotion personnelle, et le cas d'Appius Claudius

Crassus, *surnommé plus tard Caecus*[45], est, à cet égard, tout à fait caractéristique.

Appius Claudius Caecus

Issu de l'une des plus grandes familles patriciennes de Rome, la gens Claudia, qui devait accéder finalement à l'Empire, et censeur en 312 avant notre ère avec C. Plantius, il n'hésita pas à tromper son collègue et le laissa démissionner en lui faisant *croire qu'il allait en faire autant*. Resté seul en charge, il *fit, dit-on, durer sa censure par maintes manœuvres dilatoires*[46] et put enfin donner son nom à la route et à l'aqueduc dont il n'avait pourtant pas géré seul la construction. Pour avoir trouvé les sources de la première adduction de Rome, C. Plantius ne reçut que le surnom de Venox, qui évoque à la fois le chasseur (*venor*) et la veine aquifère (*vena*), mais la *via Appia* et l'*aqua Appia* perpétuent l'action d'un homme qui avait aussitôt compris quel profit personnel on pouvait tirer de l'alimentation en eau de la ville.

Grand seigneur arrogant et riche, adversaire acharné des plébéiens enrichis qui aspiraient à cette époque aux charges et aux honneurs, mais protecteur affiché des pauvres et des plus déshérités, Appius Claudius était déjà très semblable aux empereurs tout-puissants, mais soucieux de plaire à la plèbe, qui se voulurent toujours généreux dans les bienfaits qu'ils dispensaient, mais répressifs à l'égard des plus nantis lorsqu'ils tentaient d'en abuser.

L'évergétisme

S'assurer la gloire et la faveur populaire par la réussite des grands travaux publics fut en effet toujours une des principales tentations des plus riches familles romaines.

Les Aemilii, les Sempronii, les Porcii et les Opimii avaient profité, par exemple, de leur censure ou de leur consulat pour faire construire les basiliques du forum Romanum, dont les monnaies propageaient souvent l'image, et leurs descendants les avaient ensuite entretenues de leurs propres deniers. Au Ier siècle avant J.-C. de même, les petits-fils du préteur Marcius Rex entreprirent, entièrement à leurs frais, la restauration de l'aqueduc auquel leur ancêtre avait donné son nom.

Les notables

En agissant ainsi, ces grandes familles rejoignaient la longue tradition grecque, puis hellénistique, de l'évergétisme. Le terme désigne en effet l'attitude « bienfaisante[47] » des notables fortunés qui consacraient une importante partie de leurs immenses richesses à régaler leurs concitoyens de fêtes somptueuses ou à doter leurs cités d'édifices magnifiques et ne recevaient en échange qu'un surcroît d'honneurs et que l'estime affichée de leurs compatriotes ; être salué du titre d'*ornator civitatis* ou d'*ornator patriae* était en effet souvent la seule récompense.

A l'époque romaine, le rôle joué par l'évergétisme dans la construction ou la restauration des grands monuments publics ne fut certainement pas sans importance économique. Lorsque Hérode Atticus fit, par exemple, bâtir au pied de l'Acropole d'Athènes le théâtre où se donnent encore tant de spectacles, ou quand Tiberius Claudius Capito offrit à Feurs celui dont il ne reste que la dédicace, ils permirent aux pouvoirs municipaux d'utiliser ailleurs des ressources qui ne sont jamais sans limites. Dans la mesure où il présentait, pour les citoyens très riches, un caractère moralement et socialement obligatoire, l'évergétisme local fit ainsi souvent figure d'impôt sur la fortune et permit de redistribuer un peu les richesses en les échangeant contre des honneurs.

Désireuse avant tout de souligner les qualités de leur ville et son très haut degré de civilisation, l'activité des évergètes se portait cependant surtout vers les constructions de luxe et de loisir, qui marquaient plus clairement que les autres la différence entre la culture et la barbarie. Les bienfaiteurs offraient donc le plus souvent des portiques ou des odéons, des gymnases et des bains, des bibliothèques, des basiliques ou des théâtres, et s'intéressaient moins aux travaux utilitaires comme les ponts, les routes ou les ports. A la fois utiles et spectaculaires, les aqueducs entraient sans doute, et d'une manière privilégiée, dans le champ de leur action ; l'entreprise était cependant très onéreuse, et même les plus riches ne disposaient que rarement de tous les fonds indispensables.

Le coût des aqueducs

On sait, par exemple, que l'*aqua Marcia* coûta 180 millions de sesterces en 144 avant J.-C.[48] et les aqueducs claudiens 350 millions de sesterces en 52 après J.-C.[49] ; vers 150, Hérode Atticus dépensa 15 millions de sesterces pour construire le petit aqueduc d'Alexandrie de Troade, et les habitants de Nicomédie en gaspillèrent trois millions et demi en 112 sans obtenir aucun résultat[50]. Même s'il était possible de transposer exactement ces sommes en francs de notre époque, les chiffres obtenus ne nous diraient en fait pratiquement rien. Le kilomètre d'*aqua Marcia* revient, par exemple, à 1,966 million de sesterces et le kilomètre d'*Anio-Claudia* à 2,248 millions, mais on sait que les dévaluations furent nombreuses à Rome en près de deux siècles, et l'on peut même penser que, compte tenu de la nature de l'ouvrage, des progrès techniques et de l'érosion monétaire, c'est le kilomètre d'*Anio-Claudia* qui revient le moins cher : nos actuels multimilliardaires étaient jadis des millionnaires, et ce qui valait 10 F en 1800 vaut de nos jours beaucoup plus que 20 F.

Mieux vaut donc tenter d'établir quelques comparaisons. Si l'on estime qu'un portique revenait à peu près à 30 000 sesterces, des bains à 400 000 et que 100 000 avaient suffi pour la construction du Capitole de Volubilis, on voit que les dépenses occasionnées par l'installation d'un aqueduc étaient de loin les plus considérables et ne peuvent guère être comparées qu'à celles qu'on engageait pour la construction des routes : 340 000 sesterces à peu près du kilomètre au Ier siècle après J.-C.

On comprend donc pourquoi les responsables civils avaient refusé la construction de l'aqueduc d'Alexandrie de Troade, parce qu'on aurait alors employé pour une seule cité le tribut qu'avaient payé 500 autres ; Hérode Atticus en assuma seul les frais, mais le cas semble exceptionnel. A l'époque de Claude et de Néron, les plus grosses fortunes, celles de Narcisse, de Sénèque ou de Pallas s'établissaient en effet autour de 350 millions de sesterces et n'auraient pas suffi pour financer les deux aqueducs et leur entretien quasi permanent[51]. Quel que fût leur désir de paraître, les riches particuliers n'eurent ainsi pratiquement jamais les moyens de s'engager pour de telles sommes et se contentèrent le plus souvent de payer des sections d'aqueducs ou des ouvrages d'art un peu spectaculaires. Seul l'empereur, capable comme le fut Domitien, de dépenser 288 millions de sesterces pour la dorure du Capitole, pouvait mener à bien des constructions si coûteuses : l'évergétisme ici ne pouvait être qu'impérial.

L'évergétisme impérial

C'est encore Agrippa qui servit de modèle. Lorsque, respectant à la fois, en tant que citoyen romain, la coutume des grandes familles et celle des édiles, il prit à sa charge, en 33 avant J.-C., toute la gestion des eaux de Rome[52], il s'inscrivit aussi dans la grande tradition de l'évergétisme, et tous les empereurs s'y inscrivirent après lui.

Dès la mort d'Agrippa, Auguste, restaurateur des routes et des aqueducs, *fit passer toutes les concessions d'eau au compte de ses largesses particulières*[53] et le *fiscus* assura désormais l'essentiel des dépenses[54]. Les empereurs offrirent alors ce que finançaient jadis les butins et les conquêtes ; ils se substituèrent au peuple triomphant et l'incarnèrent dans ce qu'il avait de plus prestigieux. Parce qu'ils étaient ainsi les plus puissants et les plus riches, ils devinrent les évergètes de l'eau : trois fois gravés sur la porte Majeure, les mots *sua impensa* (à ses frais) le font encore savoir[55], et le *suo sumptu* (de ses deniers) marqué non loin de là par Grégoire XVI atteste que la tradition s'en conserva longtemps. Loin de provoquer les critiques et les scandales que de telles entreprises soulèveraient aujourd'hui, l'énormité des coûts suscitait en effet presque autant d'admiration que les constructions elles-mêmes : *Pour moi, au rang des trois plus magnifiques œuvres romaines par lesquelles apparaît le mieux la grandeur de l'Empire, je place les aqueducs, les voies et les égouts, non pas seulement en raison de leur utilité, mais en raison des dépenses qu'elles ont entraînées*[56].

En province toutefois, l'évergétisme impérial ne s'exerça jamais d'une manière aussi régulière qu'à Rome. Aux Capouans, par exemple, Auguste donne, en échange de terres attribuées aux vétérans, *l'eau nommée Julia... de tous les avantages celui dont ils sont le plus fiers*[57] ; à Nicomédie[58] Trajan contribue financièrement ; à Lyon, pour l'aqueduc du Gier, Hadrien fournit au moins les architectes[59] ; à Saldae, à Autun comme à Fréjus, le prince n'apporte que l'appui des légions ; à Nîmes, il exempte la cité de redevances et favorise ainsi l'apport de capitaux privés qui se joignent au financement public. Ainsi, selon les époques et les circonstances, tantôt l'empereur assumait la totalité de l'ouvrage, tantôt il le subventionnait en partie, tantôt même, comme pour Alexandrie de Troade, il refusait d'intervenir, et, pour peu qu'il en eût les moyens, l'évergétisme local se devait alors de prendre le relais.

Malgré ces restrictions, l'empereur devint pourtant, même dans les cités les plus éloignées, le prince tout-puissant des eaux ; sans lui rien n'était possible en ce domaine, et c'est ce qu'exprime avec fierté l'inscription qu'on a trouvée dans les thermes de Lepcis Magna : *L'empereur Hadrien assura l'éternité de l'eau. Q. Servilius candidus l'amena à ses frais*[60].

Évergète des évergètes, donnant tout et ne réclamant rien, il dispose d'un pouvoir d'autant plus vénérable qu'il s'applique à l'élément le plus bénéfique et le plus indispensable. Maître incontesté du monde, il soumet les productions de la nature à sa volonté bienfaisante, comme il domine les fauves dans les jeux du cirque. Enfermant les monstres dans un cercle d'arcades ou conduisant l'eau sur une ligne d'arches, l'amphithéâtre et l'aqueduc expriment l'un et l'autre sa puissance et ordonnent en plaisirs du peuple le désordre spontané de la terre.

Le patron des temps républicains, qui distribuait chaque jour la sportule[61] à ses clients et s'efforçait parfois de donner son nom aux constructions qu'il faisait faire, est bien devenu un dieu, tutélaire et nourricier, qui n'a nullement besoin du peuple, mais désire profondément lui plaire en sa sollicitude. Co-empereurs au tout début du IVe siècle, Dioclétien et Maximien dédieront à leurs chers Romains (*suis Romanis*) des thermes uniquement destinés à les rendre heureux (*felices*) : *Diocletianus et Maximimus thermas felices Diocletianas romanis suis dedicaverunt*[62].

Du censeur de la République à l'empereur évergète, l'eau nécessaire était devenue source de bonheur et, comme les Capouans d'autrefois, le peuple de Rome devait tirer de la générosité de ses maîtres autant d'orgueil que de reconnaissance et de plaisir.

Dès le Ier siècle après J.-C., l'unité de l'Empire se fonda de la sorte autant sur l'administration, la police ou l'armée que sur la maîtrise technique des eaux. Comme les routes, partout semblables et droites, les aqueducs qui les suivaient parfois marquèrent en tous lieux la présence d'une force unique et tutélaire. Dans toutes les villes, on put ainsi trouver, près du Capitole et du Forum, des bassins, des fontaines et des thermes ; partout on put profiter des mêmes plaisirs nés d'une abondance quasi divine inlassablement dispensée par un pouvoir puissant et protecteur.

Cette mainmise organisée sur l'eau de la nature trouvait à Rome une expression particulièrement saisissante. Bien qu'elle fût née du fleuve et de ses rives marécageuses, la ville ne tirait plus désormais son eau que des aqueducs qui la prenaient dans la montagne, et le Tibre ne servait qu'au commerce et qu'à conduire à la mer le produit de tous les égouts. Sous le Capitole s'étendait le port et ses quais, sous l'Aventin des entrepôts de marchandises, et l'extension des besoins fut rapidement telle que même le champ de Mars, terrain d'exercice et de sport naturellement bordé de plages, ne s'ouvrit bientôt plus directement sur le fleuve. Comme de nos jours, le Tibre était ainsi presque invisible, et ce qu'écrit Chateaubriand à Fontanes, en 1804, vaut aussi pour la

Rome d'Auguste : *Il passe dans un coin de Rome comme s'il n'y était pas : on n'y daigne pas jeter les yeux, on n'en parle jamais, on ne voit point ses eaux, les femmes ne s'en servent pas pour laver ; il se dérobe entre de méchantes maisons qui le cachent, et court se précipiter dans la mer, honteux de s'appeler le « Tevere*[63] ».

Portant des centaines de navires et charriant avec leurs rejets tous ceux de la cité, le Tibre impérial, encombré et pollué, ne contribuait aucunement à l'esthétique de la ville et n'offrait même pas le calme un peu provincial que procurent aujourd'hui ses quais en contrebas. Le temps était bien loin où la belle Claudia le contemplait de sa terrasse en y cherchant des yeux les jeunes et beaux baigneurs qui partageraient le soir sa table et ses plaisirs : *Tu as des jardins au bord du Tibre et tu les as disposés avec soin à l'endroit où toute la jeunesse vient se baigner ; de là, chaque jour, tu peux choisir tes bonnes fortunes*[64].

Un siècle après que Cicéron eut porté ces accusations, les jeunes gens ne nageaient plus que dans les piscines des thermes, le fleuve n'était plus présent que par ses crues catastrophiques, et toute l'eau de Rome sillonnait le ciel au sommet des aqueducs.

Ici comme ailleurs, la nature avait perdu ses droits : au terme d'une longue histoire, elle avait cédé devant le besoin de confort, le talent des ingénieurs et la volonté des princes.

Épilogue

Au sommet des collines les Grecs d'Athènes, d'Agrigente ou de Cumes dressaient à l'horizon les lignes droites de leurs temples ; Rome tend au-dessus des plaines le fil tendu de ses aqueducs. Ces longues suites d'arcades à l'infini sont le symbole de sa puissance et de la paix qu'elle offre aux peuples conquis ; solides et obstinées comme son génie, massives et régulières comme sa langue et rythmées comme sa poésie, conquérantes et pacifiques, elles vont droit au cœur des villes où elles s'épanouissent en fontaines, en bassins et en thermes.

L'histoire des aqueducs est ainsi le reflet des grandes étapes de l'histoire romaine ; des débuts de la conquête, qui affermit Rome comme la *Marcia* fondera tout le système à venir, jusqu'aux soubresauts de la décadence, elle n'en donne pas le détail, mais elle en dit l'esprit. Plus encore que celles des grandes constructions, la fréquence et la durée des monuments des eaux soulignent en fait autant le génie constructeur des Romains que leurs capacités d'organisation : pour bâtir, entretenir et gérer l'eau, Rome a produit en même temps que des canaux et des bains tout un système administratif et législatif.

Destinées d'abord à n'assurer que le mieux-être quotidien des hommes et la salubrité de leurs cités, les adductions sont progressivement devenues l'emblème de l'Empire et la marque évidente de la force cosmique des princes et de leur infinie sollicitude à l'égard des peuples. D'utiles, elles sont devenues luxueuses et presque superfétatoires ; dans la splendeur des fontaines et la chaleur des thermes, la satisfaction des besoins s'est faite besoin toujours insatisfait.

Produit d'un travail incessant et colossal, l'eau de Rome dort toujours dans les profondeurs des citernes d'Istanbul ; un glacier s'est installé dans l'ombre et la fraîcheur de la fontaine Pauline où jaillit encore l'*aqua Traiana* ; l'*aqua Virgo* continue d'alimenter les beaux bassins de la place Navone, et c'est dans son eau pure qu'on jette, à la fontaine de Trévi, la pièce qui fera revenir un jour à Rome.

Mais dans les couloirs souterrains des thermes les feux se sont éteints, les voûtes se sont effondrées, l'herbe pousse à l'intérieur des hypocaustes où luit seulement l'éclat rouge des boîtes de coca qu'on y abandonne en passant. Comme à Ostie où les dallages solitaires et colorés des thermes de porta Marina ne parlent que de foule et de grandeur, ces vestiges asséchés ne parlent que de flammes et de feu. L'eau pour toujours en est absente.

Citerne oubliée des touristes à l'entrée du site de Syracuse, tuyaux tordus du musée de Némi, bassin de dérivation du musée de Vaison, *specus* dépecé comme pour une étude anatomique de l'aqueduc de Barbegal, pourtant si doux à voir dans la douceur d'un soir provençal, vasque emplie de boue durcie des bains d'Herculanum, nymphée desséché de Sidé, baignoire étonnamment abandonnée dans les ruines brûlantes de Sélinonte, l'eau de Rome ne vit plus que dans la pierre et, comme aux grottes et aux rocailles de nos jardins publics, aux colonnes et aux statues convulsées de nos fontaines baroques, c'est par la pierre qu'elle dit l'éternité de sa présence.

As-tu gardé quelque idée de Rome, chère Lou ? Comment est-ce dans ton souvenir ? Dans le mien, il n'y aura plus un jour que ses eaux, les eaux claires, précieuses, animées, qui vivent sur ses places ; ses escaliers qui, bâtis à l'image des cascades, si étrangement tirent une marche d'une autre marche, comme une vague d'une autre vague...

Reiner Maria Rilke,
Lettre à Lou Andreas-Salomé,
Rome, 3 novembre 1903.
Traduction de Philippe Jacottet.

Notes

Avant-propos et prologue

1. Dans la suite de cet ouvrage, les renvois à Vitruve (*De l'architecture*), à Frontin, (*Les aqueducs de la ville de Rome*) et à Pline (l'Ancien) (*Histoire naturelle*) seront faits sans mentionner le titre de l'œuvre. Sauf indication contraire, toutes les citations d'auteurs anciens renvoient à la *Collection des Universités de France*, à laquelle sont également empruntées les traductions. Pour Frontin, voir *infra*, p. 259 sqq.

2. Les Romains emploient le même mot, *aqua*, pour désigner l'eau et l'aqueduc ; ils disent « eau », et nous disons aqueduc de la Jeune fille (*aqua Virgo*). On trouvera ainsi par la suite l'*aqua Appia*, l'*aqua Marcia*, l'*aqua Claudia*, etc. Deux aqueducs seulement tirent leur nom de la rivière qui les alimentait, l'*Anio vetus* et l'*Anio novus*. Pour l'histoire des aqueducs de Rome et l'origine de leurs noms, voir *infra*, p. 246 sqq.

3. Sénèque, *Lettres à Lucilius*, 83, 5.

4. *Histoire romaine*, 1, 4.

5. Cicéron, *De Republica*, 2, 6, 11 : *L'emplacement qu'il choisit... restait salubre au milieu d'une région malsaine*.

6. *Velarium*. Properce (*Élégies*, 4, 9, 6) rattache le mot Vélabre (*Velabra*) aux bateaux qui circulaient jadis en cet endroit et au verbe *velificare* (naviguer à la voile).

7. Tite-Live, *Histoire romaine*, 1, 38, 6.

8. *Id.*, 56, 2.

9. Pline, 36, 107-108.

10. *Infra*, p. 236.

11. *Infra*, p. 224 sqq.

12. Tite-Live, *op. cit.*, 7, 6.

13. Cicéron, *Lettres à Atticus*, 2, 1, 8.
14. Ovide, *Fastes*, 6, 395-416.
15. Sur la réalité des débits, *infra*, p. 191 sqq.

Première partie

I. L'eau utile

1. *Infra*, p. 262.
2. *Infra*, p. 138.
3. Tite-Live, 37, 3, 7.
4. *Id.*, 39, 44. Dans ce passage le mot *lacus* pourrait cependant désigner aussi des réservoirs ou des bassins.
5. Pline, 36, 121 ; Frontin, 9, 9. Pour Agrippa, gendre d'Auguste, et son œuvre, *infra*, p. 249 sqq., 273 sqq.
6. Frontin, 78, 3.
7. Suétone, *Vie du divin Claude*, 20, 2.
8. Chiffres fournis par les *Régionnaires*, la *Notitia regionum urbis* et le *Curiosum urbis Romae regionum XIV*, inventaires systématiques des monuments de Rome datant de l'époque de Constantin.
9. *Infra*, p. 26.
10. Plaute, *Le Carthaginois*, 217-224.
11. Plaute, *Casina*, 121-125 (trad. P. Grimal).
12. Juvénal, *Satires*, 6, 331-332.
13. Trouvée à Rethel en 1980. Musée de Saint-Germain-en-Laye, inv. 85797. Sur les coquilles ou conches, *infra*, p. 34.
14. Pétrone, *Satiricon*, 70, 4, trad. de l'auteur.
15. Virgile, *Énéide*, 1, 195-197.
16. Horace, *Odes*, 1, 35, 25-28.
17. *Situlus (aquarius)* donne « seau » en français, et *situla* « secchia » en italien.
18. Le musée historique d'Orléans détient cependant un très beau spécimen gallo-romain.
19. Le *dolium* est un récipient de terre cuite. De forme oblongue, il est toujours de très grande taille, difficile à déplacer et doté d'une large ouverture ; on y stocke ordinairement des liquides ou des grains.

20. *Infra*, p. 69-70 et 238-239.
21. *Infra*, p. 288 sqq.
22. *Infra*, p. 221.
23. *Infra*, p. 77 et 85.
24. *Infra*, p. 42 sqq.
25. Pétrone, *Satiricon*, 98, 1.
26. Juvénal, *Satires*, 14, 64-67.
27. Horace, *Satires*, 2, 4, 81-82.
28. Pétrone, *Satiricon*, 68, 1.
29. *Infra*, p. 111 sqq.
30. Properce, *Élégies*, 3, 10, 13.
31. Sénèque, *Lettres à Lucilius*, 83, 6 : *Un repas après lequel il n'y a pas à se laver les mains.*
32. Ausone, *Ephemeris*, 2, trad. J. Carcopino.
33. César, *Guerre civile*, 3, 96, 1.
34. Pline l'Ancien, 33, 143.
35. Trésor dit de Berthouville (Eure) actuellement visible au cabinet des Médailles de la Bibliothèque nationale.
36. Plutarque, *Vie d'Antoine*, 1, 2.
37. *Supra*, note 13.
38. British Museum, 6R, 1893, 5, 1, 2.
39. Au Moyen Age encore, on « criait l'ève » avant le repas.
40. Pétrone, *Satiricon*, 31, 3.
41. *Id.*, 70, 8.
42. *Id.*, 31, 3.
43. Jean 13.
44. *Infra*, p. 77, 79, 103 sqq.
45. *Infra*, p. 220 sqq.
46. *Là où bouillonne la marmite vit l'amitié.*
47. Pièce de réception ordinairement située au fond de l'atrium.
48. Plaute, *Charençon*, 289-294. Trad. P. Grimal.
49. Pétrone, *Satiricon*, 68, 3.
50. Juvénal, *Satires*, 5, 55-56.
51. *Id.*, 49-50.
52. Tacite, *Annales*, 13, 16, 2.
53. Suétone, *Vie de Néron*, 48, 6.
54. Sénèque, *Questions naturelles*, 3, 24, 2.
55. Plaute, *Le cordage*, 529-530.

56. Il est cependant possible que le moulin des thermes de Caracalla ait été mis en service dès l'ouverture de l'établissement. Voir *Les thermes romains* (collection École française de Rome, n° 142), Paris, 1991, p. 50.

57. L'« eau Trajane », c'est-à-dire l'aqueduc de Trajan. Cf. p. 313, note 2.

58. Sénèque, *Questions naturelles*, 1, 3, 2.

59. *Possession de la république de Canossa, sous la responsabilité de Publius Gracidonius.*

60. *Infra*, p. 69.

61. Sénèque, *Lettres à Lucilius*, 15, 4.

62. Un tremblement de terre avait ravagé Pompéi en 62, soit dix-sept ans avant la grande éruption du Vésuve.

II. L'eau utile. Hygiène et sécurité

1. *Infra*, n. 47.

2. Aulu-Gelle, *Nuits attiques*, 15, 1, 2.

3. Juvénal, *Satires*, 3, 198-200.

4. *Infra*, p. 275 sqq.

5. *Infra*, p. 278.

6. Déesse de la flamme et de la pérennité des édifices à laquelle plusieurs sanctuaires étaient consacrés dans Rome. Voir, par exemple, Cicéron, *Les lois*, 2, 28.

7. *Infra*, p. 129.

8. *Infra*, p. 55.

9. Depuis Auguste, Rome était divisée en 14 régions semblables à nos arrondissements.

10. *Infra*, p. 61.

11. *Je suis fatigué ; donnez-moi un remplaçant.*

12. Pétrone, *Satiricon*, 78, 5-7.

13. Responsables et gardiens des châteaux d'eau.

14. Points d'eau répartis dans la ville. *Infra*, p. 262.

15. *Infra*, p. 64.

16. Vaste édifice construit par Agrippa et Auguste et situé sur le champ de Mars ; on y procédait au dépouillement des élections.

17. Suétone, *Vie du divin Claude*, 18, 2-3.

18. Vitruve, 10, 7 ; Héron, *Pneumatiques*, 1, 20-28.

19. Pline de Jeune, *Lettres*, 10, 33, 1-2.
20. Isidore de Séville, *Origines*, 20, 6, 9.
21. Vitruve, 10, 7, 1 et 3.
22. *Id.*, 8, 6, 8.
23. Pline, 16, 81.
24. Tertullien, *Apologétique*, 39, 15.
25. Tacite, *Annales*, 15, 40, 1.
26. Pline le Jeune, *Lettres*, 10, 33, 1-2.
27. *Infra*, p. 116 sqq.
28. *Infra*, p. 106.
29. Martial, *Épigrammes*, 11, 77.
30. Juvénal, *Satires*, 3, 38.
31. *Ici, Apollinaris, médecin de l'empereur Titus, a bien chié.*
32. *Supra*, p. 21 sqq, et *infra*, p. 237 sqq.
33. *Supra*, p. 29.
34. *Supra*, p. 43.
35. *Suétone, Vie du divin Vespasien*, 23, 5.
36. *Supra*, p. 22.
37. Juvénal, *Satires*, 3, 272-277.
38. Sur ces questions, voir, par exemple, J. Carcopino, *La vie quotidienne à Rome à l'apogée de l'Empire*, Paris, 1939, p. 61.
39. Suétone, *op. cit.*, 5, 4.
40. Juvénal, *op. cit.*, 3, 247.
41. *Supra*, p. 22.
42. Juvénal, *op. cit.*, 602-603.
43. Suétone, *op. cit.*, 5, 5.
44. G. Lenôtre, *La France au temps jadis*, Paris, 1938.
45. Frontin, 88, 3. Voir aussi 111 : l'eau de trop-plein ne pouvait être dérivée sans autorisation, car elle servait à l'hygiène de la ville et *à purger les égouts.*
46. Horace, *Odes*, 3, 29, 9-12.
47. Selon Frontin (1 et 23, 1), *l'administration des eaux... intéresse autant que l'utilité, l'hygiène et même la sécurité de la Ville (cum* ad usum *tum* ad salubritatem *atque etiam* securitatem *urbis pertinens*) ; elle doit satisfaire *non seulement au service et aux besoins du public et des particuliers, mais encore à leurs plaisirs (publicis privatisque non solum usibus et auxiliis verum etiam* voluptatibus).

III. L'eau des plaisirs

1. Pline, *Lettres*, 2, 17, 25.
2. Cicéron, *A son frère Quintus*, 3, 1, 3.
3. Le mot *otium*, qui s'oppose à *negotium*, désigne une période de loisir qu'on prend loin des affaires et de la politique et qu'on occupe agréablement et activement. La *villa* est à l'origine une ferme ; c'est ensuite un ensemble rural qui comporte, outre les installations agricoles, un important secteur résidentiel ; située en ville, une grande maison particulière s'appelle plutôt *domus*.
4. Pline, *Lettres*, 5, 6, 15.
5. *Infra*, p. 108.
6. Pline, *op. cit.*, 5, 6, 36-37.
7. *Infra*, p. 96-97.
8. Par ex., la maison (*domus*) dite *A la mosaïque de Neptune et d'Amphitrite* à Herculanum, les *praedia* (propriétés) de Julia Felix à Pompéi. Le *triclinium* est un lit de table à trois places.
9. Bosquet ou petit jardin planté d'arbres.
10. Maison de la Grande Fontaine.
11. Maison de l'Ours.
12. Maison de la Petite Fontaine.
13. Maison de la Petite Fontaine.
14. Maison de la Grande Fontaine.
15. Maison de l'Ours.
16. Maison de l'Ours.
17. Maison de la Petite Fontaine.
18. Maison de la Grande Fontaine.
19. Lieu réservé à la promenade dans le jardin.
20. Pline, *op. cit.*, 40.
21. *Id.*, 35.
22. Martial, 12, 31, 2.
23. Stace, *Silves*, 2.
24. *Id.*, 1, 3, 37 et 66-67.
25. *Id.*, 4, 2, 18-25.
26. Martial, 8, 36, 11-12.
27. *Infra*, p. 99-101.
28. Suétone, *Vie de Néron*, 31, 2.
29. Voir H. Lavagne, *Operosa antra, Recherches sur la grotte à Rome de Sylla à Hadrien*, Rome, 1988, p. 595-616.

30. *Alcools, Le Voyageur.*
31. Lit de table à deux places.
32. Pline, 8, 96.
33. *Infra*, p. 118-119.
34. Pline, *op. cit.*, 21.
35. *Anthologie latine*, 1, 197.
36. Cicéron, *Des lois*, 2, 1.
37. Horace, *Épîtres*, 1, 18, 60-64.
38. Suétone, *Vie du divin Jules*, 39 et 44.
39. L'*aqua Alsietina*, qui débitait 24 000 m^3 par jour et prenait son eau à une distance de 33 kilomètres, *infra*, p. 252-253.
40. Suétone, *op. cit.*, 39.
41. *Res gestae*, 23.
42. Suétone, *Vie du divin Auguste*, 43.
43. *Infra*, p. 185 sqq.
44. Suétone, *Vie du divin Claude*, 21.
45. Sœur de Mars et déesse de la guerre.
46. Martial, *Spectacles*, 24.
47. Soldats engagés pour combattre dans les naumachies.
48. Pétrone, *Satiricon*, 26, 9.
49. Vitruve, 9, 8, 5-7.
50. *Id.*, 5 et 6.
51. *Id.*, 8-14.
52. En été comme en hiver les Grecs et les Romains divisaient le jour et la nuit en douze heures, dont la durée variait avec les saisons.
53. Allusion probable aux *oiseaux de Diomède*. Poursuivi par la haine de Vénus, qu'il avait blessée pendant le siège de Troie, Diomède quitta la Grèce pour l'Italie ; pendant la traversée la déesse changea ses compagnons en oiseaux ; se souvenant de leur origine, ces oiseaux fuyaient les étrangers, mais entouraient les Grecs.
54. Buda en Hongrie.
55. Vitruve, 10, 8, 6.
56. Suétone, *Vie de Néron*, 41, 4.
57. Tetullien, *De l'âme*, 14, 6, 18.
58. C.I.L., 3, 10501.
59. Vitruve, 10, 7, 4 et 5.
60. *Id.*, 9, 8, 4 et 10, 7, 4.

61. Sénèque, *Lettres à Lucilius*, 56, 4. Le *tubarius* est un fabricant de trompettes.

62. Properce, *Élégies*, 2, 32, 11-16. Maron fut le maître de Bacchus.

63. Martial, *Épigrammes*, 10, 20, 6-9.

64. Traduit du grec, le mot *nymphaeum* n'apparaît que tardivement dans le vocabulaire latin et ne désigne d'abord qu'une *grotte consacrée aux nymphes et non une fontaine monumentale*. A partir du IIe siècle, il reçoit cependant un sens beaucoup plus large qui est, par commodité, celui que nous donnons ici. Voir Henri Lavagne, *op. cit.*, p. 18 et 284-302.

65. Juvénal, *Satires*, 3, 16-20.

66. *Supra*, p. 314, note 8.

IV. L'utile et le plaisir

1. Sénèque, *Lettres à Lucilius*, 86, 12.
2. Sénèque, *id.*, 4.
3. *Infra*, p. 152 sqq.
4. Sénèque, *op. cit.*, 8.
5. Le nom du donateur (*Vaccula*) est aussi celui de la vachette (*vaccula*, diminutif de *vacca*, la vache).
6. Sénèque, *op. cit.*, 8 et 11. Ces immenses fenêtres sont parfois pourvues de doubles vitrages qui en assurent l'isolation thermique. Voir *Les thermes romains*, *op. cit.*, p. 70.
7. Stace, *Silves*, 2, 2, 56-57.
8. *Supra*, p. 75.
9. Pline le Jeune, *Lettres*, 2, 17, 11.
10. *Id.*, 5, 6, 23-26.
11. *Épigrammes*, 6, 42.
12. *Silves*, 1, 5.
13. Sénèque, *Lettres à Lucilius*, 86, 7.
14. Construit à l'époque d'Auguste, l'aqueduc de Sérino alimentait Pompéi, Naples et Misène.
15. Vitruve, 5, 10, 1.
16. F. Benoît, D.A.G.R., 3, 218, article *Thermae*.
17. Pline le Jeune, *Lettres*, 2, 17, 26.
18. *Infra*, p. 301-302.

19. Pline le Jeune, *op. cit.*, 39 (48), 5.
20. *Épigrammes*, 2, 14, 11-13.
21. Suétone, *Vie du divin Jules*, 57, 2 et 64.
22. Martial, *Épigrammes*, 1, 49, 9-12.
23. C'est-à-dire, en grec, des gens qui aiment les bains froids.
24. Sénèque, *Lettres à Lucilius*, 83, 5.
25. Suétone, *Vie du divin Auguste*, 81.
26. Pline, 29, 10.
27. *Il faut aussi faire en sorte que le bain chaud qui est pour les hommes ainsi que celui des femmes soient l'un près de l'autre, parce qu'on pourra chauffer avec un même fourneau les chambres de ces deux bains* (Vitruve, 5, 10, 1).
28. *Infra*, p. 119-120.
29. *Épigrammes*, 7, 35, 5.
30. Pline, 33, 153.
31. *Institution oratoire*, 5, 9, 14.
32. Martial, *Épigrammes*, 72, 1 et 8.
33. *Supra*, p. 30.
34. Vitruve, 5, 10, 4.
35. L'*aqua Virgo. Infra*, p. 252.
36. *Lettres à Lucilius*, 86, 10.
37. *Infra*, p. 265.
38. *Infra*, p. 252 et 275.
39. *Épigrammes*, 7, 34, 4-5.
40. *Infra*, p. 304 sqq.
41. Rappelons que notre propos ne concerne que les eaux conduites artificiellement par des aqueducs.
42. *Op. cit.*, 10, 51, 12.
43. Ammien Marcellin, *Res gestae*, 16, 10.
44. *Infra*, p. 264 sqq.
45. *Infra*, p. 144.
46. Sénèque, *Lettres à Lucilius*, 36, 2.
47. Martial, *Épigrammes*, 12, 82, 1-2.
48. Juvénal, *Satires*, 8, 167-168.
49. Martial, *Épigrammes*, 5, 70, 4. Pour Martial, il y a donc les trois thermes et les quatre bains.
50. Pétrone, *Satiricon*, 28, 1 et 4.
51. *Supra*, p. 42 sqq.
52. Fêtes en l'honneur de Saturne qui se déroulaient à

Rome à partir du 17 décembre. En ces jours de réjouissance et de liberté, les maîtres devaient traiter les esclaves sur un pied d'égalité.

53. *Les bains, le vin, l'amour détruisent nos corps, mais sont la vie.*

54. Horace, *Épîtres*, 1, 6, 61-64.

55. Juvénal, *Satires*, 1, 142-144.

56. 14 heures au soleil, soit pour nous 17 heures en été, 16 heures en hiver.

57. *Infra*, p. 274-275.

58. *Infra*, p. 272.

59. Sénèque, *Lettres à Lucilius*, 86, 10.

60. *Infra*, p. 301-302.

61. Certains peuples, comme par exemple les Juifs, utilisèrent cependant le refus des bains comme une forme de résistance à Rome.

62. Construite au XVIe siècle et œuvre de Palladio, l'église du Rédempteur à Venise s'inspire manifestement de l'architecture des grands thermes. Bâties au début du XXe siècle, les gares de Washington et de Chicago en adaptent magistralement le modèle à des besoins modernes.

Deuxième partie

I. Stocker l'eau

1. *Supra*, p. 23.

2. Bon an mal an la pluviosité moyenne s'établit autour de 50 cm à Capri ; la capacité annuelle de réception d'une surface imperméable de 1 m² est donc de 500 litres. Ce rendement est évidemment théorique, et il faudrait notamment en déduire les effets négatifs de l'évaporation, spécialement sensibles lorsque les pluies ne sont pas assez fortes pour produire un ruissellement rapide et continu. Les citernes pouvaient cependant se remplir vite comme le montre ce passage de Flavius Josèphe (*Guerre des Juifs*, 1, 286-287) : *Joseph... aurait sans retard quitté la forteresse* [de Masada] *si ce n'est que, à la tombée de la nuit fixée pour le départ, il se*

produisit une importante chute de pluie ; les citernes une fois remplies d'eau, Joseph ne jugea plus l'évasion nécessaire.

3. Voir Th. Oziol, « L'eau à Aléria, Corse », dans *L'eau et les hommes en Méditerranée*, Paris, 1987, p. 255-264.

4. Vitruve, 8, 6, 15.

5. Pline, 31, 36.

6. Vitruve, 8, 6, 15.

7. Pline, 36, 173.

8. Vitruve, 8, 6, 15.

9. Sur les réservoirs que traversaient certains aqueducs comme l'*aqua Virgo* ou l'*Anio novus*, et sur les bassins dans lesquels la plupart débouchaient, *infra*, p. 197 sqq.

10. Frontin, 19, 1.

11. Vitruve, 8, 6, 14, Pline, 36, 173. *Opus* désigne ici un mode de maçonnerie. L'*opus caementicium* est, par exemple, un béton de cailloux coulé dans un coffrage ; l'*opus signinum* (maçonnerie de Signia) tire son nom de la petite ville de Signia dans le Latium. Vitruve en indique ainsi la composition : *Il faut, tout d'abord, avoir du sable très pur et très rude, puis fragmenter dans la pierre des éclats qui ne pèsent pas plus d'une livre, et faire le mortier en ajoutant la chaux la plus fusante possible dans la proportion de cinq parts de sable pour deux de chaux.*

12. Vitruve, 8, 6, 15.

13. Pline, 31, 31-34.

14. Vitruve, 10, 4. Les traces de l'une de ces roues ont été retrouvées lors des fouilles de la Bourse à Marseille (R. Guéry et G. Hallier, « Réflexions sur les ouvrages hydrauliques de Marseille antique retrouvés sur le chantier de la Bourse », dans *L'eau et les hommes en Méditerranée*, Paris, 1987, p. 270).

15. Vitruve, 10, 6.

16. *Supra*, p. 58 sqq.

II. Conduire l'eau

1. Vitruve, 8, 4, 1-2.

2. Frontin, 11, 1-2. Celle de l'*aqua Alsietina*, *infra*, p. 252-253.

3. *Id.*, 10, 5.
4. Frontin, 93, 2. Pour l'*Anio novus*, *infra*, p. 253 sqq.
5. *Id.*, 15, 2.
6. Le mot *castellum* désigne de grands réservoirs ou des châteaux d'eau. *Infra*, p. 200 sqq.
7. Vitruve, 8, 6, 4. Sur les tuyaux, *infra*, p. 204 sqq.
8. *Id.*, 8, 6, 1 : *ut minime sol aquam tangat.*
9. *Supra*, p. 148.
10. Sur les tunnels, *infra*, p. 183 sqq.
11. Vitruve, 8, 6, 3 ; Pline, 31, 57.
12. Voir G. Fabre, J. L. Fiches, Ph. Leveau, J. L. Paillet, *Le pont du Gard, L'eau dans la ville antique*, Presses du C.N.R.S., Paris, 1992, p. 76-78.
13. Voir J. P. Adam, *La construction romaine*, Paris, 1989, p. 11.
14. Vitruve, 8, 5.
15. J. P. Adam, *op. cit.*, p. 18-19.
16. *Id.*, p. 19.
17. Vitruve 8, 5, 1.
18. *Id.*, 8, 5, 2.
19. G. Fabre, etc., *op. cit.*, p. 92-93.
20. Pline, 31, 57 ; Palladius, 9, 11 ; Vitruve, 8, 6, 1. Le sicilique vaut un quart de pouce, soit 0,6 centimètre.
21. G. Fabre, etc., *op. cit.*, p. 58.
22. *Infra*, p. 180-181.
23. Frontin, 18, 5.
24. *Id.*, 5, 15.
25. Stendhal, *Mémoires d'un touriste*, Nîmes, le 2 août 1837.
26. J.-J. Rousseau, *Les Confessions*, livre 6 (1737).
27. *Infra*, p. 304 sqq.
28. Vitruve, 8, 6, 5.
29. *Id.*, 8, 6, 4-6.
30. L'*aqua Marcia* desservit le Capitole en 144 avant notre ère et l'*aqua Claudia* le Palatin au temps de Domitien.
31. Pline, 36, 124.
32. Cicéron, *Correspondance, A son frère Quintus*, 3, 1, 3.
33. Suétone, *Vie du divin Claude*, 20, 4.
34. Tacite, *Annales*, 12, 56, 3.
35. *Id.*, 57, 2.

36. *Supra*, p. 90.
37. C.I.L., VIII, 18122.
38. Ph. Leveau, J.L. Paillet, *L'alimentation en eau de Caesarea de Maurétanie et l'aqueduc de Cherchell*, Paris, 1976, p. 147.
39. *Id.*, p. 56-63.
40. *Id.*, p. 106-107.
41. *Infra*, p. 286.
42. Pline le Jeune, *Lettres*, 10, 37, 1. Sur le coût des aqueducs, *infra*, p. 302-303.
43. *Id.*, 38.
44. Tacite, *Annales*, 4, 62-63 et 15, 33-34.
45. Juvénal, *Satires*, 3, 11 ; Martial, *Épigrammes*, 3, 47, 1.
46. Martial, 4, 18.
47. Frontin, 110, 1.
48. *Id.*, 7, 1-3 et 9,9.
49. Pour les réparations continuellement faites aux aqueducs, *infra*, p. 284 sqq.
50. Pour une population d'un million d'habitants à Rome et de 12 000 à Pompéi.
51. *Infra*, p. 288 sqq.
52. Strabon, *Géographies*, 5, 3, 8.
53. Frontin, 94, 3-6, et *infra*, p. 288.
54. *Infra*, p. 295 sqq.
55. J.P. Adam, *op. cit.*, p. 267 : 124 000 ; G. Fabre, *op. cit.*, p. 32 : 35 000. Sur ces problèmes, voir M. Bailhache, « Étude de l'évolution du débit des aqueducs gallo-romains », *Journées d'études sur les aqueducs romains (Lyon, 26-28 mai 1977)*, Paris, 1983.
56. Frontin, 64-73.
57. Sur ce rapport, *infra*, p. 259 sqq.
58. *Op. cit.*, 73, 6. Voir aussi 35.
59. *Infra*, p. 213.

III. Distribuer l'eau

1. Frontin, 22, 1.
2. *Supra*, p. 89-90.
3. *Infra*, p. 248-250 et 254.

4. Frontin, 19, 1.
5. *Id.*, 68, 3.
6. *Infra*, p. 249 sqq, 274-275 et 290.
7. Frontin, 98, 2. Voir aussi 78-86.
8. Vitruve, 8, 6, 1-2.
9. *Ibid : De fait les particuliers ne pourront pas détourner les eaux d'usage public dès l'instant où des adductions spéciales leur amèneront l'eau depuis les sources. Et la raison pour laquelle j'ai établi cette répartition est que ceux qui amènent l'eau chez eux à titre privé doivent, en versant une redevance aux fermiers, contribuer à l'entretien des aqueducs.*
10. *Infra*, p. 257 sqq.
11. Pline, 16, 224 ; Palladius, 9, 11.
12. Vitruve, 8, 6, 8 ; Pline, 31, 57.
13. Vitruve, 8, 6, 4, et *supra*, p. 179 sqq.
14. *Id.*, 8, 6, 8-9.
15. Pline, 31, 57.
16. Vitruve, 8, 6, 10.
17. *Id.*, 8, 6, 10-11.
18. *Ibid.* J.-C. Jacquinet, directeur au CNRS, et le docteur M. Gastine ont bien voulu revoir ce chapitre. Qu'ils en soient remerciés.
19. Tableau de Lawrence Alma-Tadema (1836-1912).
20. Pline, 34, 160.
21. *Id.*, 34, 159 et 164-165.
22. *Propriété de l'empereur César Trajan Hadrien Auguste* (= Hadrien) *sous la responsabilité de Petronius Sura, procurateur ; l'esclave Martial l'a fait.* C.I.L., 15, 7309.
23. Apulée, *Métamorphoses*, 9, 12, 3-4. Il s'agit ici d'esclaves travaillant dans une meunerie, et c'est Lucius, transformé en âne, qui parle.
24. Vitruve, 8, 6, 11.
25. *Id.* 8, 6, 4.
26. *Infra*, p. 295-296.
27. Vitruve, 8, 6, 4 : *C'est, par ailleurs, d'après la largeur des plaques, le nombre de doigts qu'elles ont avant d'être roulées en cylindre, que les tuyaux reçoivent leur détermination de grandeur. Et de fait, si une plaque est de cinquante doigts, on dira, une fois que la plaque aura été tranformée en*

tuyau, que le tuyau est de cinquante doigts, et de même pour les autres.

28. Entre la largeur de la plaque et la circonférence intérieure du tuyau qu'elle engendre, il existe toujours une différence qui devient naturellement plus forte au fur et à mesure que s'accroît le diamètre ; la circonférence intérieure du tuyau qu'on obtient à partir d'une plaque de cinq pouces est par exemple de 3,92 pouces, mais elle est de 15,70 pouces pour une plaque de vingt pouces. On avait en outre imaginé de compléter la définition par une progressivité régulière qui faisait que, pour une même longueur de dix pieds, on devait toujours monter de douze livres en poids quand on grimpait d'une unité dans les calibres ; très rationnel en théorie et fonctionnant à peu près pour les petits tuyaux, ce dernier principe, qui supposait en fait le maintien d'une épaisseur constante, était totalement absurde quand il s'agissait des gros calibres, qui n'auraient jamais pu résister dans ce cas aux pressions que leur capacité leur imposait nécessairement.

29. Frontin, 25, 1-2 et 4-5.

30. Le plus petit (*quinaria*) avait un diamètre de 2,3125 cm et une section de 3,6319 cm^2, le plus gros (*fistula centenum vicenum*) une section de 3,361375 dm^2 pour un diamètre d'environ 23 cm.

31. Frontin, 34, 1.

32. *Id.*, 33, 1.

33. *Supra*, p. 201-202.

34. Strabon, *Géographie*, 5, 3, 8 : *Presque chaque maison possède des citernes, des siphons et des fontaines intarissables.*

35. Horace, *Épîtres*, 1, 10, 20-21.

36. *Supra*, p. 169.

37. R. Étienne, *La vie quotidienne à Pompéi*, Paris, 1966, p. 350. Sur les fontaines, voir aussi *supra*, p. 21 sqq.

38. F. Kretzschmer, *La technique romaine*, Bruxelles, 1966, p. 55.

39. Citée par Frontin, 111, 2.

IV. Évacuer l'eau

1. Frontin, 88, 3.
2. *Supra*, p. 185.
3. Caton, *De l'agriculture*, 43 ; Columelle, 2, 2, 9.

4. *Supra*, p. 184-185.
5. Pline, 36, 104.
6. *Supra*, p. 15-16, et *infra*, p. 232-234.
7. *Supra*, p. 69 sqq.
8. *Supra*, p. 205-206.
9. Pline le Jeune, *Lettres*, 99 et 100.
10. Pline, 36, 94.
11. *Id.*, 36, 108.
12. *Id.*, 36, 106.
13. Tite-Live, 5, 55, 4.
14. Pline, 36, 104-105.
15. Antonin Artaud, *Héliogabale ou l'anarchiste couronné*, Gallimard, N.R.F., 1974, tome 7, p. 136.
16. *Supra*, p. 318, note 3.
17. *Supra*, p. 70.
18. Jérôme Carcopino, *La vie quotidienne à Rome à l'apogée de l'Empire*, Paris, 1939, p. 57.
19. *Supra*, p. 186 sqq.
20. Cité par F. Kretzschmer, *op. cit.*, p. 57, et par G. Fabre, etc., *op. cit.*, p. 62.
21. Frontin, 16.
22. Tacite, *Histoires*, 5, 12.
23. Ce tunnel de 533 mètres fut creusé par deux équipes allant à la rencontre l'une de l'autre ; plus heureuses que celles de Saldae (*supra*, p. 186 sqq), elles se rencontrèrent au point voulu. Une inscription de six lignes en hébreu, gravée sur la paroi, célèbre l'événement : *Au jour de la percée, les mineurs frappèrent au-devant l'un de l'autre, pic contre pic...* (trad. A.G. Barrois, *Archéologie biblique*, 1, p. 236-237).
24. Flavius-Josèphe, *Guerre des Juifs*, 1, 286-287.

Troisième partie

I. Les aqueducs et l'histoire

1. Frontin, 5, 1.
2. *Id.*, 7, 3 et 4.
3. *Id.*, 18, 4.

4. *Supra*, p. 179 sqq.
5. *Infra*, p. 273 sqq.
6. *Supra*, p. 236.
7. *Infra*, p. 273.
8. Pline, 36, 121.
9. *Supra*, p. 118.
10. Frontin, 11, 1.
11. *Ibid.*
12. *Supra*, p. 89-90.
13. Frontin, 13, 2.
14. Inscription de la porte Majeure. Traduction Maurice Touchefeu (*L'eau à Rome*, CRDP de Nantes, 1985, p. 41).
15. Frontin, 15, 7 : 109 pieds.
16. Sur les débits et les réserves qu'il convient de faire à cet égard, voir *supra*, p. 191 sqq.
17. Frontin, 36, 123.
18. *Supra*, p. 80-83.
19. L'aqueduc de Nîmes a sans doute été construit, comme ceux de Lyon, à l'époque de Claude ; à Lyon cependant l'aqueduc du Gier ne date peut-être que du temps d'Hadrien. Voir Y. Burnand, « La documentation épigraphique sur les aqueducs romains de la Gaule et de la Germanie romaines », *Journées d'études sur les aqueducs romains*, Paris, 1983, p. 67.
20. Le même nom (*Rivus herculaneus*) est porté à la fois par une branche de l'*Anio novus* et par une branche de la *Marcia*.
21. Frontin, 11, 2.
22. *Id.* 72, 6 et 91, 1-3.
23. *Infra*, p. 275.
24. Frontin, 17, 4.
25. *Id.*, 91, 4.
26. *Supra*, p. 213 sqq.
27. *Supra*, p. 213.
28. Frontin, 64, 3-4.
29. *Id.*, 74, 2.
30. *Id.*, 117, 4.
31. *Id.*, 87, 1.
32. *Infra*, p. 290 sqq.
33. *Supra*, p. 57-58.

34. Frontin, 117, 3.
35. *Id.*, 87, 3 et 5.
36. *Id.*, 92, 1.
37. *Infra*, p. 298-299.
38. Frontin, 119, 3.
39. Il y avait donc 11 aqueducs à Rome au IIIe siècle, et 12 en comptant l'*Alsietina*. A l'époque de Constantin, les *Régionnaires* (*supra*, p. 314, note 8) en comptent cependant 19, et Procope (*Histoire des Goths*, 1, 19) en signale encore 14 à la fin du Ve siècle. C'est que l'on confond alors les aqueducs proprement dits et leurs dérivations.
40. *Supra*, p. 119.
41. *Supra*, p. 85 sqq.
42. *Supra*, p. 122.
43. Flaubert, *Salammbô*, ch. 12.
44. *Supra*, p. 198-199.
45. Chateaubriand, *Voyage en Italie, Lettre à Monsieur de Fontanes*, 10 janvier 1804.

II. L'administration des eaux

1. *Digne de l'Empire, s'il avait vécu.*
2. Frontin, 98.
3. *Id.*, 100.
4. Haut fonctionnaire chargé du ravitaillement de Rome.
5. Frontin, 17, 4.
6. *Supra*, p. 252.
7. *Infra*, p. 295-296.
8. Frontin, 2, 1.
9. *Supra*, p. 259 sqq.
10. *Supra*, p. 272.
11. Frontin, 128, 1.
12. *Id.*, 129, 10.
13. Frontin (129, 7) cite par exemple une loi de 9 avant J.-C. : *Si un terrain, dans le présent ou l'avenir, contient dans ses limites des canaux, conduits, arches, tuyaux, tubes, châteaux d'eau, bassins des aqueducs publics qui sont amenés à Rome ou y seront amenés, que personne, dans ce terrain, après le vote de cette loi, ne puisse rien placer, construire,*

enclore, planter, dresser, poser, disposer, labourer, semer, qu'il n'y jette rien, sauf ce qui est nécessaire pour les construire et les remettre en état et sauf ce qui sera permis ou rendu obligatoire par cette loi. Découverte en 1887, une inscription, dite *pierre de Chagnon,* qui protégeait les abords de l'aqueduc du Gier (*supra*, p. 180-181), résume avec fermeté l'essentiel de cette loi : *En vertu de l'autorité de l'empereur César Trajan Hadrien Auguste, à personne n'est donné le droit de labourer, de semer ou de planter dans cet espace de terrain qui est destiné à la protection de l'aqueduc* (trad. Jean Burdy, *Promenades gallo-romaines, I, Lugdunum*, Lyon, p. 92).

14. C.I.L., X, 4843 = I.L.S., 5744 : *Sur l'ordre de César Auguste Imperator, autour de ce canal établi pour conduire l'eau, le terrain a été laissé libre sur huit pieds à droite et à gauche.*

15. Frontin, 125.

16. *Supra*, p. 188 sqq.

17. Frontin, 122, 3.

18. *Id.*, 96, 1.

19. Cicéron, *Pour Fonteius*, 7, 1.

20. Cicéron, *Seconde action contre Verrès*, 1, 145.

21. Frontin, 119, 3.

22. *Supra*, p. 186 sqq.

23. Eumène, *Panégyriques*, 5, 4. Sur le rôle joué par l'armée, voir P.A. Février, « Armée et aqueducs », *Journées d'études sur les aqueducs romains*, Paris, 1983.

24. *Supra*, p. 21 sqq.

25. Frontin, 94, 4.

26. *Id.*, 129, 6 et 11.

27. Cicéron, *Correspondance, A son frère Quintus*, 3, 1, 3.

28. *Supra*, p. 201-202.

29. Frontin, 111.

30. *Id.*, 105, 1.

31. *Id.*, 36, 3-5.

32. *Id.*, 105, 4-5.

33. C.I.L., 6, 1, 1261.

34. Frontin, 9, 5.

35. Cicéron, *Sur la loi agraire*, 3, 2.

36. Redevance de conduit de canalisation. *Forma* est un des mots désignant les tuyaux.

37. Frontin, 75, 3.
38. *Id.*, 115, 2-4.
39. Nom donné au Iᵉʳ siècle avant notre ère à ceux qui se réclamaient de la tendance politique principalement représentée par Marius et par César.
40. Frontin, 76, 1.
41. *Id.*, 94, 1 et 130, 1 et 4.
42. *Id.*, 127, 2.
43. *Id.*, 97, 5-6.
44. *Supra*, p. 289.
45. Frontin, 5, 1.
46. *Id.*, 5, 3.
47. En grec eu = bien, ergein = faire.
48. Frontin, 7, 4.
49. Pline, 36, 122.
50. Pline le Jeune, *Lettres*, 10, 37, 1.
51. Sur la question du coût des aqueducs, voir, par exemple, à propos des adductions de Nîmes, G. Fabre, *op. cit.*, p. 65 à 74.
52. *Supra*, p. 274-275.
53. Frontin, 99, 3.
54. *Supra*, p. 278-279.
55. *Supra*, p. 253 sqq.
56. Denys d'Halicarnasse, *Antiquités romaines*, 3, 67, 5.
57. Dion Cassius, *Histoire romaine*, 49, 14, 5.
58. Pline le Jeune, *Lettres*, 10, 37, 1.
59. Voir P. Gros, *La France gallo-romaine*, Paris, 1991, p. 101, et Y. Burnand, *op. cit.*, p. 67.
60. Cité par G. Picard, *La civilisation de l'Afrique romaine*, p. 208.
61. A l'origine, petit panier dans lequel les patrons distribuaient des dons en nature ou en argent à leurs clients.
62. C.I.L., 5, 1, 1130.
63. Chateaubriand, *Voyage en Italie, Lettre à Monsieur de Fontanes*, 10 janvier 1804.
64. Cicéron, *Pour Caelius*, 36.

Bibliographie sommaire

J.P. Adam, *La construction romaine, matériaux et techniques*, Paris, 1989.

J. Bonin, *L'eau dans l'Antiquité*, Paris, 1984.

J. Burdy, *Autour de Lyon, les aqueducs romains*, Lyon, 1986. *Promenades gallo-romaines, I, Lugdunum*, Lyon.

G. Fabre, J.L. Fiches, Ph. Leveau, J.L. Paillet, *Le pont du Gard, L'eau dans la ville antique*, Presses du C.N.R.S., Paris, 1992.

A. Grenier, *Les monuments des eaux, aqueducs, thermes, Manuel d'archéologie gallo-romaine*, Paris, 1960.

Journées d'études sur les aqueducs romains (*Lyon, 26-28 mai 1977*), Paris, 1983.

F. Kretzschmer, *La technique romaine*, Bruxelles, 1966.

L'eau et les hommes en Méditerranée, Paris, 1987.

Ph. Leveau, J.L. Paillet, *L'alimentation en eau de Caesarea de Maurétanie et l'aqueduc de Cherchell*, Paris, 1976.

M.C. Reitel, « L'eau dans la civilisation romaine », *Dossiers d'étude pour l'enseignement du latin*, n° 8, CRDP, Strasbourg, 1981.

Les thermes romains, Actes de la table ronde organisée par l'École française de Rome (11-12 novembre 1988), Collection École française de Rome, n° 142, Paris, 1991.

Y. Touchefeu, *L'eau à Rome*, CRDP, Nantes, 1985.

Table des matières

DEUXIÈME PARTIE
L'EAU DES INGÉNIEURS

I. STOCKER L'EAU : CITERNES ET BASSINS

II. CONDUIRE L'EAU : LES AQUEDUCS

TROISIÈME PARTIE

L'EAU DU POUVOIR

I. LES AQUEDUCS ET L'HISTOIRE : LE CAS DE ROME

COLLECTION REALIA

Déjà parus

GUY ACHARD. La communication à Rome.

JACQUES ANDRÉ. Être médecin à Rome.

MARIE-FRANÇOISE BASLEZ. L'étranger dans la Grèce antique.

FLORENCE DUPONT. L'acteur-roi ou le théâtre dans la Rome antique.

GÉRARD FREYBURGER, MARIE-LAURE FREYBURGER-GALLAND ET JEAN-CHRISTIAN TAUTIL. Sectes religieuses en Grèce et à Rome dans l'Antiquité païenne.

DANIELLE GOUREVITCH. Le mal d'être femme. La femme et la médecine dans la Rome antique.

JEAN-PIERRE NÉRAUDAU. Être enfant à Rome.

JEAN-PIERRE NÉRAUDAU ET LUC DURET. Urbanisme et métamorphoses de la Rome antique.

DANIELLE PORTE. Les donneurs de sacré. Le prêtre à Rome.

JEAN-NOËL ROBERT. Les plaisirs à Rome.
La vie à la campagne dans l'Antiquité romaine.

CATHERINE SALLES. Lire à Rome.

VIOLAINE VANOYEKE. La prostitution en Grèce et à Rome.
La naissance des Jeux olympiques et le sport dans l'Antiquité.

Ce volume
publié aux Éditions Les Belles Lettres
a été composé
par Euronumérique 92310 Sèvres
et achevé d'imprimer
le 30 avril 1994
dans les ateliers
de Normandie Roto Impression s.a.
61250 Lonrai

N° d'éditeur : 3125
N° d'imprimeur : I4-0891
Dépôt légal : mai 1994

Imprimé en France